U0160426

电气与电子工程技术丛书

低应力高增益直流变换器及其软开关技术

郗玢鑫　著

科学出版社

北京

内 容 简 介

低应力高增益直流变换器在光伏、风力等新能源发电中得到了广泛应用，是实现直流电能变换和传输的关键设备，具有重要的理论及实际工程意义。本书系统介绍基于电压增益网络实现低应力高增益直流变换器拓扑构建的思路，主要包括低应力高增益直流变换器及其软开关实现方案两方面内容。

本书是一本关于基于电压增益网络来构建低应力高增益直流变换器的专著，内容上采用理论分析与工程实际相结合的方式，可作为高校电力电子及其相关专业研究生和教师参考用书。

图书在版编目（CIP）数据

低应力高增益直流变换器及其软开关技术/郗玢鑫著.—北京：科学出版社，2020.5

（电气与电子工程技术丛书）

ISBN 978-7-03-065070-2

Ⅰ.①低… Ⅱ.①郗… Ⅲ.①变换器-研究 Ⅳ.①TN624

中国版本图书馆 CIP 数据核字(2020)第 082062 号

责任编辑：吉正霞 曾 莉/ 责任校对：高 嵘

责任印制：赵 博 / 封面设计：苏 波

科学出版社 出版

北京东黄城根北街 16 号

邮政编码：100717

http://www.sciencep.com

北京凌奇印刷有限责任公司 印刷

科学出版社发行 各地新华书店经销

*

开本：787×1092 1/16

2020 年 5 月第 一 版 印张：13 3/4

2024 年 3 月第三次印刷 字数：322 000

定价：85.00 元

（如有印装质量问题，我社负责调换）

Preface
前　言

因光伏、风力、燃料电池发电等应用场合的需求，高增益 DC/DC 变换器近年来受到了较多学者的关注和研究。根据高增益变换的实现方式，可以将目前常见的方案总结为：高变比变压器的使用、变换器级联工作、三电平 Boost 变换器、开关电容型升压变换器、利用耦合电感构建的高增益网络、利用二极管电容构建的电压增益网络，以及以上多种方式相结合构建的网络。上述方案各具特点和优势，其中将电压增益网络与 Boost 变换器结合后，不仅可以增加 Boost 变换器的输入输出增益，同时还可以有效降低开关器件的电压应力，减小输入滤波器体积等。因此，系统探讨各类电压增益网络与 Boost 变换器相结合的思路及性能特点具有较重要的理论和应用价值。

2009 年，著者有幸作为博士生进入重庆大学周雒维教授团队学习，开始研究高增益 DC/DC 变换器，并于 2012 年提出利用科克劳佛-沃尔顿电压增益网络 CW-VM 与两相交错并联 Boost 变换器相结合来实现高增益升压变换的思路及相应拓扑。2014 年进入三峡大学工作后继续开展相关研究，并尝试将类似的思路推广到其他各类电压增益网络 VM 中。2018 年在前期工作的基础和积累上，提出了一种新型多端口输入电压增益网络，并将其与 Boost 变换器相结合，提出了一系列低应力高增益 DC/DC 变换器。幸运的是，这期间著者的研究团队先后得到了湖北省教育厅优秀中青年科技创新团队项目、省重点实验室开放基金和国家自然科学基金的资助。受多位同行和专家的鼓励，著者于 2017 年开始将研究成果整理成书，到 2019 年 7 月方才完成。

本书共 9 章，第 1 章系统阐述高增益 DC/DC 变换器的研究背景及现状；第 2 章介绍传统 CW-VM 和迪克松电压增益网络 D-VM 与 Boost 变换器组合构建高增益 DC/DC 变换器的工作原理、性能特点及局限性；第 3 章详细分析所提多输入端口电压增益网络，为其进一步与 Boost 变换器的结合提供理论支撑；第 4 章基于所提多输入端口电压增益网络，构建同时具备低电压电流应力和高增益升压能力的非隔离型 DC/DC 变换器；第 5 章和第 7 章分别探讨传统 VM 和所提多端口输入 VM 构建隔离型高增益 DC/DC 变换器的思路及相应拓扑电路；第 6 章详细分析基于 CW-VM 电路的有源箝位 L 式高增益隔离型升压变换器；第 8 章针对具备升压能力的基本 DC/DC 变换器提出一系列相应的“外衣”电路，有效补充 VM 电路在小功率应用场合的不足；第 9 章针对前述多种基于 VM 电路构建的非隔离型高增益 DC/DC 变换器，提出适用的零电压关断辅助电路，并详细分析其工作原理、性能特点及参数设计。

在本书的撰写和整理过程中，很多研究生参与其中，他们是曾庆典、陈耀、丁峰、王寒、段宛宜、刘光辉、胡施施、黄煜、杨浴金、王慧慧、魏子豪、陈世环。他们在课题的研究中努力、勤奋，付出了大量精力，在与本书相关的资料整理、打印、插图、校验书稿和实验等方面做了大量工作，在此向他们表示衷心的感谢。

本书涉及的研究在前期得到了重庆大学周雒维教授和罗全明教授的指导和支持，在此向周雒维教授和罗全明教授表示衷心的感谢。

本书涉及研究工作得到了国家自然科学基金（51707103）、湖北省教育厅优秀中青年科技创新团队基金（T201504）和梯级水电站运行与控制湖北省重点实验室开放基金（2017KJX08）的资助，在此也表示衷心的感谢。

在本书的编写和出版过程中，得到了科学出版社的大力支持和帮助，特此致谢！

本书可以说是著者研究团队近6年的研究成果，由于水平所限，难免有表述不当或疏漏之处，恳请电力电子界各位前辈和同行批评指正，提出宝贵意见。

郗玢鑫
2019年7月25日于宜昌三峡

Contents

目　录

第1章

概　述

1.1 引　言

在能源危机、温室效应和大气污染等全球性问题日益严重的背景下，电动汽车、光伏发电、燃料电池发电和风力发电等环境友好型产业得到了快速发展。电力电子技术在上述工业领域中得到了大量的应用，但同时这些工业领域也对电力电子变换器提出了更多新的需求。例如，近年来对于高增益 DC/DC 变换器的需求，在一些含有电池作为能源供给的系统和新能源发电系统中，如电动汽车、UPS（不间断电源）、光伏发电和燃料电池发电系统等领域均有需要[1-10]。这些工业领域的需求也使得开发新型、高效、可靠的高增益 DC/DC 变换器成为近年来一个较受关注的研究方向。

图 1.1 所示为两种典型的光伏并网发电系统结构图，其中图 1.1（a）所示为含有直

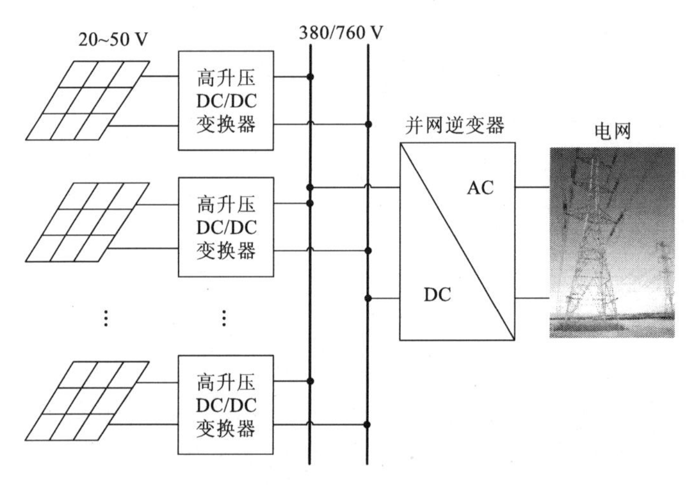

（a）含有直流母线的光伏并网发电系统

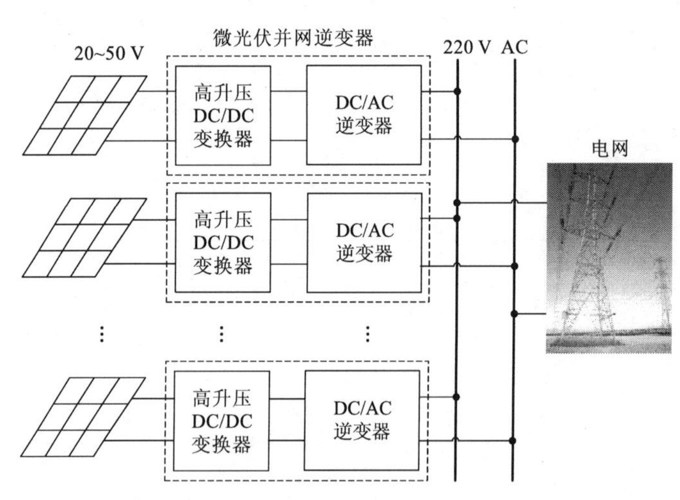

（b）微光伏并网发电系统

图 1.1　两种典型光伏并网发电系统结构组成

流母线的光伏并网发电系统，在该系统中，各个光伏电池模块通过各自集成的 DC/DC 变换器，将能量传送至直流母线，直流母线与并网逆变器的输入端相连，由统一的并网逆变器将直流电转换为交流电输送至电网中；图 1.1（b）所示为微光伏并网发电系统，光伏电池模块自身集成了一个由 DC/DC 变换器和 DC/AC 逆变器构成的微并网逆变器，光伏发电模块通过各自的微并网逆变器直接将能量传送到电网中。微光伏并网发电系统相比于含有直流母线的光伏并网发电系统具有使用方便、安装灵活等优点，较适合于小功率家庭式光伏发电系统；而含有直流母线的光伏并网发电系统，一方面减少了并网逆变器个数，另一方面直流母线的存在简化了光伏电池模块与直流母线之间 DC/DC 变换器的控制，较适合于集中式大功率光伏并网发电站使用。

无论上述哪种方案，并网逆变器输入侧所需的直流电压通常都在 380 V 以上，采用半桥式逆变器所需的输入电压更是高达 760 V 以上。可见，光伏电池输出与逆变器输入之间电压幅值相差了数十倍以上，因此系统中均需要一个具备高升压能力的 DC/DC 变换器。当开关工作占空比 D 趋近于 1 时，Boost 变换器的增益在理论上趋于无穷大，但在实际工程应用中存在如下问题：①由于寄生参数的作用，增益难以达到要求；②开关管和二极管的电压和电流应力大；③开关损耗和二极管反向恢复损耗大，导致变换效率低；④开关器件端电压变化速度大，导致电磁干扰（electromagnetic interference，EMI）严重；⑤抗输入电压扰动能力及动态性能差。因此，传统 Boost 变换器一般用于电压增益小于 6 的场合[11-14]。

隔离型升压变换器由于自身带有变压器，通过增加变压器的原副边匝数比，可以实现高升压变换。然而，如果仅通过变压器匝数比来实现高增益变换，一方面在功率较大的应用场合中变压器匝数比太大会导致变压器难以设计且漏感较大，另一方面也无法降低二极管的电压应力，此时二极管承受的电压应力较高，会带来严重的反向恢复损耗，且开关器件端电压变化速度也较快，也会导致 EMI 严重，进而降低整个变换器的工作性能[15-19]。

基于上述原因，近年来众多国内外专家和学者针对高增益DC/DC变换器展开了大量的研究，并取得了较多的研究成果。这些成果一方面对于促进新能源产业的发展具有重要意义，另一方面对于通信、计算机及其他领域需要高增益或高降压的应用场合提供了解决问题的理论和技术指导。下节将就关于高增益 DC/DC 变换器的研究现状进行简单的回顾。

1.2 高增益 DC/DC 变换器的发展概况

现有的关于高增益 DC/DC 变换器的研究文献很多。根据高增益变换的实现方式，可以将非隔离型高增益 DC/DC 变换器总结为六类：Boost 变换器的级联使用、三电平 Boost 变换器、利用开关电容构建高增益网络、利用耦合电感构建高增益网络、利用电压增益网络构建高增益网络，以及以上述多种方式相结合的方法来构建高增益网络。按照相同的方式，也可以将隔离型高增益 DC/DC 变换器总结为三类：利用高增益整流电路、利用多变压器并联输入串联输出的方式，以及改善原电路结构来提高输入输出增益的方式。

相比于隔离型 DC/DC 变换器，非隔离型 DC/DC 变换器中由于没有中间变压器，它具有电能转换过程简单、工作效率和功率密度较高及成本低等优点，在无须电气隔离或对安全性要求不高的场合得到了较多的关注和应用。但对于某些安全性要求较高的高升压变换场合，具有高增益升压能力的隔离型 DC/DC 变换器就相对更具有优势[11, 12]。下面分别针对非隔离型和隔离型高增益 DC/DC 变换器的研究现状进行阐述。

1.2.1 非隔离型高增益 DC/DC 变换器的研究现状

1. Boost 变换器的级联使用

将变换器级联使用可以获得较高的输入输出电压增益，图 1.2 所示为 Boost 变换器的两级级联结构，该方案需要两套功率器件、两套磁芯元件和两套控制电路，不仅结构复杂，而且成本较高。而且后级变换器的器件电压应力也较高，增加了系统的损耗，限制了变换器的效率和功率密度。即便前级变换器和后级变换器各自独立工作时有良好的工作特性和稳定性，级联后的系统仍可能出现在某些工作点不能稳定工作的现象，降低了电源的工作性能[21-30]。因此，变换器的级联使用对控制电路的设计要求也较高。

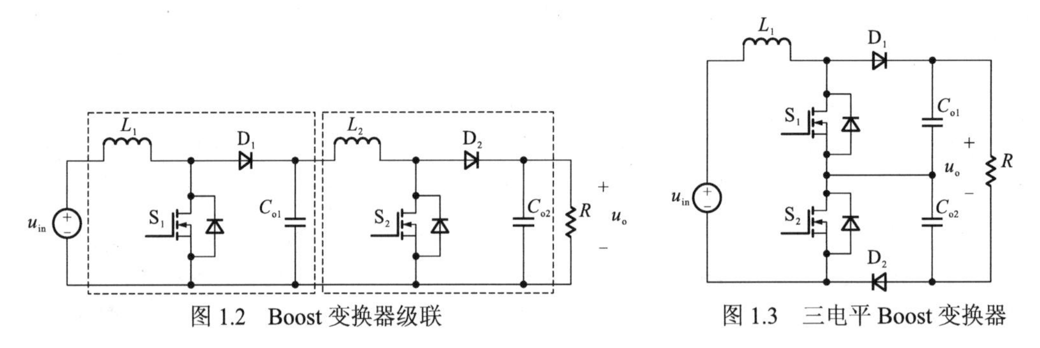

图 1.2　Boost 变换器级联

图 1.3　三电平 Boost 变换器

2. 三电平 Boost 变换器

三电平 Boost 变换器由于其自身的工作特性受到了较多的关注[31-36]，变换器的结构如图 1.3 所示。相比于传统的 Boost 电路，在相同的占空比下三电平 Boost 变换器的输入输出增益为其 2 倍，且开关器件的电压应力仅为其一半，这意味着三电平 Boost 变换器可以选择电压应力更低的器件，减少开关及二极管的损耗，提高变换器的工作效率。因此，在高增益应用场合，三电平 Boost 变换器更具有优势。文献[32]针对三电平 Boost 变换器中开关器件工作于硬开关的问题，提出了一种无源辅助电路，实现了开关管的软开关工作，进一步提高了该变换器的工作效率和功率密度。但三电平 Boost 变换器的局限性也很明显，其增益虽然是传统 Boost 变换器的 2 倍，但不可调节，在一些输入输出变压比相差数十倍甚至更高倍数的应用场合，显然还是难以满足应用要求。

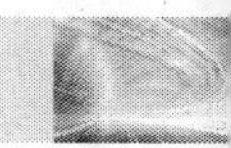

3. 利用开关电容构建高增益直流变换器

利用电容电压不能突变这一特性，若是可以对多个电容在充电时实现独立充电，在放电时实现串联放电，如图 1.4 所示，显然可以获得较高的输出电压 u_o。基于这一思想，众多学者利用开关电容构建了多种具备高增益能力的非隔离型 DC/DC 变换器[37-46]。

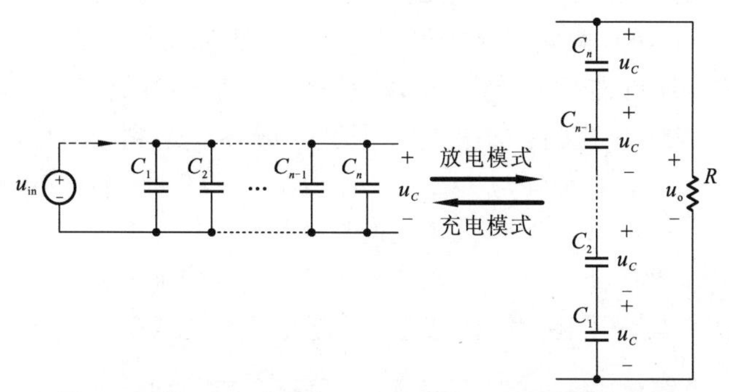

图 1.4 利用电容串联充电并联放电实现高增益的思路

图 1.5（a）和（b）所示为两种典型的利用纯开关电容构成的高增益升压电路。图中每一个开关电容增益单元由两个开关管和一个电容构成，通过开关管的切换工作实现电源对电容的并联充电和电容对负载的串联放电。采用纯开关电容方式实现的高增益电路中无磁性器件，变换器功率密度较高。但其缺陷也较明显，首先开关个数较多且部分开关需要浮地驱动；其次电容在充电时通过开关切换直接并联易产生较大的电流尖峰，使得开关的电流应力和损耗较大；最后其输出电压通常只能按输入电压进行固定倍数的扩大，不易调节，使该类型高增益变换器的应用范围受到了较大的限制。文献[47]、[48]通过加入一些辅助谐振电感等器件，改善了变换器状态切换时的电流尖峰，但对于输出电压的精确控制仍难以实现。

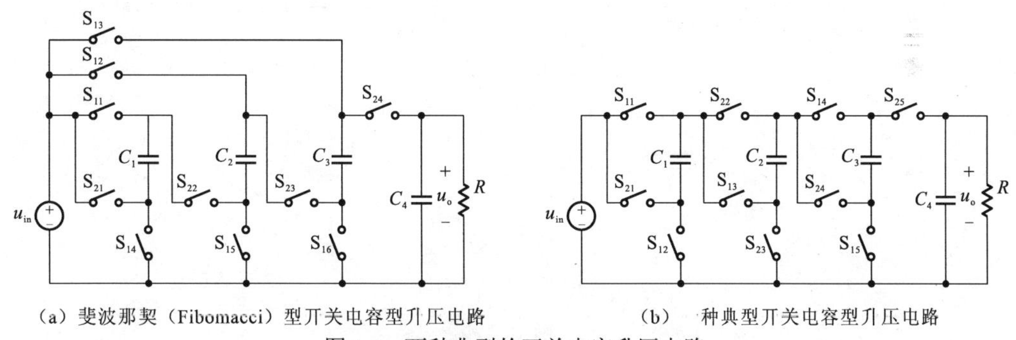

（a）斐波那契（Fibomacci）型开关电容型升压电路　　（b）一种典型开关电容型升压电路

图 1.5 两种典型的开关电容升压电路

4. 利用耦合电感构建高增益直流变换器

基于耦合电感构建高增益 Boost 变换器的思路也较多。如图 1.6（a）所示，通过调节耦合电感 L_1 和 L_2 的比例系数，可以轻易地提高该变换器的输入输出电压增益，并降低开关管的电压应力[49-52]。主要问题有两点：一是耦合电感的引入会带来漏感，因此通常需要添加额外的辅助电路解决由漏感带来的开关管的高电压应力、开关损耗大、寄生振荡及严重的电磁干扰等问题[53-54]；二是该电路中二极管的电压应力较高，会带来较大的反向恢复损耗。

针对耦合电感中漏感带来的诸多问题，众多学者提出了多种解决方案[49-60]，简单电阻-电容-二极管（resistor capacitor diode，RCD）吸收电路虽然可以解决高电压应力及电磁干扰等问题，但 RCD 吸收电路的使用会带来较大的损耗[55]。文献[49]提出了如图 1.6（b）所示结构，通过辅助二极管 D_2 和辅助电容 C_1，可以有效控制漏感带来的开关管尖峰电压应力，辅助电容 C_1 收集的能量通过电感 L_2 输送到输出端，但该电路中辅助二极管 D_2 是串联在耦合电感 L_1 与 L_2 之间的，因此不仅仅是漏感的电流会经过 D_2，耦合电感的电流同样也会经过 D_2，带来较大的导通损耗。图 1.6（c）所示电路仅通过一个辅助二极管即可将漏感的能量传送至输出端，但开关管的电压应力与基本 Boost 电路一致，均为输出电压，失去了利用耦合电感带来低电压应力的优点。

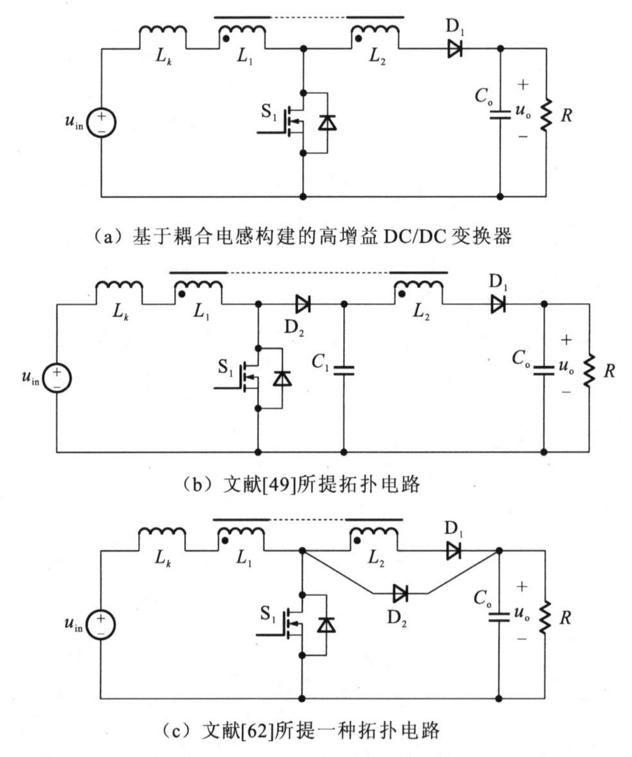

（a）基于耦合电感构建的高增益 DC/DC 变换器

（b）文献[49]所提拓扑电路

（c）文献[62]所提一种拓扑电路

图 1.6　利用耦合电感构建的高增益升压电路及两种无源箝位电路

文献[61]～[63]将交错并联技术与耦合电感相结合，其中文献[61]、[62]提出了一种交错并联型耦合电感高增益变换器的有源辅助电路，结构如图 1.7 所示，通过辅助二极管将各相耦合电感中漏感的能量传递到一个辅助电路中，由辅助电路中电容吸收漏感的能量，解决了器件的高电压应力问题，同时通过辅助电路将收集的漏感能量无损地传输到输出端。可以看出，该方案下，通过交错并联技术一方面降低了单个耦合电感漏感所吸收的能量，另一方面提高了辅助电路的利用效率，较适合于低电压大电流输入高电压输出的应用场合。

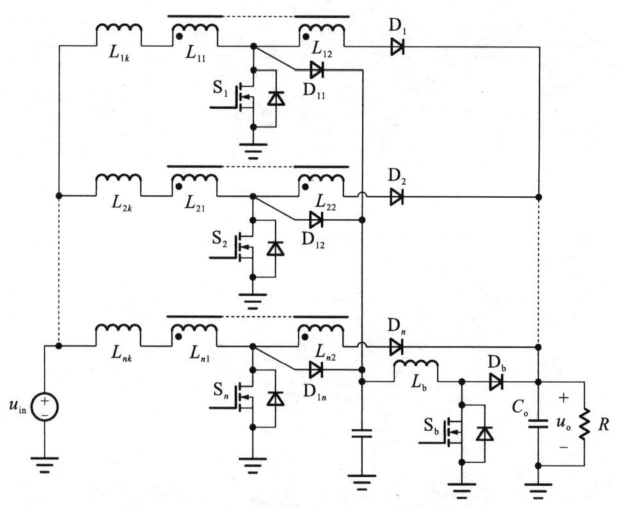

图 1.7 一种交错并联高增益升压电路

文献[63]将三绕组耦合电感与交错并联技术进行结合，同时针对漏感的影响，借助于一种有源辅助电路构建了一种零电压开关（zero voltage transition，ZVT）交错并联高增益变换器，结构如图 1.8 所示。该变换器所有开关均实现了零电压导通。但该变换器在其中一相电路放电时，另一相的开关所通过的电流为本身电感电流与放电支路反射电流之和。因此，开关的电流应力较高，产生了额外的导通损耗。

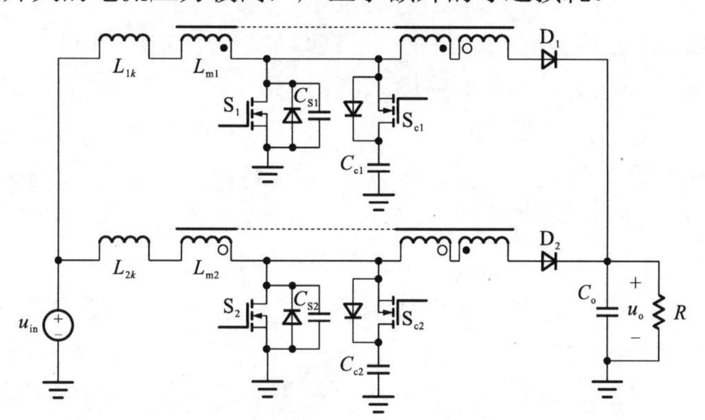

图 1.8 一种 ZVT 交错并联高增益升压电路

5. 利用电压增益网络构建高增益直流变换器

在芯片高压供电电源、超高压正离子的获取及其加速等需求下，自 20 世纪 30 年代起，电压增益网络的拓扑电路及其建模分析方法得到了广泛研究和发展。目前应用较多的主要有科克劳佛-沃尔顿电压增益网络（Cockcroft and Walton voltage multiplier，CW-VM）电路[64]及洛森（Luscher）和迪克松所提出的迪克松电压增益网络（Dickson voltage multiplier，D-VM）电路[65，66]，结构如图 1.9 所示。两种电路均由一系列二极管和电容构成，具有效率高、成本低和结构简单等优点，其输入输出增益均可通过内部 VM 单元数进行调节，其有关建模及分析方法在 20 世纪已日趋成熟[67-70]。

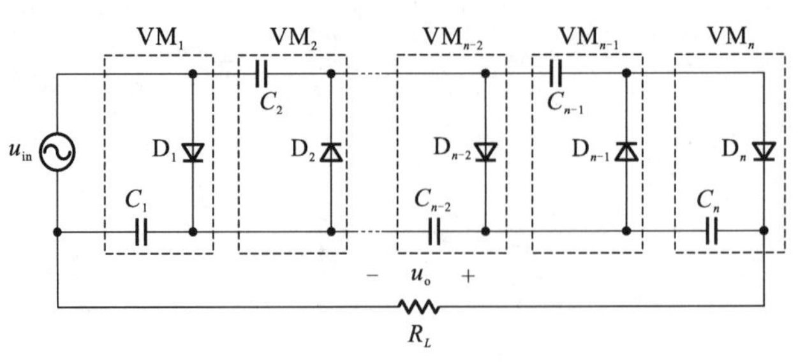

（a）CW-VM电路结构

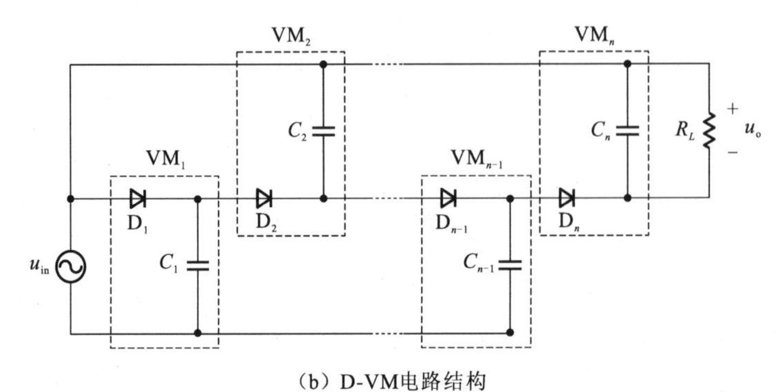

（b）D-VM电路结构

图 1.9 传统 VM 电路拓扑

近年来，一些学者将 VM 电路与传统直流升压变换器相结合，提出了多种具备高增益升压能力的 DC/DC 变换器拓扑电路[71-82]。文献[71]、[72]中将 D-VM 电路与两相交错并联 Boost 变换器结合组成了具备双路输入能力的高增益 DC/DC 变换器。类似此思路，文献[73]～[75]将 CW-VM 电路与两相交错并联 Boost 变换器进行了结合，其中文献[74]同时引入了辅助电感和有源箝位电路，实现了开关器件的零电压开通和零电流关断。通过对 CW-VM 电路进行改进，文献[76]中提出了一种输入输出具备公共地的高增益 DC/DC 变换器。文献[77]、[78]分别利用桥式 Boost 和两相交错并联 Boost 变换器与双极型 D-VM 组合。文献[79]总结提炼了两相交错并联 Boost 与 VM 电路构建高增益 DC/DC 变换器的通用结构，并将 VM 电路推广到了隔离型 Boost 变换器中。文献[80]～[82]中提出了一些其他不同形式的 VM 电路，并构建了多种各具特点的高增益直流升压变换器拓扑。

上述将 VM 电路与两相交错并联Boost变换器相结合而实现高增益直流升压变换的拓扑电路，因 VM 的引入均具有一些共同的特点，如开关器件电压应力低、输入输出增益可根据 VM 数量进行调节、两相输入可自动实现均流，以及控制和驱动电路简单等。但也存在一些局限性，例如，在大功率应用场合下，受限于现有 VM 电路的输入端口数，其前端交错并联 Boost 变换器难以实现输入相数的调节，限制了该类电路的应用；在中小功率应用中，这些方案也因传统 VM 的端口限制，需要与两相交错并联 Boost 变换器相配合，电路相对复杂，且开关占空比受限于 0.5 以上，使得该类变换器的输入输出增益范围也受到了限制。

6. 多种方式相结合

部分文献中提出了一些将上述方案相结合以进一步提高变换器输入输出增益的思

路，例如，文献[83]～[87]将二极管电容、耦合电感与交错并联技术三方面相结合，提出了数种新型拓扑，其中文献[83]将文献[82]中所提变换器与耦合电感相结合，并引入了文献[63]中所提应用于耦合电感构建的高增益变换器中的软开关辅助电路，构建了如图 1.10 所示的交错并联 ZVT 高增益变换器。软开关工作过程与文献[63]中所提变换器一致，且输入输出增益相比于以上文献进一步得到了提高。该电路虽然将诸多变换器的优点集于一身，但结构也因此变得更加复杂，且开关电容增益单元的电压应力较高。

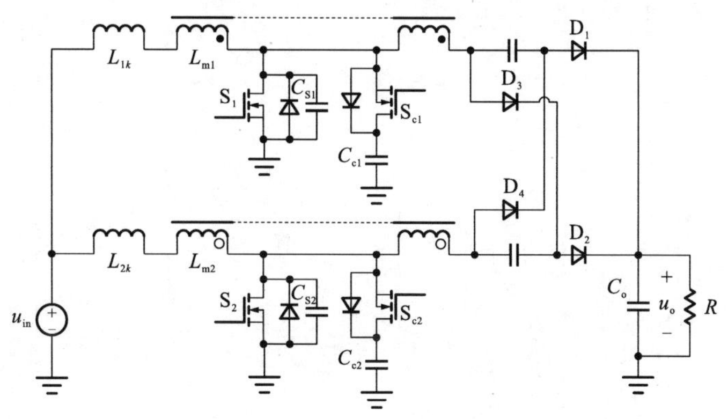

图 1.10　一种交错并联 ZVT 高增益 DC-DC 升压电路

1.2.2　隔离型高增益 DC/DC 变换器的研究现状

1. 利用高增益整流电路

文献[88]～[90]从变压器次级的整流电路入手，通过提高整流电路的增益来获得较高的输入输出比。文献[88]所提电路结构如图 1.11（a）所示，其次级整流桥输出电压为普通整流桥输出电压的 2 倍，且原边的开关电压应力仅为输出电压的一半。但该变换器相比于传统的桥式 Boost 变换器仅提高了 1 倍的电压增益而变压器次级需要 2 个绕组，但整流二极管的电压应力仍然为输出电压 u_o。文献[90]提出了一种相比于传统整流桥 4 倍的整流电路，结构如图 1.11（b）所示，其次级整流桥输出电压为普通整流桥输出电压的 4 倍，不考虑变压匝比的影响，原边的开关电压应力仅为输出电压的 1/4，且整流二极管和电容的电压应力均为输出电压的一半。可以看出，通过构建高增益整流桥可以有效提高隔离型升压变换器的输入输出增益，降低变压器变比，达到提高变换器工作效率的目的。而且，该方式不会改变原变换器的工作性能，也不会改变控制方式，增加电路复杂度。值得注意的是，电压增益网络本质上也是高增益整流电路的一种，因而也可以归纳到这一类，如文献[91]所提方案。

2. 多模块并联输入串联输出

从隔离型升压变换器的结构来看，如图 1.12 所示，若可以将多个变压器的输入端各

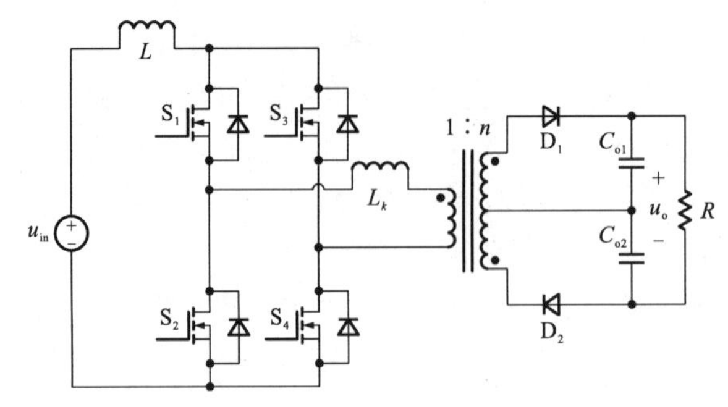

(a) 文献[88]所提隔离型高增益 DC/DC 变换器

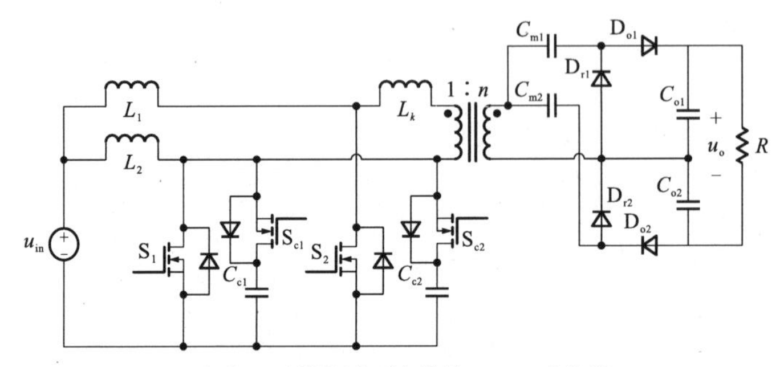

(b) 文献[90]所提隔离型高增益 DC/DC 变换器

图 1.11　两种具备高增益整流能力的隔离型升压电路

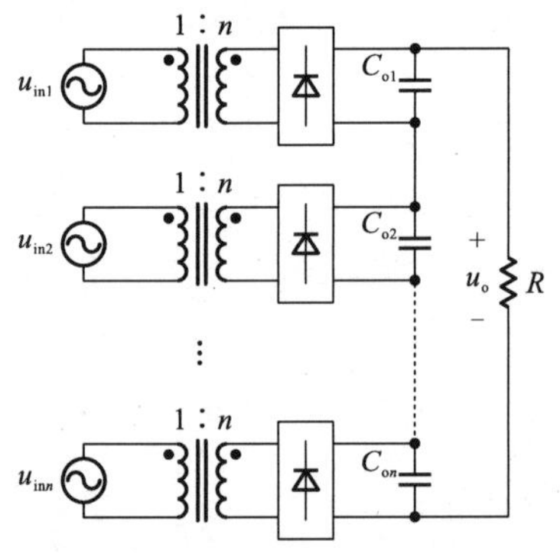

图 1.12　利用多个变压器串并联工作实现高增益的思路

自并联输入多个电流源，而次级的整流电路输出端串联在一起工作，显然得到的最终输出电压为各路整流输出电压之和，这样可以获得较高的输入输出电压增益。文献[92]～[97]将该思路应用于多种升压型隔离变换器中。以文献[92]、[93]为例，文献[92]在 L 式 Boost 变换器结构的基础之上，提出了结构如图 1.13（a）所示的电路结构。文献[93]变压器初级选择全桥型 Boost 隔离型升压电路，变压器次级采用倍压整流电路，如图 1.13（b）所示。这些电路的工作特性与前述分析的单一电路一致，但输出电压却为单一电路的 n 倍（n 为变压器的使用个数），且所有器件的电压应力和电流应力也均为单一电路的 $1/n$，可以有效降低开关损耗和电路的导通损耗。但在该方法下，电路使用的器件包括变压器在内均为单一电路的 n 倍，器件过多一方面会降低电路的整体可靠性，另一方面也使得控制电路的设计也较为复杂。

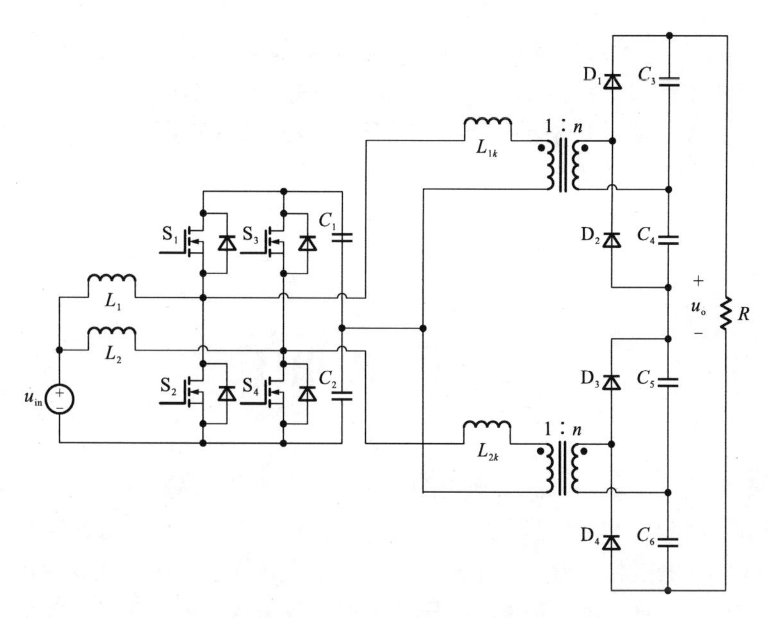

(a) 文献[92]所提输出串联隔离型高增益DC/DC变换器拓扑

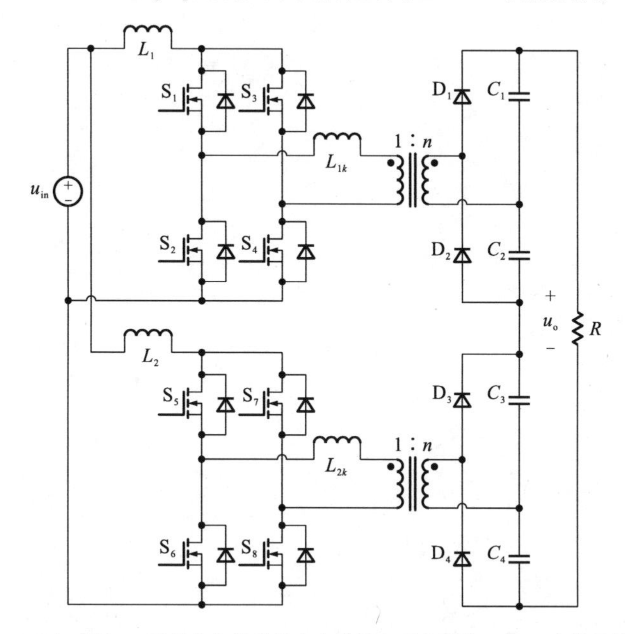

(b) 文献[93]所提输入并联输出串联隔离型高增益DC/DC变换器拓扑

图1.13 两种利用多个变压器串并联工作实现高增益的隔离型升压电路

从上述高增益DC/DC变换器的研究现状可以看出，国内外的相关学者针对该问题做了大量的研究，并提出了多种解决方案。总的来说，采用开关电容构建的高增益网络存在开关器件过多和控制及驱动电路复杂等问题；采用耦合电感构建的高增益网络由于漏感的存在，会引起开关器件电压应力增加，变换器损耗较大。虽然可以通过有源或无源的方法解决耦合电感带来的问题，但这些方案或拓扑结构过于复杂，或者控

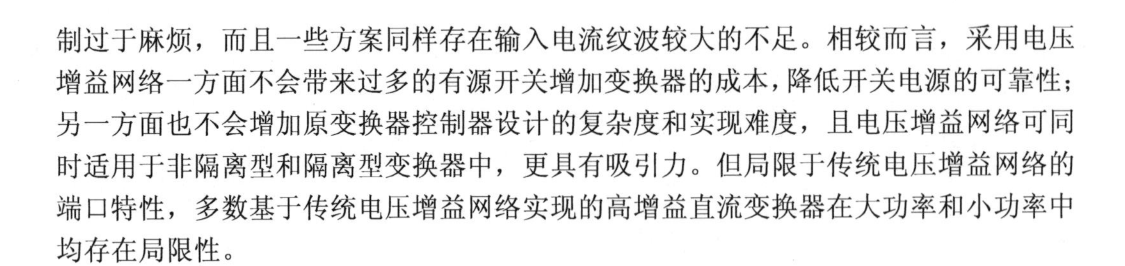

制过于麻烦，而且一些方案同样存在输入电流纹波较大的不足。相较而言，采用电压增益网络一方面不会带来过多的有源开关增加变换器的成本，降低开关电源的可靠性；另一方面也不会增加原变换器控制器设计的复杂度和实现难度，且电压增益网络可同时适用于非隔离型和隔离型变换器中，更具有吸引力。但局限于传统电压增益网络的端口特性，多数基于传统电压增益网络实现的高增益直流变换器在大功率和小功率中均存在局限性。

1.3 本章小结

本章系统阐述了高增益直流变换器的发展背景和现状，从输入输出是否实现电气隔离可以将现有方案分为非隔离型和隔离型两种。目前，除实现输入输出电压增益的提高外，如何降低器件电压和电流应力也是一个研究热点，除去传统光伏和燃料电池发电等中小功率的应用，高增益直流升压变换器在如海上风电直流汇流系统这类大功率应用场合中也有需求。

第2章

基于传统电压增益网络构建的高增益 DC/DC 变换器

第 1 章中阐述了高增益 DC/DC 变换器的发展背景、现状及面临的一些问题。本章将基于两种传统 VM 电路，详细分析其与 Boost 变换器相结合之后所构建低电压应力高增益 DC/DC 变换器的工作原理及性能特点，并结合 Boost 变换器进行比较。

2.1 基于 CW-VM 构建的高增益 DC/DC 变换器

2.1.1 电路拓扑及控制方法

CW-VM 电路结构如图 1.9（a）所示，它与 Boost 变换器相结合之后的拓扑如图 2.1 所示，其中图 2.1（a）为基本结构，图 2.1（b）为输入输出共地的结构。两者的工作原理和性能特点均相似，区别之处在于图 2.1（a）所示拓扑电路无须独立地输出滤波电容，但输出的低电位为浮地；而图 2.1（b）所示拓扑电路下输入输出具有公共地，但需独立地输出滤波电容。此外，两者控制方法也完全一致，S_1 与 S_2 交错控制且占空比均大于 0.5。下面以图 2.1（b）为例对基于 CW-VM 构建的高增益 DC/DC 变换器进行详细分析。

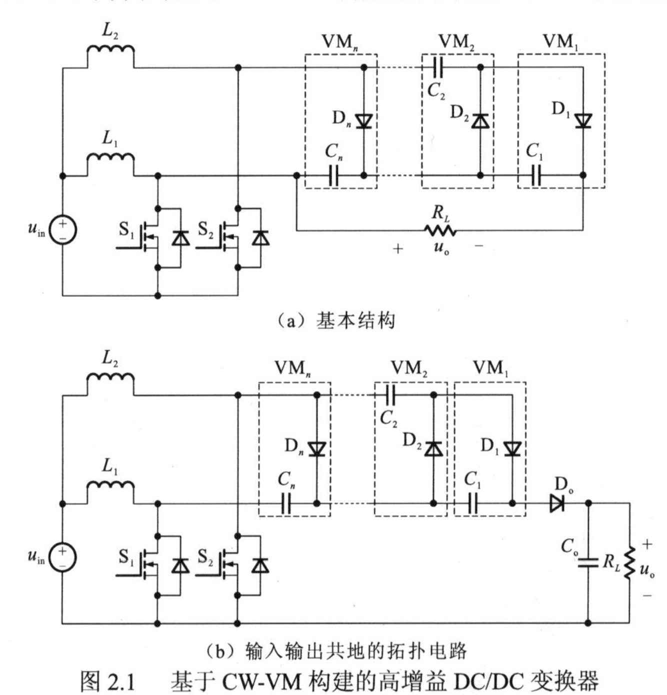

（a）基本结构

（b）输入输出共地的拓扑电路

图 2.1　基于 CW-VM 构建的高增益 DC/DC 变换器

2.1.2 工作原理

为简化对基于 CW-VM 构建的高增益 DC/DC 变换器工作原理及性能特点的分析，下面以含有 3 个 CW-VM 单元的基于 CW-VM 构建的高增益 DC/DC 变换器为例进行分

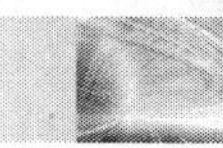

析，同时进行如下假设。

（1）电感电流 i_{L1} 和 i_{L2} 连续；

（2）电容 C_0、C_1、C_2、C_3 足够大，忽略其上电压纹波的影响；

（3）所有器件都是理想器件，不考虑寄生参数等的影响；

（4）开关 S_1、S_2 采用交错控制且开关占空比 $D > 0.5$。

在一个开关周期 T_s 内，变换器的主要工作波形（图中开关占空比 D 为 0.6）如图 2.2 所示，共有三种开关模态，各模态的等效电路如图 2.3 所示。

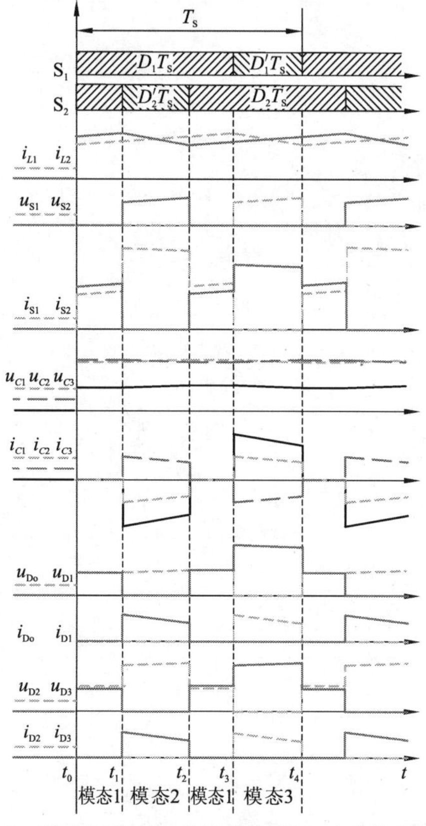

图 2.2　静态工作时一个开关周期 T_s 内的主要波形

（1）开关模态 1[t_0～t_1，t_2～t_3]。如图 2.3（a）所示，在此开关模态下，开关 S_1、S_2 导通；二极管 D_o、D_1、D_2、D_3 关断；电感电流 i_{L1}、i_{L2} 均线性上升；电容电流 i_{C1}、i_{C2}、i_{C3} 等于零；电容电压 u_{C1}、u_{C2}、u_{C3} 保持不变，输出电压 u_o 下降。到 t_1 时刻，开关 S_2 关断，此开关模态结束。

（2）开关模态 2[t_1～t_2]。如图 2.3（b）所示，在此开关模态下，开关 S_1 导通，S_2 关断；二极管 D_1、D_3 导通，D_o、D_2 关断；电感电流 i_{L1} 线性上升，i_{L2} 线性下降；电流 i_{L2} 的一部分通过二极管 D_3 和开关 S_1 给电容 C_3 充电，另一部分通过电容 C_2、二极管 D_1 和开关 S_1 给电容 C_1 和 C_3 充电，给电容 C_2 放电；电容电压 u_{C1}、u_{C3} 上升，u_{C2} 下降，输出电压 u_o 下降。到 t_2 时刻，开关 S_2 导通，此开关模态结束。

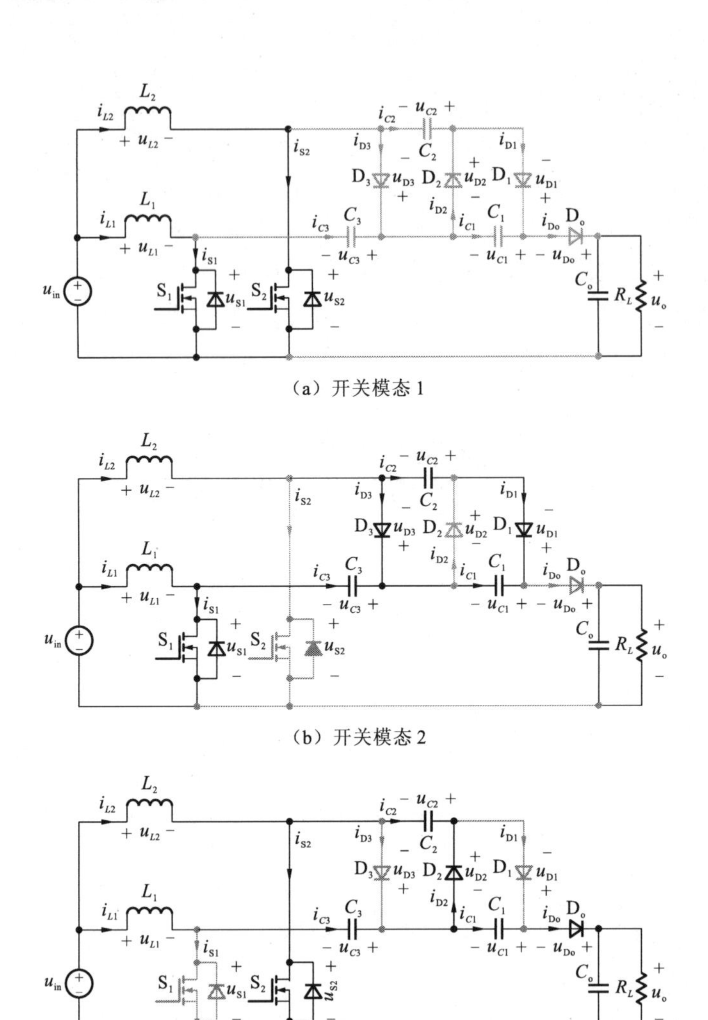

（a）开关模态 1

（b）开关模态 2

（c）开关模态 3

图 2.3　静态工作时三种开关模态的等效电路

（3）开关模态 3[t_3～t_4]。如图 2.3（c）所示，在此开关模态下，开关 S_2 导通，S_1 关断；二极管 D_o、D_2 导通，D_1、D_3 关断；电感电流 i_{L2} 线性上升，i_{L1} 线性下降；电流 i_{L1} 一部分通过二极管 D_2 和开关 S_2 给电容 C_2 充电，给电容 C_3 放电，另一部分通过二极管 D_o 给电容 C_1、C_3 放电，同时向输出滤波电容 C_o 和负载供电；电容电压 u_{C1}、u_{C3} 下降，u_{C2} 上升。到 t_4 时刻，开关 S_1 导通，此开关模态结束，开始下一个开关周期的工作。

2.1.3　基本关系

根据 2.1.2 小节中对含有 3 个 CW-VM 单元的高增益 DC/DC 变换器工作原理的分析，下面对其进行性能分析，并将分析结果推广到含有 n 个 CW-VM 的变换器中，以便具体实际应用时可以根据输入输出参数进行优化选择设计，包括输入输出电压增益、开关器件电压应力和开关器件电流应力等。

1. 输入输出电压增益

根据电感 L_1 的伏秒平衡可得

$$u_{in}D=(u_{C2}-u_{C3}-u_{in})(1-D) \tag{2.1}$$

$$u_{in}D=(u_o-u_{C1}-u_{C3}-u_{in})(1-D) \tag{2.2}$$

根据电感 L_2 的伏秒平衡可得

$$u_{in}D=(u_{C3}-u_{in})(1-D) \tag{2.3}$$

$$u_{in}D=(u_{C1}+u_{C3}-u_{C2}-u_{in})(1-D) \tag{2.4}$$

由式（2.1）~（2.4）可得

$$\begin{cases} u_{C1}=u_{C2}=\dfrac{2u_{in}}{1-D} \\ u_{C3}=\dfrac{u_{in}}{1-D} \\ u_o=\dfrac{4u_{in}}{1-D} \end{cases} \tag{2.5}$$

因此电压增益 M 为

$$M=\frac{u_o}{u_{in}}=\frac{4}{1-D} \tag{2.6}$$

同理可得图 2.1（b）所示的含有 n 个 CW-VM 单元的高增益 DC/DC 变换器的电压增益 M 为

$$M=\frac{u_o}{u_{in}}=\frac{n+1}{1-D} \tag{2.7}$$

由电压增益表达式可知，该变换器的输入输出增益由开关占空比 D 及所含有 CW-VM 单元的个数决定，在不改变开关占空比 D 的条件下，可通过 CW-VM 单元数的设计来实现变换器的宽范围和高增益输出。图 2.4 所示为不同 CW-VM 单元数下输入输出电压增益与开关占空比 D 之间的关系。

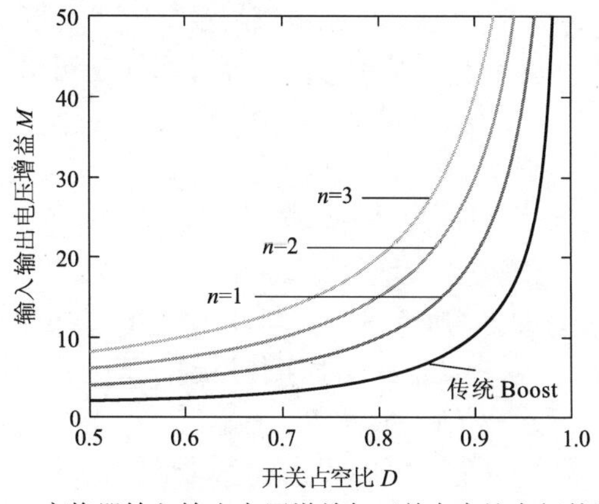

图 2.4 变换器输入输出电压增益与开关占空比之间的关系

2. 开关器件电压应力

根据变换器的工作原理，有源开关 S_1、S_2 的电压应力 u_{S1}、u_{S2} 为

$$u_{S1}=u_{S2}=u_o/4 \tag{2.8}$$

二极管 D_o 的电压应力 u_{Do} 为

$$u_{Do}=u_o/4 \tag{2.9}$$

二极管 D_1、D_2、D_3 的电压应力 u_{D1}、u_{D2}、u_{D3} 为

$$u_{D1}=u_{D2}=u_{D3}=u_o/2 \tag{2.10}$$

同理可得含有 n 个 CW-VM 单元的高增益 DC/DC 变换器中开关管 S_1、S_2 的电压应力为

$$u_{S1}=u_{S2}=\frac{u_o}{n+1} \tag{2.11}$$

二极管 D_o 的电压应力 u_{Do} 为

$$u_{Do}=\frac{u_o}{n+1} \tag{2.12}$$

二极管 D_1，D_2，…，D_{n-1} 的电压应力为

$$u_{D1}=u_{D2}=\cdots=u_{Dn-1}=\frac{2u_o}{n+1} \tag{2.13}$$

由上述分析可知，含有 n 个 CW-VM 单元的高增益 DC/DC 变换器中有源开关 S_1、S_2 及二极管 D_o 的电压应力为输出电压 u_o 的 1/（n+1），其余二极管 D_1，D_2，…，D_{n-1} 的电压应力为输出电压 u_o 的 2/（n+1），与传统 Boost 变换器相比，无论是开关管还是二极管的电压应力都得到了很大的降低，可以选择低耐压开关器件和二极管，这有助于进一步提高效率。

3. 开关器件电流应力

由于电感电流 i_{L1}、i_{L2} 连续，忽略电感电流纹波，设其值分别为 I_{L1}、I_{L2}。同样忽略输入电流 i_{in} 的纹波，设其值为 I_{in}。根据电容 C_3 的安秒平衡可得

$$I_{L1}(1-D)T_S=I_{L2}(1-D)T_S \tag{2.14}$$

即

$$I_{L1}=I_{L2}=I_{in}/2 \tag{2.15}$$

由式（2.15）可知，电感电流实现了自动均流，无须采用任何有源均流控制。

设开关管电流 i_{S1}、i_{S2} 的平均值分别为 I_{S1}、I_{S2}，二极管电流 i_{Do}、i_{D1}、i_{D2}、i_{D3} 的平均值分别为 I_{Do}、I_{D1}、I_{D2}、I_{D3}。根据变换器工作原理，流过开关管的电流平均值分别为

$$I_{S1}=DI_{L1}+(1-D)I_{L2}=I_{in}/2 \tag{2.16}$$

$$I_{S2}=DI_{L2}+(1-D)I_{L1}/2=(1+D)I_{in}/4 \tag{2.17}$$

由于稳态工作时电容电流平均值为零，可得

$$I_{Do}=I_{D1}=I_{D2}=I_{D3} \tag{2.18}$$

又
$$I_{D2}+I_{Do}=(1-D)I_{L1} \tag{2.19}$$
$$I_{D1}+I_{D3}=(1-D)I_{L2} \tag{2.20}$$
故
$$I_{Do}=I_{D1}=I_{D2}=I_{D3}=(1-D)I_{in}/4 \tag{2.21}$$

通过类似推导，对于 n 个 CW-VM 单元的高增益 DC/DC 变换器，当 n 为奇数时，电感电流及流过开关管和二极管的电流平均值分别为

$$I_{L1}=I_{L2}=I_{in}/2 \tag{2.22}$$
$$I_{S1}=DI_{L1}+(1-D)I_{L2}=I_{in}/2 \tag{2.23}$$
$$I_{S2}=DI_{L2}+\frac{(n-1)(1-D)I_{L1}}{n+1}=\frac{(n-1+2D)I_{in}}{2(n+1)} \tag{2.24}$$
$$I_{Do}=I_{D1}=\cdots=I_{Dn-1}=\frac{(1-D)I_{in}}{n+1} \tag{2.25}$$

当 n 为偶数时，电感电流及流过开关管和二极管的电流平均值分别为

$$I_{L1}=\frac{(n+2)I_{in}}{2(n+1)} \tag{2.26}$$
$$I_{L2}=\frac{n\cdot I_{in}}{2(n+1)} \tag{2.27}$$
$$I_{S1}=DI_{L1}+(1-D)I_{L2}=\frac{(n+2D)I_{in}}{2(n+1)} \tag{2.28}$$
$$I_{S2}=DI_{L2}+\frac{n}{n+2}(1-D)I_{L1}=\frac{n\cdot I_{in}}{2(n+1)} \tag{2.29}$$
$$I_{Do}=I_{D1}=\cdots=I_{Dn-1}=\frac{(1-D)I_{in}}{n+1} \tag{2.30}$$

通过上述关于开关器件电流的分析可知，相比于其他借助于开关电容实现输入输出高升压变换的拓扑，该电路在工作过程中不存在电容与电容直接并联的情况，因此电路工作过程中不存在电流尖峰流过各个元器件。

2.2 基于 D-VM 构建的高增益 DC/DC 变换器

2.2.1 电路拓扑及控制方法

D-VM 电路结构如图 1.9（b）所示，其与 Boost 变换器相结合之后的拓扑如图 2.5（a）所示，由两相交错并联 Boost 变换器与若干 D-VM 单元组成，其中开关 S_1 与 S_2 采用交错控制且占空比均大于 0.5。下面以如图 2.5（b）所示含有 3 个 D-VM 单元为例对基于 D-VM 构建的高增益 DC/DC 变换器进行分析。

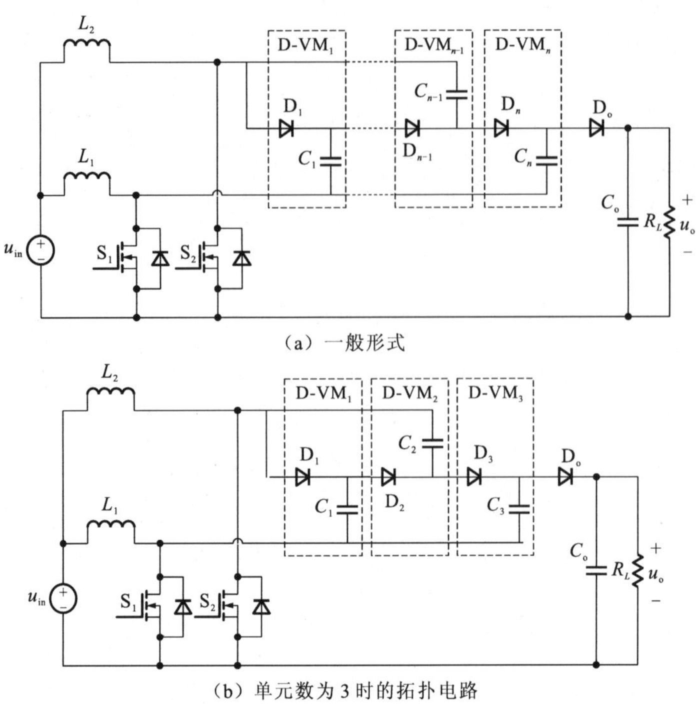

（a）一般形式

（b）单元数为 3 时的拓扑电路

图 2.5　基于 D-VM 构建的高增益 DC/DC 变换器拓扑

2.2.2　工作原理

为简化工作原理及性能特点的分析过程，进行如下假设。

（1）电感电流 i_{L1} 和 i_{L2} 连续；

（2）电容 C_o、C_1、C_2、C_3 足够大，忽略其上电压纹波的影响；

（3）所有器件都是理想器件，不考虑寄生参数等的影响；

（4）开关 S_1、S_2 采用交错控制且开关占空比 $D>0.5$。

在一个开关周期 T_S 内，变换器的主要工作波形（图中开关占空比 D 为 0.6）如图 2.6 所示，共有三个开关模态，各模态的等效电路如图 2.7 所示。

（1）开关模态 1 [t_0～t_1，t_2～t_3]。如图 2.7（a）所示，在此开关模态下，开关 S_1、S_2 导通；二极管 D_o、D_1、D_2、D_3 关断；电感电流 i_{L1}、i_{L2} 均线性上升；电容电流 i_{C1}、i_{C2}、i_{C3} 等于零；电容电压 u_{C1}、u_{C2}、u_{C3} 保持不变，输出电压 u_o 下降。到 t_1 时刻，开关 S_2 关断，此开关模态结束。

（2）开关模态 2 [t_1～t_2]。如图 2.7（b）所示，在此开关模态下，开关 S_1 导通，S_2 关断；二极管 D_1、D_3 导通，D_o、D_2 关断；电感电流 i_{L1} 线性上升，i_{L2} 线性下降；电流 i_{L2} 的一部分通过二极管 D_1 和开关 S_1 给电容 C_1 充电，另一部分通过电容 C_2、二极管 D_3 和开关 S_1 给电容 C_3 充电，电容 C_2 放电；电容电压 u_{C1}、u_{C3} 上升，u_{C2} 下降，输出电压 u_o 下降。到 t_2 时刻，开关 S_2 导通，此开关模态结束。

（3）开关模态 3 [t_3～t_4]。如图 2.7（c）所示，在此开关模态下，开关 S_2 导通，S_1

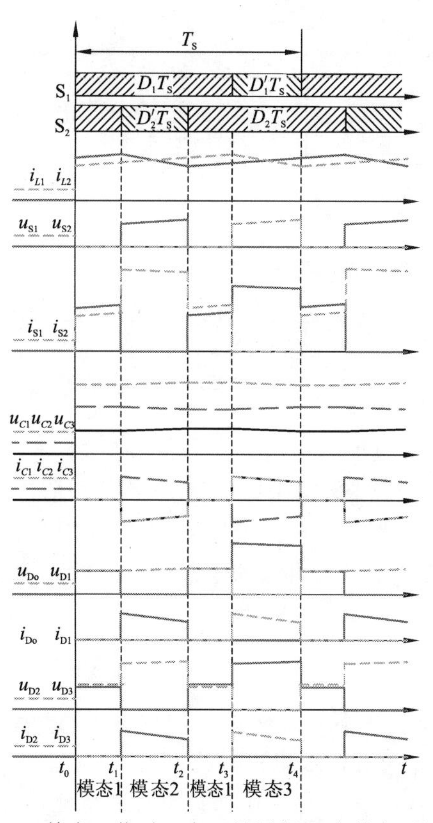

图 2.6　静态工作时一个开关周期 T_s 内的主要波形

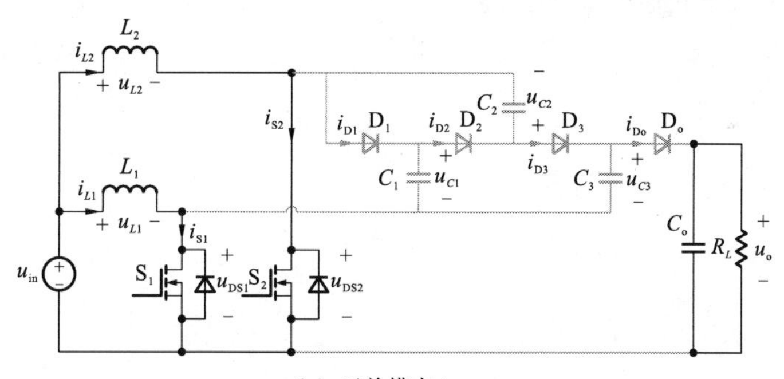

（a）开关模态 1

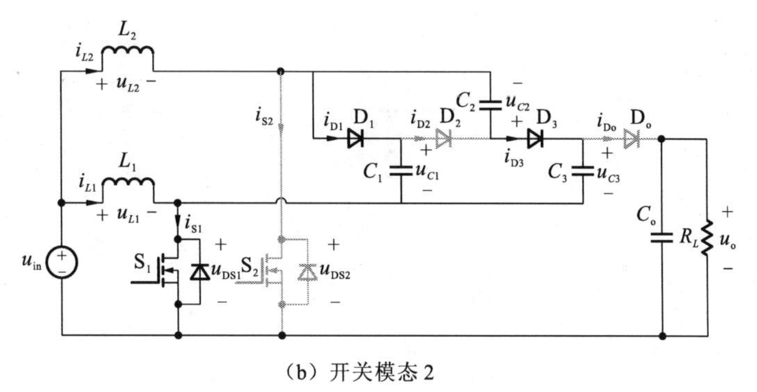

（b）开关模态 2

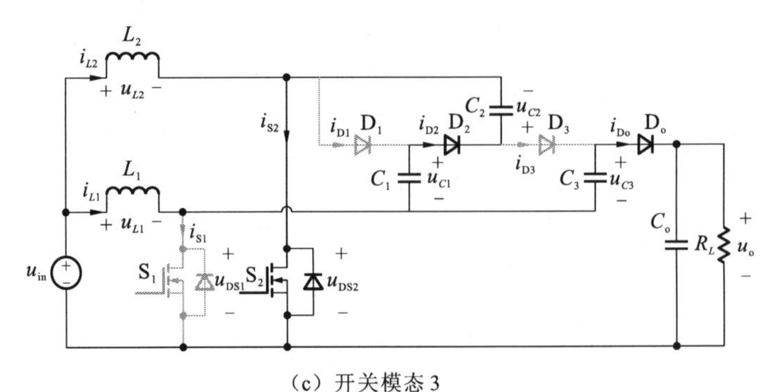

（c）开关模态 3

图 2.7　静态工作时三种开关模态的等效电路

关断；二极管 D_0、D_2 导通，D_1、D_3 关断；电感电流 i_{L2} 线性上升，i_{L1} 线性下降；电流 i_{L1} 一部分通过二极管 D_2 和开关 S_2 给电容 C_2 充电，给电容 C_1 放电，另一部分通过电容 C_3 及二极管 D_o 向输出滤波电容 C_o 和负载供电，C_3 放电；电容电压 u_{C1}、u_{C3} 下降，u_{C2} 上升。到 t_4 时刻，开关 S_1 导通，此开关模态结束，开始下一个开关周期的工作。

2.2.3　基本关系

根据 2.2.2 小节中对含有 3 个 D-VM 单元的高增益 DC/DC 变换器工作原理的分析，下面对其进行性能分析，并将分析结果推广到含有 n 个 D-VM 的变换器中，以便具体实际应用时可以根据输入输出参数进行优化选择设计，包括输入输出电压增益、开关器件电压应力和开关器件电流应力等。

1. 输入输出电压增益

根据电感 L_1 的伏秒平衡可得

$$u_{in}D=(u_{C2}-u_{C1}-u_{in})(1-D) \tag{2.31}$$

$$u_{in}D=(u_o-u_{C3}-u_{in})(1-D) \tag{2.32}$$

根据电感 L_2 的伏秒平衡可得

$$u_{in}D=(u_{C1}-u_{in})(1-D) \tag{2.33}$$

$$u_{in}D=(u_{C3}-u_{C2}-u_{in})(1-D) \tag{2.34}$$

由式（2.31）～（2.34）可得

$$\begin{cases} u_{C1}=\dfrac{u_{in}}{1-D} \\ u_{C2}=\dfrac{2u_{in}}{1-D} \\ u_{C3}=\dfrac{3u_{in}}{1-D} \\ u_o=\dfrac{4u_{in}}{1-D} \end{cases} \tag{2.35}$$

因此电压增益为

$$M=\frac{u_{\mathrm{o}}}{u_{\mathrm{in}}}=\frac{4}{1-D} \tag{2.36}$$

同理可得图 2.5（a）所示的含有 n 个 D-VM 单元的高增益 DC/DC 变换器的输入输出电压增益 M 为

$$M=\frac{u_{\mathrm{o}}}{u_{\mathrm{in}}}=\frac{n+1}{1-D} \tag{2.37}$$

由式（2.37）可知，该变换器的输入输出电压增益由开关占空比 D 和所含有 D-VM 单元的个数决定，与 2.1 节所述基于 CW-VM 构建的高增益 DC/DC 变换器类似，在不改变占空比的条件下，可通过 D-VM 单元数的设计来实现变换器的宽范围和高增益输出。

2. 开关器件电压应力

根据变换器的工作原理分析，有源开关 S_1、S_2 的电压应力 u_{S1}、u_{S2} 为

$$u_{\mathrm{S1}}=u_{\mathrm{S2}}=u_{\mathrm{o}}/4 \tag{2.38}$$

二极管 D_o 的电压应力 u_{Do} 为

$$u_{\mathrm{Do}}=u_{\mathrm{o}}/4 \tag{2.39}$$

二极管 D_1、D_2、D_3 的电压应力 u_{D1}、u_{D2}、u_{D3} 为

$$u_{\mathrm{D1}}=u_{\mathrm{D2}}=u_{\mathrm{D3}}=u_{\mathrm{o}}/2 \tag{2.40}$$

同理可得含有 n 个 D-VM 单元的高增益 DC/DC 变换器中开关管 S_1、S_2 的电压应力为

$$u_{\mathrm{S1}}=u_{\mathrm{S2}}=\frac{u_{\mathrm{o}}}{n+1} \tag{2.41}$$

二极管 D_o 的电压应力 u_{Do} 为

$$u_{\mathrm{Do}}=\frac{u_{\mathrm{o}}}{n+1} \tag{2.42}$$

二极管 D_1，D_2，…，D_{n-1} 的电压应力为

$$u_{\mathrm{D1}}=u_{\mathrm{D2}}=\cdots=u_{\mathrm{D}n-1}=\frac{2u_{\mathrm{o}}}{n+1} \tag{2.43}$$

由上述分析可知，含有 n 个 D-VM 单元的高增益 DC/DC 变换器中有源开关 S_1、S_2 及二极管 D_o 的电压应力为输出电压 u_o 的 $\frac{1}{n+1}$，其余二极管 D_1，D_2，…，D_{n-1} 的电压应力为输出电压 u_o 的 $\frac{2}{n+1}$。与 2.1 节所述基于 CW-VM 构建的高增益 DC/DC 变换器类似，无论是开关管还是二极管的电压应力都得到了很大的降低，可以选择低耐压开关器件和二极管，这有助于进一步提高效率。

3. 开关器件电流应力

由于电感电流 i_{L1}、i_{L2} 连续，忽略电感电流纹波，设其值分别为 I_{L1}、I_{L2}。同样忽略

输入电流 i_{in} 的纹波，设其值为 I_{in}。根据电容 C_3 的安秒平衡可得

$$I_{L1}(1-D)T_S = I_{L2}(1-D)T_S \tag{2.44}$$

即

$$I_{L1} = I_{L2} = I_{in}/2 \tag{2.45}$$

由式（2.45）可知，电感电流实现了自动均流，无须采用任何有源均流控制。

设开关管电流 i_{S1}、i_{S2} 的平均值分别为 I_{S1}、I_{S2}，二极管电流 i_{Do}、i_{D1}、i_{D2}、i_{D3} 的平均值分别为 I_{Do}、I_{D1}、I_{D2}、I_{D3}。根据变换器工作原理，流过开关管的电流平均值分别为

$$I_{S1} = DI_{L1} + (1-D)I_{L2} = I_{in}/2 \tag{2.46}$$

$$I_{S2} = DI_{L2} + (1-D)I_{L1}/2 = (1+D)I_{in}/4 \tag{2.47}$$

由于稳态工作时电容电流平均值为零，可得

$$I_{Do} = I_{D1} = I_{D2} = I_{D3} \tag{2.48}$$

又

$$I_{D2} + I_{Do} = (1-D)I_{L1} \tag{2.49}$$

$$I_{D1} + I_{D3} = (1-D)I_{L2} \tag{2.50}$$

故

$$I_{Do} = I_{D1} = I_{D2} = I_{D3} = (1-D)I_{in}/4 \tag{2.51}$$

通过类似推导，对于 n 个 D-VM 单元的高增益 DC/DC 变换器，当 n 为奇数时，电感电流及流过开关管和二极管的电流平均值分别为

$$I_{L1} = I_{L2} = I_{in}/2 \tag{2.52}$$

$$I_{S1} = DI_{L1} + (1-D)I_{L2} = I_{in}/2 \tag{2.53}$$

$$I_{S2} = DI_{L2} + \frac{(n-1)(1-D)I_{L1}}{n+1} = \frac{(n-1+2D)I_{in}}{2(n+1)} \tag{2.54}$$

$$I_{Do} = I_{D1} = \cdots = I_{Dn-1} = \frac{(1-D)I_{in}}{n+1} \tag{2.55}$$

当 n 为偶数时，电感电流及流过开关管和二极管的电流平均值分别为

$$I_{L1} = \frac{(n+2)I_{in}}{2(n+1)} \tag{2.56}$$

$$I_{L2} = \frac{n \cdot I_{in}}{2(n+1)} \tag{2.57}$$

$$I_{S1} = DI_{L1} + (1-D)I_{L2} = \frac{(n+2D)I_{in}}{2(n+1)} \tag{2.58}$$

$$I_{S2} = DI_{L2} + \frac{n}{n+2}(1-D)I_{L1} = \frac{n \cdot I_{in}}{2(n+1)} \tag{2.59}$$

$$I_{Do} = I_{D1} = \cdots = I_{Dn-1} = \frac{(1-D)I_{in}}{n+1} \tag{2.60}$$

通过上述关于开关器件电流的分析可知，相比于其他借助于开关电容实现输入输出高升压变换的拓扑，该电路在工作过程中不存在电容与电容直接并联的情况，因此电路工作过程中不存在电流尖峰流过各个元器件。

2.3 性能比较

表 2.1 将 2.1 节中所述基于 CW-VM 构建的高增益 DC/DC 变换器和 2.2 节中所述基于 D-VM 构建的高增益 DC/DC 变换器与两种常见实现高增益的方案进行了比较总结。相比于三电平 Boost 变换器，基于 VM 构建的高增益 DC/DC 变换器一方面增益比可以根据 VM 单元数进行调节，另一方面开关管不需要浮地驱动；而且在仅含有 1 个 VM 单元的情况下，两个电路的元器件数量、输入输出电压增益及开关器件的电压应力等完全一致。

表 2.1　几种常见高增益变换器主要参数及性能指标

电路拓扑	基于 CW-VM 所构建变换器	基于 D-VM 所构建变换器	级联 Boost	三电平 Boost
开关管电压应力	$\frac{u_o}{n+1}$	$\frac{u_o}{n+1}$	u_o	$\frac{u_o}{2}$
二极管电压应力	$\frac{2u_o}{n+1}$	$\frac{2u_o}{n+1}$	u_o	$\frac{u_o}{2}$
输入输出电压增益	$\frac{n+1}{1-D}$	$\frac{n+1}{1-D}$	$\frac{1}{(1-D)^n}$	$\frac{2}{1-D}$
增益是否可调	是	是	是	否
开关数量	1	1	$n-1$	1
二极管数量	n	n	$n-1$	1
添加电容数量	n	n	$n-1$	1
VM 电容电流应力	初始 I_o，逐级提高	I_o	—	—
VM 电容电压应力	$\frac{u_{in}}{1-D}$ 和 $\frac{2u_{in}}{1-D}$	初始 $\frac{u_{in}}{1-D}$，逐级提高	—	—

级联 Boost 变换器虽然增益比也可以调节，且输入输出电压增益非常高，但其一方面各级变换器的电压应力不同，另一方面所需开关和电感数较多，且变换器级联运行的系统可能出现在某些工作点不能稳定工作的现象，降低了电源的工作性能。

基于 CW-VM 和 D-VM 构建的高增益 DC/DC 变换器之间也存在明显差异，体现在 VM 单元中电容的电流应力和电压应力上。其中基于 CW-VM 构建的高增益 DC/DC 变换器电容电压应力相对稳定，除去第 n 个 CW-VM 单元中电容上电压为 $u_{in}/(1-D)$，其余 CW-VM 单元中电容上电压均为 $2u_{in}/(1-D)$，但这些 CW-VM 单元中电容单位开关周期内充电或放电的平均电流均不同，从第一个 CW-VM 单元开始逐级上升，到第 n 个 CW-VM 单元时，电容单位开关周期内充电或放电的电流平均值为 nI_o。而基于 D-VM 构建的高增益 DC/DC 变换器中各 D-VM 单元上电容的电流应力均为 I_o，但这些 D-VM 单元中电容上的电压应力从第一个 D-VM 单元开始逐级上升，到第 n 个 CW-VM 单元时为 $nu_{in}/(1-D)$。

2.4 实验验证

本节将以基于 CW-VM 单元的高增益 DC/DC 变换器为例进行实验研究，验证前述理论分析的正确性和有效性。与理论分析类似，同样以含有 3 个 CW-VM 单元为例设计实验样机，电路的主要参数如表 2.2 所示。

表2.2 实验参数

实验参数	参数设计	实验参数	参数设计
功率等级P_o	300 W	二极管D_o、D_1、D_2、D_3	IDT12S60C
输入电压u_{in}	30 V	DCM单元电容C_1、C_2、C_3	12 μF
输出电压u_o	400 V	输出滤波电容	50 μF
开关频率f_S	50 kHz	电感L_1、L_2	300 μH
有源开关	CMF20120D		

实验波形如图 2.8 所示，其中图 2.8（a）为开关管 S_1、S_2 的驱动，输入电压 u_{in} 和输出电压 u_o 的波形，开关占空比约为 0.7，实现高升压变换的同时避免了极大占空比，与理论分析一致。图 2.8（b）所示为输入电流 i_{in} 和电感电流 i_{L1}、i_{L2} 的波形，可以看出 i_{L1} 与 i_{L2} 的平均值近似相等，实现了电感电流无源均流，输入电流纹波频率为开关频率的 2 倍，纹波峰峰值得到降低，因此可减小输入滤波器的体积。图 2.8（c）为开关管 S_1、S_2 两端电压 u_{S1}、u_{S2} 的波形及流过开关管 S_1、S_2 的电流 i_{S1}、i_{S2} 的波形，可以看出，它们两端的电压应力均为 100V 左右，即为输出电压的 1/4。图 2.8（d）所示为二极管 D_1、D_2 两端电压 u_{D1}、u_{D2} 的波形，电压均为 200V 左右，与理论分析一致。图 2.8（e）所示为二极管 D_o、D_3 两端电压 u_{Do}、u_{D3} 的波形，其中 u_{Do} 两端的电压约为 100V，u_{D3} 两端的电压约为 200 V，与理论分析一致。图 2.8（f）所示为电容电压 u_{C1}、u_{C2}、u_{C3} 的波形，其中电容 C_3 的端电压 u_{C1}、u_{C2} 约为输出电压的 1/2，u_{C3} 约为输出电压的 1/4，与理论分析一致。

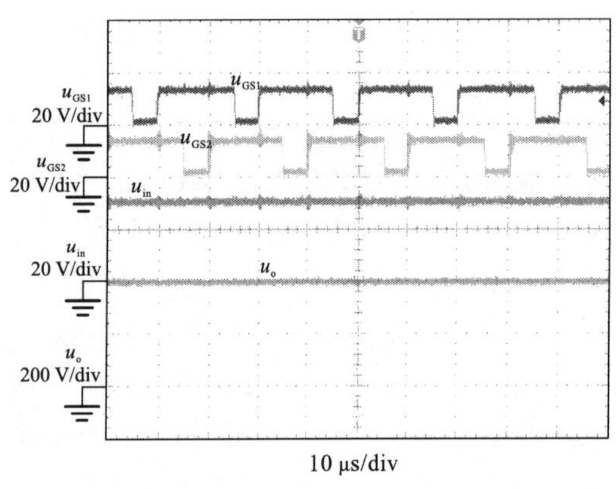

（a）开关驱动及输入输出电压波形

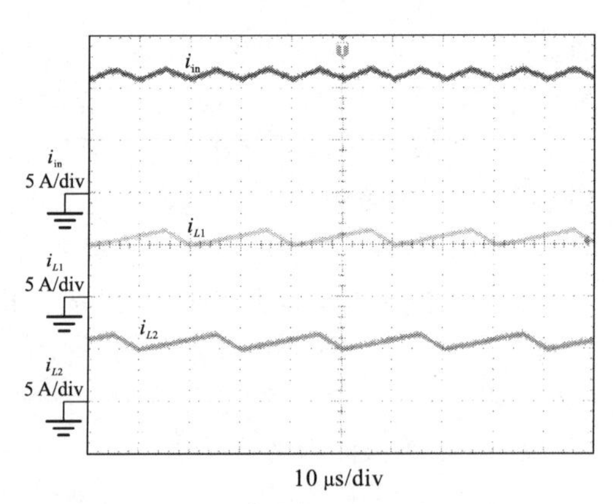

（b）电感 L_1、L_2 及输入电流波形

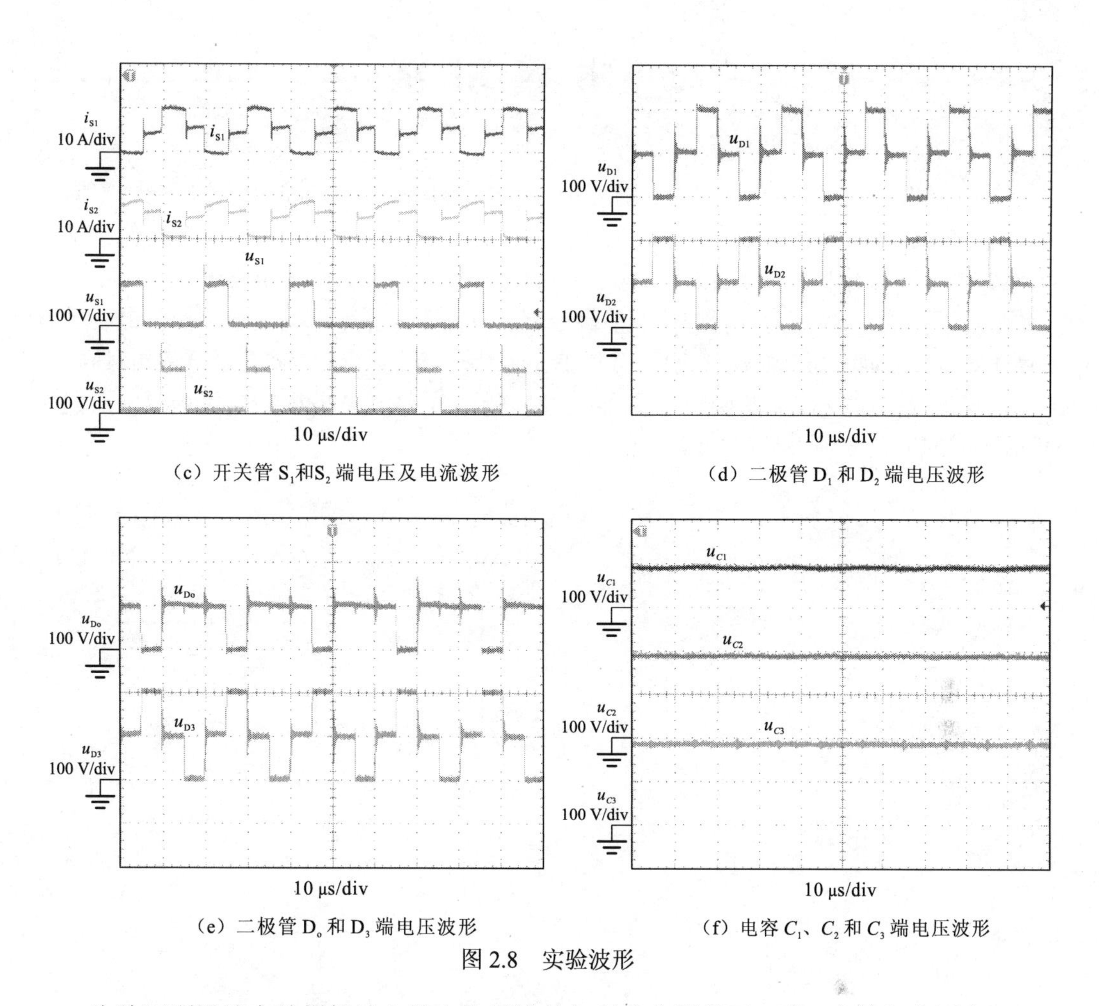

（c）开关管 S_1和S_2 端电压及电流波形　（d）二极管 D_1 和 D_2 端电压波形

（e）二极管 D_o 和 D_3 端电压波形　（f）电容 C_1、C_2 和 C_3 端电压波形

图 2.8　实验波形

为验证所设计实验样机输入输出电压增益与理论分析是否一致，在输入电压为 10V、负载为 600Ω 的前提下测量一组数据。如图 2.9 所示，其中实线为理论计算结果，虚线为实测结果，可见在占空比小于 0.8 之前，理论分析与实测结果基本一致，但在占空比超过 0.8 之后，实际增益会急剧下降。

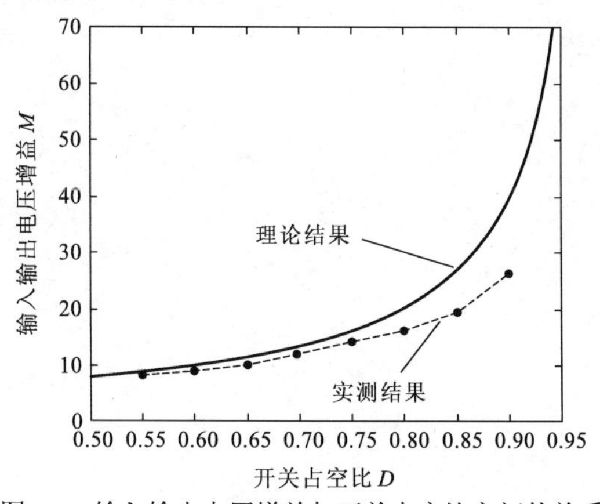

图 2.9　输入输出电压增益与开关占空比之间的关系

2.5 本章小结

本章系统阐述了两种基本 VM 与 Boost 变换器相结合所形成的低电压应力高增益 DC/DC 变换器。由于 VM 的引入，上述变换器具有一些共同特点，如开关器件电压应力低、输入输出电压增益可根据 VM 数进行调节。此外，由于 VM 电路中电容安秒平衡的作用，两相输入可自动实现均流，使得控制及驱动电路简单。但受限于传统电压增益网络的输入端口特性，其与现有直流升压 Boost 变换器相结合时，输入端电路相对固定，常由两相交错并联 Boost 变换器组成。在大功率特别是大电流输入的应用场合中，输入相数不可调节限制了该类变换器的使用。

第3章

多输入端口电压增益网络

第2章中介绍了传统CW-VM和D-VM与两相交错并联Boost变换器相结合而构建的两种高增益DC/DC变换器。VM单元的引入虽然实现了输入输出电压增益的提高和开关器件电压应力的降低，但传统VM单元输入端口不可调节的特点也限制了其与多相交错并联Boost变换器结合的可能。本章将介绍一种新型输入端口数可自由调节的多输入端口电压增益网络（multiple input-terminal voltage multiplier，MIVM），详细分析其工作原理及性能特点，并给出相应实验结果。

3.1 拓扑电路及工作原理分析

图3.1（a）所示为一种新型输入端口数可自由调节的多输入端口电压增益网络，为方便叙述，记为BX-MIVM。它不仅具备传统CW-VM和D-VM中单元数可调的特点，还具备输入端口数可调的优势。值得注意的是，当其单元数为1且端口数为m时，电路结构与D-VM类似；而当输入端口数为2且单元数为n时，电路结构与CW-VM类似。下面以图3.1（b）所示4端口输入2单元为例，对BX-MIVM进行详细的分析。

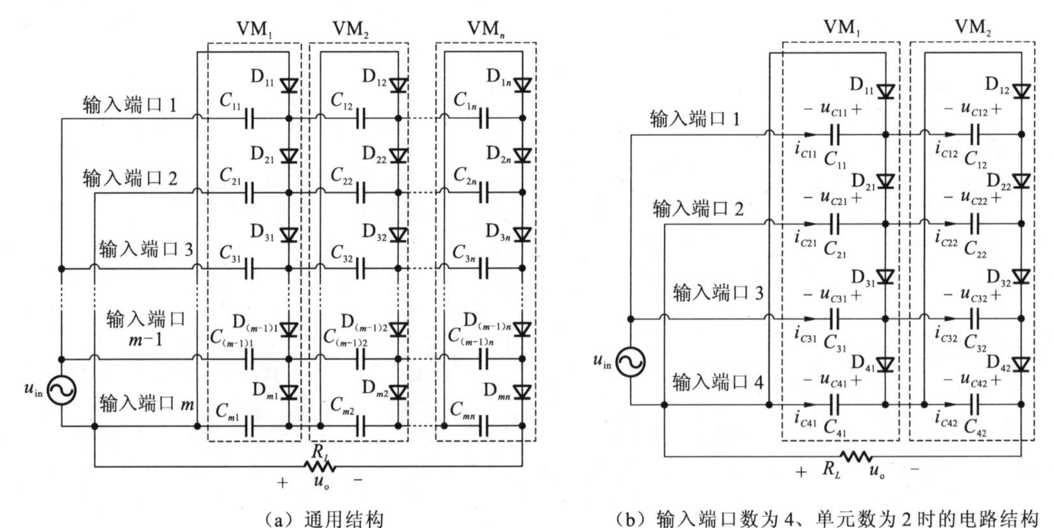

（a）通用结构　　（b）输入端口数为4、单元数为2时的电路结构

图3.1　BX-MIVM拓扑结构

3.1.1 工作原理

为了简化分析过程，进行如下假设。

（1）所有器件都是理想器件，不考虑寄生参数等的影响；

（2）输入电压为正弦量，如式（3.1）所示；

（3）与负载相连的电容值足够大，输出电压纹波相比于其他电容可忽略不计（$\Delta u_o << \Delta u_{VM}$），除去与负载相连的电容，其他电容值均相等（$C_{11}=C_{21}=C_{31}=C_{12}=C_{22}=C_{32}=C_{VM}$）。

图3.2所示为一个周期内BX-MIVM电路的关键波形，因电容的安秒平衡，所有二极管的平均电流均与输出电流平均值相等，如式（3.2）所示。设定BX-MIVM电路中电容电压基础纹波如式（3.3）所示。其中I_o为输出平均电流，f为输入正弦量的频率。

$$u_{\mathrm{in}}(t)=U_{\mathrm{m}}\cdot\sin\omega t \tag{3.1}$$

$$I_{\mathrm{Do}}=I_{\mathrm{D11}}=\cdots=I_{\mathrm{D42}}=I_{\mathrm{o}} \tag{3.2}$$

$$\Delta u_{\mathrm{VM}}=\frac{I_{\mathrm{o}}}{f\cdot C_{\mathrm{VM}}} \tag{3.3}$$

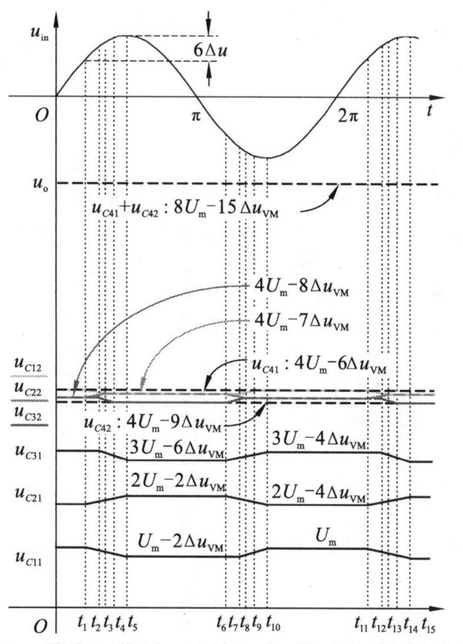

图3.2　稳态工作时一个输入电源周期内的主要波形

在一个输入电源周期内，BX-MIVM的主要工作波形如图3.2所示，共有9个模态，各模态的等效电路如图3.3所示。

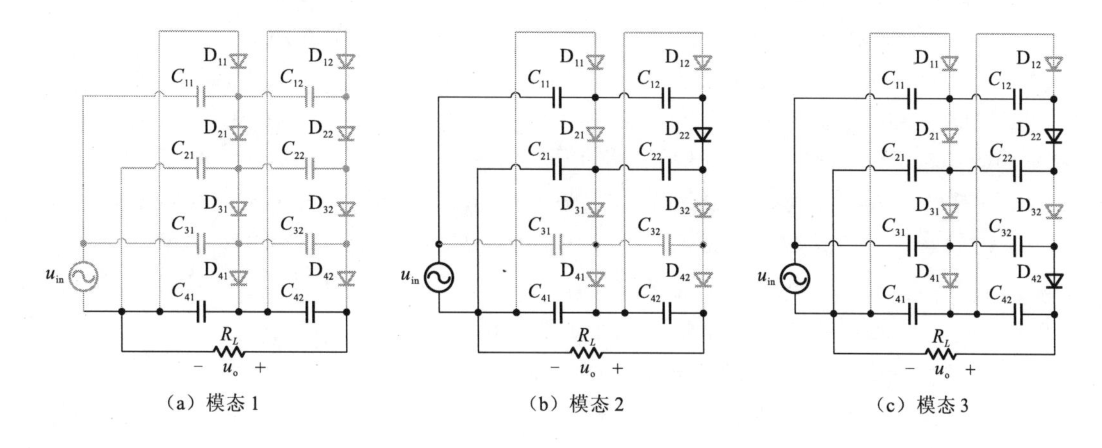

（a）模态1　　（b）模态2　　（c）模态3

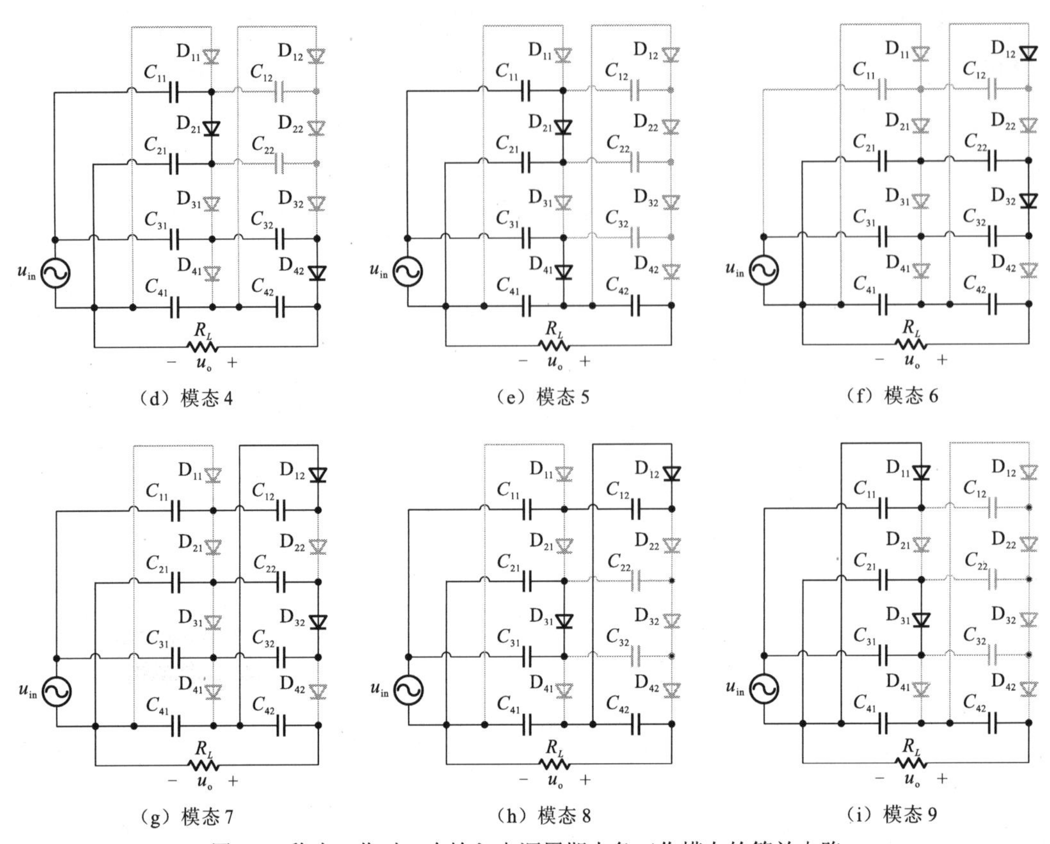

（d）模态 4　（e）模态 5　（f）模态 6

（g）模态 7　（h）模态 8　（i）模态 9

图 3.3　稳态工作时一个输入电源周期内各工作模态的等效电路

（1）模态 1 $[0\sim t_1,\ t_5\sim t_6,\ t_{10}\sim 2\pi]$。如图 3.3（a）所示，该模态下电路中所有二极管均关断；电路中各个电容电压保持不变；负载由输出电容 C_{41}、C_{42} 供电。

（2）模态 2 $[t_1\sim t_2]$。如图 3.3（b）所示，t_1 时刻输入电压正向上升至 $U_m-6\Delta u_{VM}$ 时，二极管 D_{22} 导通，该模态下电容 C_{21}、C_{22} 充电，C_{11}、C_{12} 放电。其中 C_{21} 端电压由 $2U_m-4\Delta u_{VM}$ 上升至 $2U_m-3.25\Delta u_{VM}$，C_{22} 端电压由 $4U_m-8\Delta u_{VM}$ 上升至 $4U_m-7.25\Delta u_{VM}$，C_{11} 端电压由 U_m 下降至 $U_m-0.75\Delta u_{VM}$，C_{12} 端电压由 $4U_m-6\Delta u_{VM}$ 下降至 $4U_m-6.75\Delta u_{VM}$。

（3）模态 3 $[t_2\sim t_3]$。如图 3.3（c）所示，t_2 时刻输入电压正向上升至 $U_m-3\Delta u_{VM}$ 时，二极管 D_{22}、D_{42} 导通，该模态下电容 C_{21}、C_{22}、C_{41}、C_{42} 充电，C_{11}、C_{12}、C_{31}、C_{32} 放电。其中 C_{21} 端电压由 $2U_m-3.25\Delta u_{VM}$ 上升至 $2U_m-3\Delta u_{VM}$，C_{22} 端电压由 $4U_m-7.25\Delta u_{VM}$ 上升至 $4U_m-7\Delta u_{VM}$，C_{11} 端电压由 $U_m-0.75\Delta u_{VM}$ 下降至 $U_m-\Delta u_{VM}$，C_{12} 端电压由 $4U_m-6.75\Delta u_{VM}$ 下降至 $4U_m-7\Delta u_{VM}$，C_{31} 端电压由 $3U_m-4\Delta u_{VM}$ 下降至 $3U_m-4.5\Delta u_{VM}$，C_{32} 端电压由 $4U_m-8\Delta u_{VM}$ 下降至 $4U_m-8.5\Delta u_{VM}$，C_{41} 和 C_{42} 端电压上升，但考虑到其纹波远小于 Δu_{VM}，可近似认为其保持不变分别为 $4U_m-6\Delta u_{VM}$ 和 $4U_m-9\Delta u_{VM}$。

（4）模态 4 $[t_3\sim t_4]$。如图 3.3（d）所示，t_3 时刻输入电压正向上升至 $U_m-2\Delta u_{VM}$ 时，二极管 D_{21}、D_{42} 导通，该模态下电容 C_{21}、C_{41}、C_{42} 充电，C_{11}、C_{31}、C_{32} 放电。其中 C_{21} 端电压由 $2U_m-3\Delta u_{VM}$ 上升至 $2U_m-2.5\Delta u_{VM}$，C_{11} 端电压由 $U_m-\Delta u_{VM}$ 下降至 $U_m-1.5\Delta u_{VM}$，

C_{31} 端电压由 $3U_m-4.5\Delta u_{VM}$ 下降至 $3U_m-5\Delta u_{VM}$，C_{32} 端电压由 $4U_m-8.5\Delta u_{VM}$ 下降至 $4U_m-9\Delta u_{VM}$。

（5）模态 5 $[t_4\sim t_5]$。如图 3.3（e）所示，t_4 时刻输入电压正向上升至 $U_m-\Delta u_{VM}$ 时，二极管 D_{21}、D_{41} 导通，该模态下电容 C_{21}、C_{41} 充电，C_{11}、C_{31} 放电。其中 C_{21} 端电压由 $2U_m-2.5\Delta u_{VM}$ 上升至 $2U_m-2\Delta u_{VM}$，C_{11} 端电压由 $U_m-1.5\Delta u_{VM}$ 下降至 $U_m-2\Delta u_{VM}$，C_{31} 端电压由 $3U_m-5\Delta u_{VM}$ 下降至 $3U_m-6\Delta u_{VM}$。此模态持续到 t_5 时刻，输入电压正向上升至峰值 $U_{in\,m}$ 时结束，此时所有二极管均关断。

（6）模态 6 $[t_6\sim t_7]$。如图 3.3（f）所示，t_6 时刻输入电压反向上升至 $-(U_m-6\Delta u_{VM})$ 时，二极管 D_{32} 导通，该模态下电容 C_{31}、C_{32} 充电，C_{21}、C_{22} 放电。其中 C_{31} 端电压由 $3U_m-6\Delta u_{VM}$ 上升至 $3U_m-5.25\Delta u_{VM}$，C_{32} 端电压由 $4U_m-9\Delta u_{VM}$ 上升至 $4U_m-8.25\Delta u_{VM}$，C_{21} 端电压由 $2U_m-2\Delta u_{VM}$ 下降至 $2U_m-2.75\Delta u_{VM}$，C_{22} 端电压由 $4U_m-7\Delta u_{VM}$ 下降至 $4U_m-7.75\Delta u_{VM}$。

（7）模态 7 $[t_7\sim t_8]$。如图 3.3（g）所示，t_7 时刻输入电压反向上升至 $-(U_m-3\Delta u_{VM})$ 时，二极管 D_{32}、D_{12} 导通，该模态下电容 C_{11}、C_{12}、C_{31}、C_{32} 充电，C_{21}、C_{22}、C_{41} 放电。其中 C_{11} 端电压由 $U_m-2\Delta u_{VM}$ 上升至 $U_m-1.5\Delta u_{VM}$，C_{12} 端电压由 $4U_m-7\Delta u_{VM}$ 上升至 $4U_m-6.5\Delta u_{VM}$，C_{31} 端电压由 $3U_m-5.25\Delta u_{VM}$ 上升至 $3U_m-5\Delta u_{VM}$，C_{32} 端电压由 $4U_m-8.25\Delta u_{VM}$ 上升至 $4U_m-8\Delta u_{VM}$，C_{21} 端电压由 $2U_m-2.75\Delta u_{VM}$ 下降至 $2U_m-3\Delta u_{VM}$，C_{22} 端电压由 $4U_m-7.75\Delta u_{VM}$ 下降至 $4U_m-8\Delta u_{VM}$。

（8）模态 8 $[t_8\sim t_9]$。如图 3.3（h）所示，t_8 时刻输入电压反向上升至 $-(U_m-2\Delta u_{VM})$ 时，二极管 D_{12}、D_{31} 导通，该模态下电容 C_{11}、C_{12}、C_{31} 充电，C_{21}、C_{41}、C_{42} 放电。其中 C_{11} 端电压由 $U_m-1.5\Delta u_{VM}$ 上升至 $U_m-1\Delta u_{VM}$，C_{12} 端电压由 $4U_m-6.5\Delta u_{VM}$ 上升至 $4U_m-6\Delta u_{VM}$，C_{31} 端电压由 $3U_m-5\Delta u_{VM}$ 上升至 $3U_m-4.5\Delta u_{VM}$，C_{21} 端电压由 $2U_m-3\Delta u_{VM}$ 下降至 $2U_m-3.5\Delta u_{VM}$。

（9）模态 9 $[t_9\sim t_{10}]$。如图 3.3（i）所示，t_9 时刻输入电压反向上升至 $-(U_m-\Delta u_{VM})$ 时，二极管 D_{11}、D_{31} 导通，该模态下电容 C_{11}、C_{31} 充电，C_{21}、C_{42} 放电。此模态持续到 t_{10} 时刻，输入电压反向上升至峰值 $-U_m$ 时结束，此时所有二极管均关断。其中 C_{11} 端电压由 $U_m-\Delta u_{VM}$ 上升至 U_m，C_{31} 端电压由 $3U_m-4.5\Delta u_{VM}$ 上升至 $3U_m-4\Delta u_{VM}$，C_{21} 端电压由 $2U_m-3.5\Delta u_{VM}$ 下降至 $2U_m-4\Delta u_{VM}$。此模态持续到 t_{10} 时刻，输入电压反向上升至峰值 $-U_{in\,m}$ 时结束，此时所有二极管均关断。

3.1.2　性能特点

根据 3.1.1 小节中对含有 3 个 CW-VM 单元的高增益 DC/DC 变换器工作原理的分析，下面对其进行性能分析，并将分析结果推广到含有 n 个 CW-VM 的变换器中，以便具体实际应用时可以根据输入输出参数进行优化选择设计，包括器件电流应力、输入输出电压增益和器件电压应力及电容纹波等。

1. 器件电流应力

由式（3.2）可知，所有二极管的电流应力均相等，为输出电流的平均值。在输入电源的正半周期，流过各个电容的电流平均值分别为

$$\begin{cases} i_{C11}=i_{C31}=2I_{\text{o}} \\ i_{C12}=i_{C32}=I_{\text{o}} \\ i_{C21}=i_{C41}=-2I_{\text{o}} \\ i_{C22}=i_{C42}=-I_{\text{o}} \end{cases} \tag{3.4}$$

在输入电源的负半周期，流过各个电容的电流平均值分别为

$$\begin{cases} i_{C11}=i_{C31}=-2I_{\text{o}} \\ i_{C12}=i_{C32}=-I_{\text{o}} \\ i_{C21}=i_{C41}=2I_{\text{o}} \\ i_{C22}=i_{C42}=I_{\text{o}} \end{cases} \tag{3.5}$$

推广到一般情况（含有 m 个输入端口和 n 个 VM 单元，其中 m 为偶数），在输入电源的正半周期，流过各个电容的电流平均值分别为

$$i_{Cij}=(-1)^{i+1}(n+1-j)I_{\text{o}} \tag{3.6}$$

在输入电源的负半周期，流过各个电容的电流平均值分别为

$$i_{Cij}=(-1)^{i}(n+1-j)I_{\text{o}} \tag{3.7}$$

其中 $i\in[1,\ m]$，$j\in[1,\ n]$。

2. 输入输出电压增益

由模态 2～9 分析可得

$$\begin{cases} u_{C11,\max}=U_{\text{m}} \\ u_{C21,\max}=U_{\text{m}}+u_{C11,\min}=2U_{\text{m}}-2\Delta u_{\text{VM}} \\ u_{C31,\max}=U_{\text{m}}+u_{C21,\min}=3U_{\text{m}}-4\Delta u_{\text{VM}} \\ u_{C41}=U_{\text{m}}+u_{C31,\min}=4U_{\text{m}}-6\Delta u_{\text{VM}} \end{cases} \tag{3.8}$$

$$\begin{cases} u_{C12,\max}=u_{C41}=4U_{\text{m}}-6\Delta u_{\text{VM}} \\ u_{C22,\max}=u_{C12,\min}=4U_{\text{m}}-7\Delta u_{\text{VM}} \\ u_{C32,\max}=u_{C22,\min}=4U_{\text{m}}-8\Delta u_{\text{VM}} \\ u_{C42}=u_{C32,\min}=4U_{\text{m}}-9\Delta u_{\text{VM}} \end{cases} \tag{3.9}$$

输入输出增益为

$$u_{\text{o}}=u_{C41}+u_{C42}=8U_{\text{m}}-15\Delta u_{\text{VM}} \tag{3.10}$$

推广到一般情况（含有 m 个输入端口和 n 个 VM 单元，其中 m 为偶数），各个电容上电压峰值和输出电压分别为

$$u_{Ci1,\max}=i\cdot U_{\mathrm{m}}-n(i-1)\cdot\Delta u_{\mathrm{VM}} \tag{3.11}$$

$$u_{Cij,\max}=m\cdot U_{\mathrm{m}}-\left[\frac{(2n-j+2)(j-1)(m-1)}{2}+(i-1)(n-j+1)\right]\Delta u_{\mathrm{VM}} \tag{3.12}$$

$$u_{\mathrm{o}}=mn\cdot U_{\mathrm{m}}-\frac{(m-1)n(n+1)(2n+1)\Delta u_{\mathrm{VM}}}{6} \tag{3.13}$$

其中 $i\in[1,\ m]$，$j\in[2,\ n]$。

3. 器件电压应力及电容纹波

由基尔霍夫电压定律可知，二极管 D_{11}、D_{21}、D_{31}、D_{41}、D_{12}、D_{22}、D_{32}、D_{42} 的端电压分别为

$$\begin{cases}u_{\mathrm{D11}}=u_{C11}+u_{\mathrm{in}}\\u_{\mathrm{D21}}=u_{C21}-u_{C11}-u_{\mathrm{in}}\\u_{\mathrm{D31}}=u_{C31}-u_{C21}+u_{\mathrm{in}}\\u_{\mathrm{D41}}=u_{C41}-u_{C31}-u_{\mathrm{in}}\\u_{\mathrm{D12}}=u_{C12}+u_{C11}-u_{C41}+u_{\mathrm{in}}\\u_{\mathrm{D22}}=u_{C22}+u_{C21}-u_{C12}-u_{C11}-u_{\mathrm{in}}\\u_{\mathrm{D32}}=u_{C32}+u_{C31}-u_{C22}-u_{C21}+u_{\mathrm{in}}\\u_{\mathrm{D42}}=u_{C42}+u_{C41}-u_{C32}-u_{C31}-u_{\mathrm{in}}\end{cases} \tag{3.14}$$

在 t_5 时刻，D_{11}、D_{31}、D_{12}、D_{32} 的端电压应力达到峰值；在 t_{10} 时刻，D_{21}、D_{41}、D_{22}、D_{42} 的端电压应力达到峰值。其峰值分别为

$$\begin{cases}u_{\mathrm{vpD11}}=u_{\mathrm{vpD41}}=2U_{\mathrm{m}}-2\Delta u_{\mathrm{VM}}\\u_{\mathrm{vpD21}}=u_{\mathrm{vpD31}}=2U_{\mathrm{m}}-4\Delta u_{\mathrm{VM}}\\u_{\mathrm{vpD12}}=u_{\mathrm{vpD42}}=2U_{\mathrm{m}}-3\Delta u_{\mathrm{VM}}\\u_{\mathrm{vpD22}}=u_{\mathrm{vpD32}}=2U_{\mathrm{m}}-6\Delta u_{\mathrm{VM}}\end{cases} \tag{3.15}$$

推广到一般情况（含有 m 个输入端口和 n 个 VM 单元，其中 m 为偶数），二极管电压应力为

$$\begin{cases}u_{\mathrm{vpD1}j}=u_{\mathrm{vpD}mj}=2U_{\mathrm{m}}-\dfrac{(2n-j+1)\cdot j\cdot\Delta u_{\mathrm{VM}}}{2}\ (j\leqslant n)\\u_{\mathrm{vpD}ij}=2U_{\mathrm{m}}-(2n-j+1)\cdot j\cdot\Delta u_{\mathrm{VM}}\ (i\neq 1,m;j\leqslant n)\end{cases} \tag{3.16}$$

BX-MIVM 电路中电容的电压应力可由式（3.11）和（3.12）获得，在此不再赘述，其上纹波与流过各个电容上的电流及电容值相关，结合式（3.4）～（3.6）可得

$$\begin{cases}\Delta u_{C11}=\Delta u_{C21}=\Delta u_{C31}=2\Delta u_{\mathrm{VM}}\\\Delta u_{C12}=\Delta u_{C22}=\Delta u_{C32}=\Delta u_{\mathrm{VM}}\end{cases} \tag{3.17}$$

推广到一般情况（含有 m 个输入端口和 n 个 VM 单元，其中 m 为偶数），可得

$$\Delta u_{Cij}=(n-j+1)\Delta u_{\mathrm{VM}} \tag{3.18}$$

3.1.3 与传统 VM 的比较

为简化分析过程，本小节忽略电容上电压纹波的影响，从器件电压电流应力和输入输出增益等角度，将 BX-MIVM 与传统 CW-VM 和 D-VM 进行比较（图 1.9），具体结果如表 3.1 所示。传统 CW-VM 和 D-VM 为获得较高的输出电压仅可以通过增加基础增益单元数 n 来实现，n 的增加对 CW-VM 电路来说意味着电容电流应力的增加（考虑纹波时会进一步影响输入输出增益），对 D-VM 电路来说意味着电容电压应力的增大。在相同的输入输出增益下，通过对输入端口数 m 和基础增益单元数 n 的优化选择，BX-MIVM 电路相比于 CW-VM 电路可以获得更低的电流应力，而相比于 D-VM 电路则可以获得更低的电压应力。显然，BX-MIVM 电路具有更高的设计自由度，从 VM 电路拓扑集的角度来看，它是对现有 VM 电路的重要补充。

表 3.1　BX-MIVM 与传统 CW-VM 和 D-VM 对比

电路拓扑	BX-MIVM	CW-VM	D-VM
电容电流应力	$i_{Cij}=(n-j+1)I_o$	$i_{Cj}=\begin{cases}(n-j+2)I_o/2，j\text{为奇数}\\(n-j+1)I_o/2，j\text{为偶数}\end{cases}$	I_o
电容电压应力	$\begin{cases}u_{vpCi1}=i\cdot U_m\\u_{vpCij}=m\cdot U_m\ (j\neq1)\end{cases}$	$\begin{cases}u_{vpC1}=U_m\\u_{vpCj}=2U_m\ (j\neq1)\end{cases}$	$u_{vpCj}=j\cdot U_m$
二极管电流应力	I_o	I_o	I_o
二极管电压应力	$2U_m$	$2U_m$	$2U_m$
输出电压	$mn\cdot U_m$	$n\cdot U_m$	$n\cdot U_m$
二极管数量	mn	n	n
电容数量	mn	n	n

3.2 实验验证

为了验证对 BX-MIVM 电路的分析，依据实验室条件建立一个输出功率约为 67W 的原理样机，主要参数如表 3.2 所示。

表 3.2　实验参数

实验参数	参数设计	实验参数	参数设计
输入电压峰值及频率	100 V/1 kHz	二极管	IDT12S60C
输入端口数	4	电容	C_{11}、C_{21}、C_{31}、C_{12}、C_{22}、C_{32}：10 μF C_{41}、C_{42}：50 μF
增益单元数	2	负载	6 400 Ω

实验波形如图 3.4 所示，由图 3.4（a）可以看出，各个输入端口电流有效值均在 780 mA 左右，因 BX-MIVM 电路中各个增益单元中电容的安秒平衡原理，各输入端口电流实现了自动均分。图 3.4（b）所示为第一个基础增益单元中电容端电压波形，图 3.4（c）所示为第二个基础增益单元中电容端电压波形，因纹波较小，这些电容上电压的有效值、平均值与峰值均较接近，从中可以看出各个电容端电压有效值为 u_{C11} = 90.64 V，u_{C21}= 171.7 V，u_{C31}=252.5 V，u_{C41}= 341.5 V，u_{C12}= 340.9 V，u_{C22}= 332.4 V，u_{C32}= 322.8 V，u_{C42} = 319 V，显然与式（3.8）和（3.9）的分析结果相符。图 3.4（d）和（e）所示为各个电容上的电

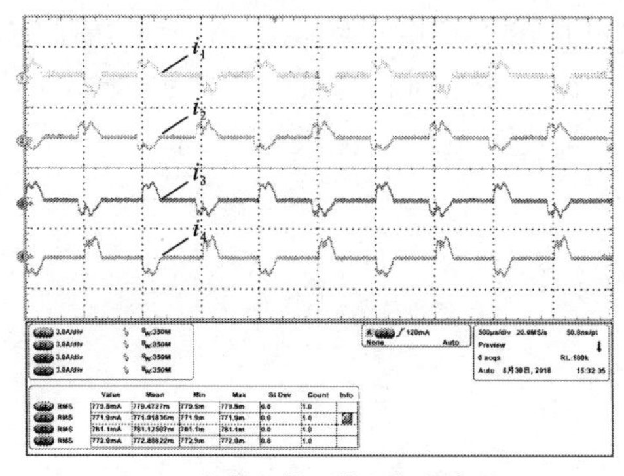

（a）各输入端口输入电流波形

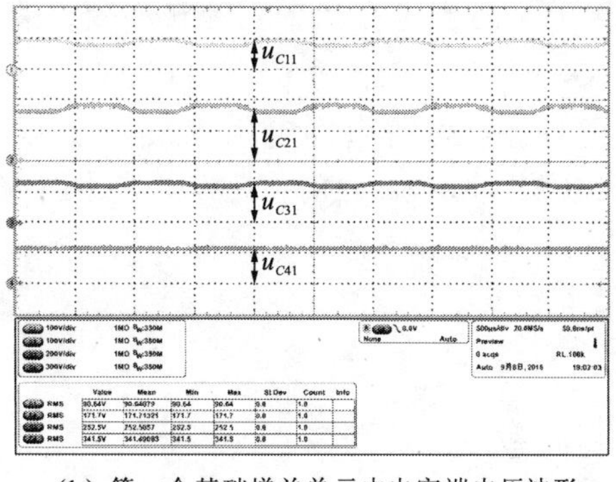

（b）第一个基础增益单元中电容端电压波形

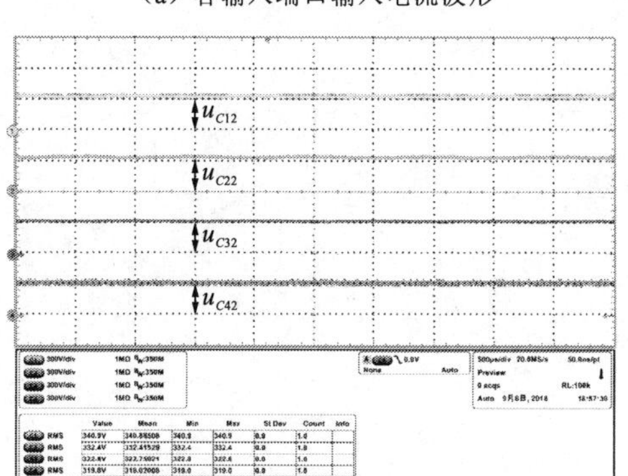

（c）第二个基础增益单元中电容端电压波形

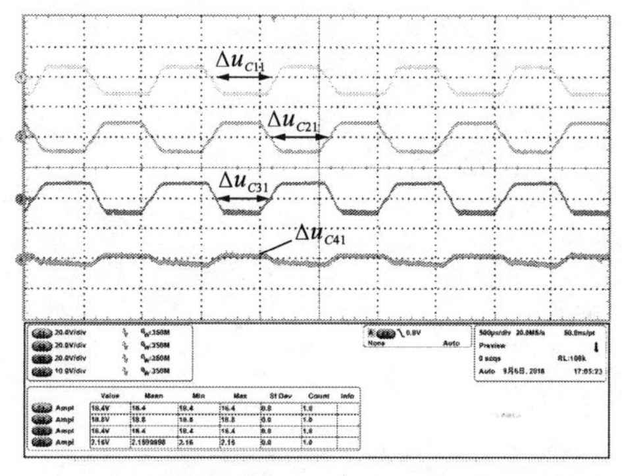

（d）第一个基础增益单元中电容上电压纹波波形

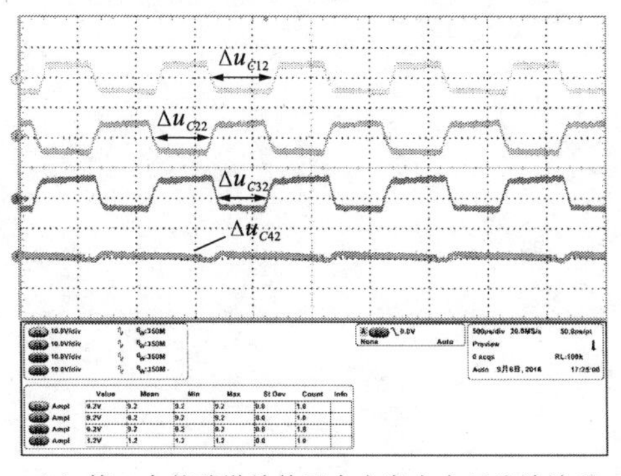

（e）第二个基础增益单元中电容上电压纹波波形

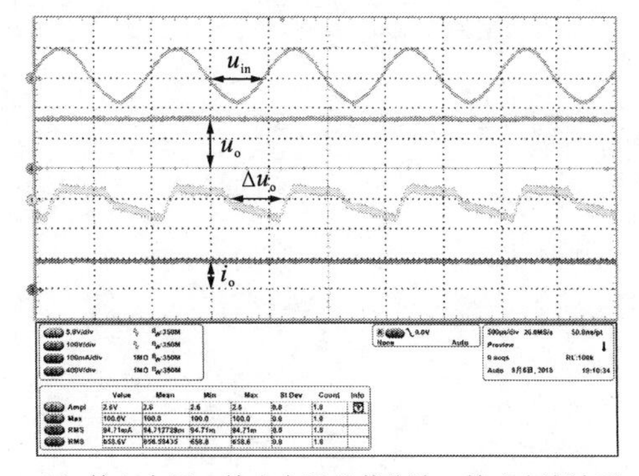

（f）输入电压、输出电压及其纹波、输出电流波形

图 3.4　实验波形

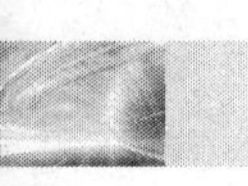

压纹波，其中第一单元 $\Delta u_{C11} \approx \Delta u_{C21} \approx \Delta u_{C31} \approx 18.4$ V，而第二单元 $\Delta u_{C12} \approx \Delta u_{C22} \approx \Delta u_{C32} \approx 9.2$V，与式（3.18）一致。图 3.4（f）所示为输入电压、输出电压及其纹波，以及输出电流的波形，输出电压约为 660 V，与理论分析一致。

3.3 本章小结

本章系统介绍了一种新型输入端口数可自由调节的多输入端口电压增益网络 BX-MIVM，与传统 CW-VM 和 D-VM 电路相比，在相同的输入输出增益和输出功率条件下，其电容的电压应力和电流应力可以做到更低，拓展性和适应性较好，BX-MIVM 电路是对传统 VM 电路的重要补充。

第4章

基于多输入端口电压增益网络所构建的非隔离型低应力高增益直流变换器

第 3 章介绍了一种多输入端口的新型电压增益网络 BX-MIVM，本章将在其基础之上，首先推演其与传统 DC/DC 变换器相结合的思路，进而详细分析基于 BX-MIVM 构建的低应力高增益直流变换器的工作原理及性能特点，同时将在 4.3 节分析基于改进型 D-VM 所构建的低应力高增益直流变换器的拓扑推演过程及性能特点，最后通过实验样机的测试验证理论分析。

4.1 拓扑推演

从现有基于 VM 所构建高增益 DC/DC 变换器的拓扑电路来看，在 VM 与输入电源之间的多数方案集中在两相交错并联 Boost 变换器、桥式 Boost 变换器和 L 式隔离型 DC/DC 变换器的前端，这些电路的一个共同特征在于其输出到 VM 端口的电能形式均为图 4.1 所示的脉冲式交流电源。通过对各类 VM 电路工作机理进行分析可知，脉冲式交流电源恰好是满足 VM 电路正常工作的有效电能输入形式之一。以图 1.9（a）所示 CW-VM 为例，其工况可分为以下三种状态。

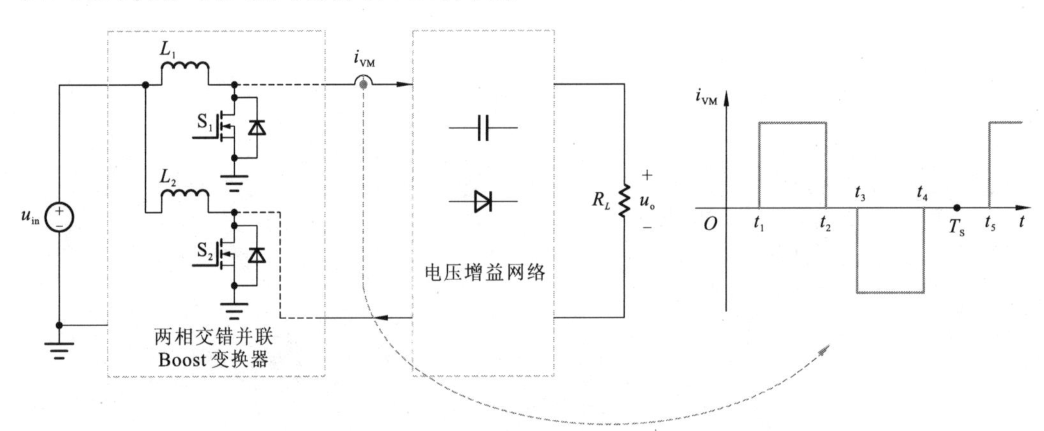

图 4.1 基于 VM 构建的高增益 DC/DC 变换器拓扑网络的部分特点总结

（1）输入电源正半周期中，存在电源及电容 C_2, C_4, …, C_{n-1} 通过二极管 D_1, D_3, …, D_n 向电容 C_1，C_3，…，C_n 充电状态；

（2）输入电源负半周期中，存在电源及电容 C_1, C_3, …, C_n 通过二极管 D_2, D_4, …, D_{n-1} 向电容 C_2，C_4，…，C_{n-1} 充电状态；

（3）输入电源正、负半周期中，均存在所有二极管关断，由电容 C_1，C_3，…，C_n 单独向负载供电的状态。

显然，当 VM 端口输入电能形式为脉冲式交流电流源时，t_1～t_2 段对应模态 1，t_3～t_4 段对应模态 2，0～t_1、t_2～t_3 和 t_4～T_s 段对应模态 3。按照相同的思路，将这一约束条件推广到 BX-MIVM 电路即可得到图 4.2 所示 BX-MIVM 对输入端口电能形式的约束条件，下一步可在满足上述约束条件的情况下构建电路拓扑及其相应控制策略，进而形成多相输入自均流大功率高增益 DC/DC 变换器拓扑集。

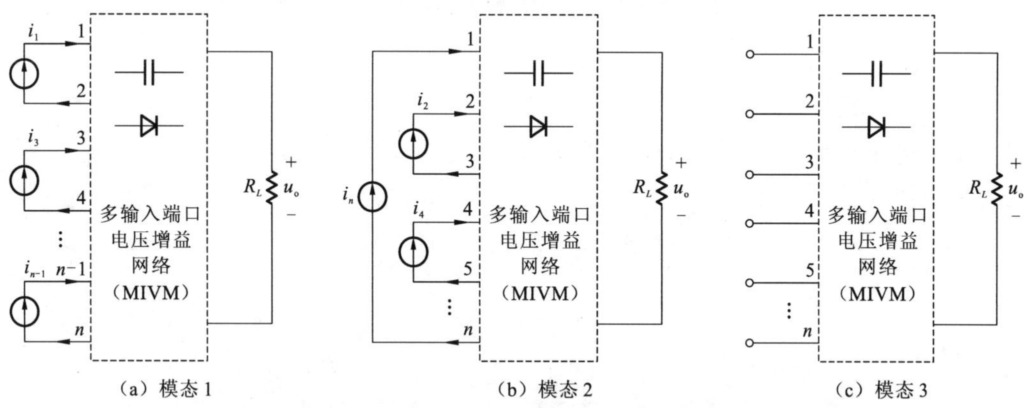

图 4.2　BX-MIVM 与传统 DC/DC 变换器拓扑组合约束条件探索

以多相交错并联 Boost 变换器为例，当每一相 Boost 与 BX-MIVM 一个输入端口对应相连，且奇数相开关 S_1，S_3，…，S_{n-1} 与偶数相开关 S_2，S_4，…，S_n 占空比均大于 0.5，相位相差 180° 时，其各相输出电流（即对应为 VM 端口输入电流）可满足图 4.2 所示约束条件。基本结构如图 4.3 所示，4.2 节中对该变换器工作原理及性能特点进行了详细分析。

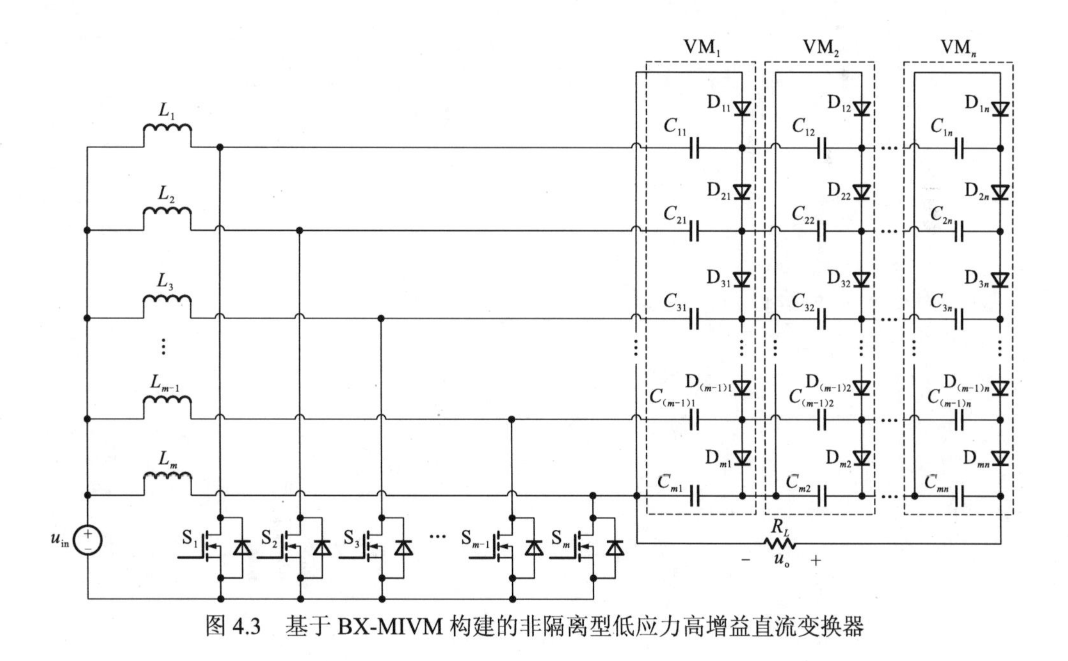

图 4.3　基于 BX-MIVM 构建的非隔离型低应力高增益直流变换器

4.2 基于 BX-MIVM 构建的非隔离型低应力高增益直流变换器

本节以 4 相输入 2 个 BX-MIVM 基础单元为例，如图 4.4 所示，对基于 BX-MIVM 构建的非隔离型低应力高增益直流变换器的工作原理及性能特点进行分析，并将结果推广到 m 相 n 单元的一般形式。

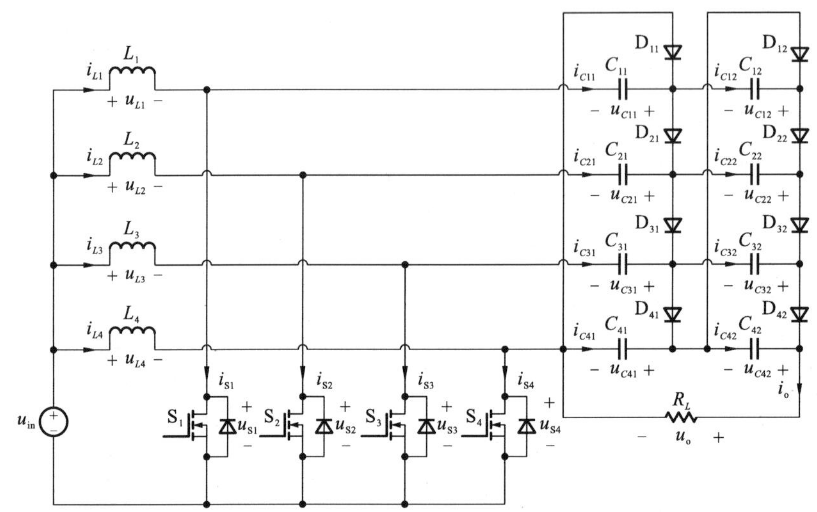

图 4.4　基于 BX-MIVM 构建的非隔离型低应力高增益直流变换器

（4 相输入 2 基础增益单元）

4.2.1　工作原理

为简化分析过程进行如下假设。

（1）电感电流连续；

（2）电容容量无穷大，忽略电容电压纹波；

（3）忽略元器件的寄生参数。

在开关占空比 $D>0.5$ 的情况下，开关管 S_1、S_2、S_3、S_4 使用 180° 交错并联控制。变换器的主要工作波形如图 4.5 所示。

不同工作模态下的等效电路如图 4.6 所示，对应的开关模态如表 4.1 所示。

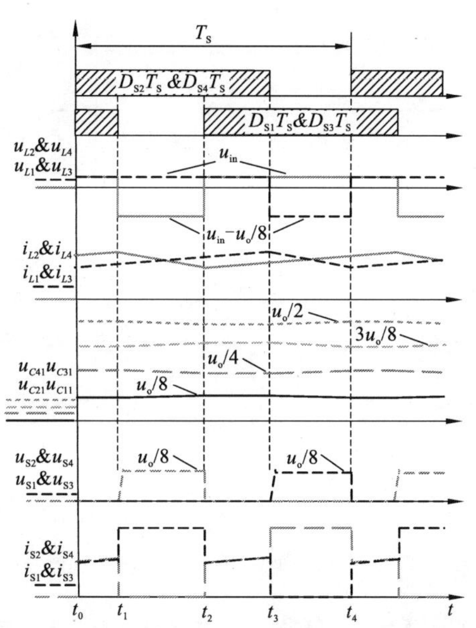

图 4.5　静态工作时一个开关周期 T_S 内的主要波形

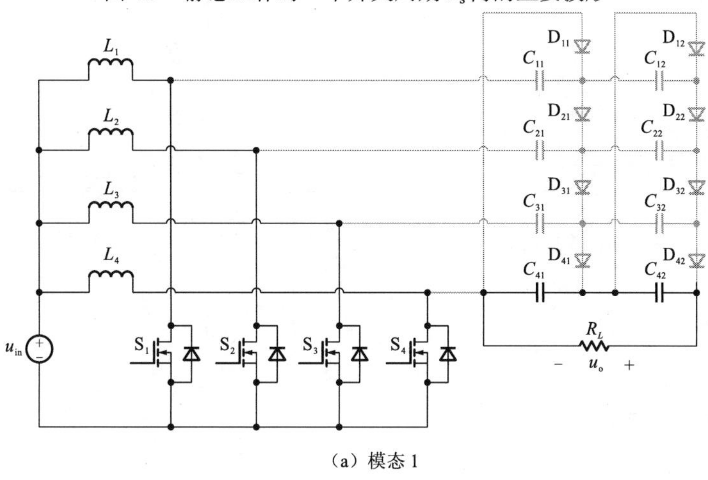

（a）模态 1

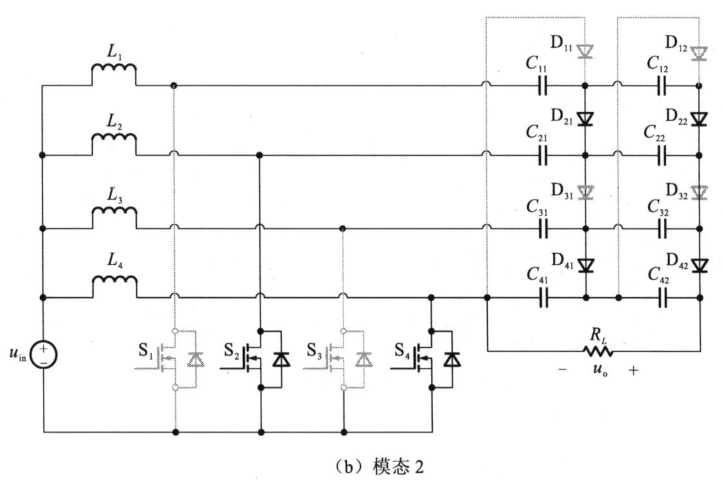

（b）模态 2

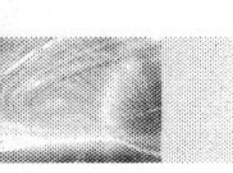

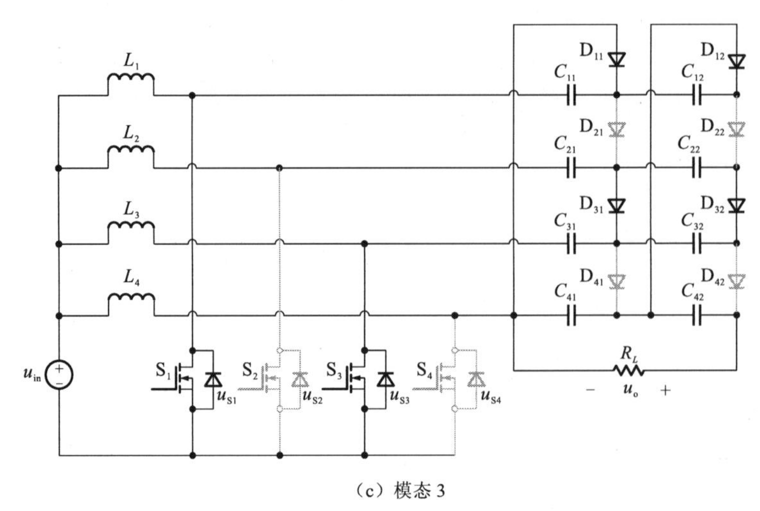

（c）模态 3

图 4.6　静态工作时三种开关模态的等效电路

表 4.1　三种模态下的电路主要工作状态

参数	i_{L1}、i_{L3}	i_{L2}、i_{L4}	S_1、S_3	S_2、S_4	$D_{奇数相}$	$D_{偶数相}$
t_0～t_1，t_2～t_3	上升	上升	导通	导通	关断	关断
t_1～t_2	下降	上升	关断	导通	关断	导通
t_3～t_4	上升	下降	导通	关断	导通	关断

其中电感 L_1 在放电时的导通回路有两条：

$$\begin{cases} u_{in} \to L_1 \to C_{11} \to D_{21} \to C_{21} \to S_2 \\ u_{in} \to L_1 \to C_{11} \to C_{12} \to D_{22} \to C_{22} \to C_{21} \to S_2 \end{cases}$$

电感 L_3 在放电时的导通回路有两条：

$$\begin{cases} u_{in} \to L_3 \to C_{31} \to D_{41} \to C_{41} \to S_4 \\ u_{in} \to L_3 \to C_{31} \to C_{32} \to D_{42} \to C_{42} \to C_{41} \to S_4 \end{cases}$$

电感 L_2 在放电时的导通回路有两条：

$$\begin{cases} u_{in} \to L_2 \to C_{21} \to D_{31} \to C_{31} \to S_3 \\ u_{in} \to L_2 \to C_{21} \to C_{22} \to D_{32} \to C_{32} \to C_{31} \to S_3 \end{cases}$$

电感 L_4 在放电时的导通回路有两条：

$$\begin{cases} u_{in} \to L_4 \to D_{11} \to C_{11} \to S_1 \\ u_{in} \to L_4 \to C_{41} \to D_{12} \to C_{12} \to C_{11} \to S_1 \end{cases}$$

到 t_4 时刻为一个周期，变换器进行下一周期的工作。

4.2.2 性能特点

根据 4.2.1 小节中对 4 相输入含有 2 个 BX-MIVM 基础单元的低应力高增益 DC/DC 变换器工作原理的分析，下面对其进行性能分析，并将分析结果推广到 m 相输入和 n 个 BX-MIVM 单元的变换器中，以便具体实际应用时可以根据输入输出参数进行优化选择设计，包括输入输出电压增益、开关器件电压应力和器件电流应力等。

1. 输入输出电压增益

根据上述工作状态中电感 L_1、L_2、L_3、L_4 的伏秒平衡，可得

$$\begin{cases} L_1: u_{\text{in}}D = (u_{C21} - u_{C11} - u_{\text{in}})(1-D) = (u_{C21} + u_{C22} - u_{C11} - u_{C12} - u_{\text{in}})(1-D) \\ L_2: u_{\text{in}}D = (u_{C31} - u_{C21} - u_{\text{in}})(1-D) = (u_{C31} + u_{C32} - u_{C21} - u_{C22} - u_{\text{in}})(1-D) \\ L_3: u_{\text{in}}D = (u_{C41} - u_{C31} - u_{\text{in}})(1-D) = (u_{C41} + u_{C42} - u_{C31} - u_{C32} - u_{\text{in}})(1-D) \\ L_4: u_{\text{in}}D = (u_{C11} - u_{\text{in}})(1-D) = (u_{C11} + u_{C12} - u_{C41} - u_{\text{in}})(1-D) \end{cases} \tag{4.1}$$

由式（4.1）可得

$$\begin{cases} u_{C11} = \dfrac{u_{\text{in}}}{1-D} \\ u_{C21} = \dfrac{2u_{\text{in}}}{1-D} \\ u_{C31} = \dfrac{3u_{\text{in}}}{1-D} \\ u_{C41} = u_{C12} = u_{C22} = u_{C32} = u_{C42} = \dfrac{4u_{\text{in}}}{1-D} \end{cases} \tag{4.2}$$

因此电压增益 M 为

$$M = \frac{u_{\text{o}}}{u_{\text{in}}} = \frac{8}{1-D} \tag{4.3}$$

同理可得图 4.3 所示的 m 相 n 个 BX-MIVM 基础单元变换器的电压增益 M 为

$$M = \frac{mn}{1-D} \tag{4.4}$$

由上述分析可知，经过输入相数和 BX-MIVM 基础单元拓展，变换器的升压能力可大幅度提升且可自由调节。

2. 器件电压应力

根据模态分析的开关模态，可得 BX-MIVM 中二极管的电压应力均相等，为

$$u_{\text{vpD}} = \frac{u_{\text{o}}}{4} \tag{4.5}$$

有源开关 S_1、S_2、S_3、S_4 的电压应力 u_{vpS1}、u_{vpS2}、u_{vpS3}、u_{vpS4} 为

$$u_{\text{vpS1}}=u_{\text{vpS2}}=u_{\text{vpS3}}=u_{\text{vpS4}}=u_{\text{o}}/8 \tag{4.6}$$

同理可得 m 相 n 个 BX-MIVM 基础单元变换器中半导体器件的电压应力分别为

$$u_{\text{vpS1}}=u_{\text{vpS2}}=\cdots=u_{\text{vpS}m}=\frac{u_{\text{o}}}{mn} \tag{4.7}$$

$$u_{\text{vpD}}=\frac{2u_{\text{o}}}{mn} \tag{4.8}$$

由上述分析可知，开关器件的电压应力可通过调节 BX-MIVM 中基础单元使用数及输入相数进行优化设计，且得到了较大幅度的降低。

3. 器件电流应力

器件的电流应力分析常取其平均值作为参考指标，由电容 C_{11}、C_{21}、C_{31}、C_{41} 的安秒平衡可得

$$\begin{cases} C_{11}: I_{L1}(1-D_{\text{S1}})=I_{L4}(1-D_{\text{S4}}) \\ C_{21}: I_{L2}(1-D_{\text{S2}})=I_{L1}(1-D_{\text{S1}}) \\ C_{31}: I_{L3}(1-D_{\text{S3}})=I_{L2}(1-D_{\text{S2}}) \\ C_{41}: I_{L4}(1-D_{\text{S4}})=I_{L3}(1-D_{\text{S3}}) \end{cases} \tag{4.9}$$

其中 D_{S1}、D_{S2}、D_{S3}、D_{S4} 分别为开关 S_1、S_2、S_3、S_4 的占空比，显然，当满足

$$D_{\text{S1}}=D_{\text{S2}}=D_{\text{S3}}=D_{\text{S4}}=D \tag{4.10}$$

时，可得

$$I_{L1}=I_{L2}=I_{L3}=I_{L4}=I_{\text{in}}/4 \tag{4.11}$$

开关导通时，流过开关管的电流平均值分别为

$$\begin{cases} I_{\text{S1}}=D_{\text{S1}}\cdot I_{L1}+(1-D_{\text{S4}})I_{L4} \\ I_{\text{S2}}=D_{\text{S2}}\cdot I_{L2}+(1-D_{\text{S1}})I_{L1} \\ I_{\text{S3}}=D_{\text{S3}}\cdot I_{L3}+(1-D_{\text{S2}})I_{L2} \\ I_{\text{S4}}=D_{\text{S4}}\cdot I_{L4}+(1-D_{\text{S3}})I_{L3} \end{cases} \tag{4.12}$$

当满足式（4.10）时，可得

$$I_{\text{S1}}=I_{\text{S2}}=I_{\text{S3}}=I_{\text{S4}}=I_{\text{in}}/4 \tag{4.13}$$

由 BX-MIVM 中各个电容的安秒平衡可得，流过各个二极管的平均电流与输出电流的平均值相等，若忽略变换器损耗，在输入输出功率平衡下可得

$$I_{\text{D}}=I_{\text{o}}=I_{\text{in}}(1-D)/8 \tag{4.14}$$

同理可得 m 相 n 个 BX-MIVM 基础单元变换器拓扑电路中各相电感电流为

$$I_{L1}=I_{L2}=\cdots=I_{Lm}=\frac{I_{\text{in}}}{m} \tag{4.15}$$

开关器件电流应力为

$$I_{\text{S1}}=I_{\text{S2}}=\cdots=I_{\text{S}m}=\frac{I_{\text{in}}}{m} \tag{4.16}$$

$$I_{\mathrm{D}} = I_{\mathrm{o}} = \frac{I_{\mathrm{in}}}{mn}(1-D) \tag{4.17}$$

与文献[76]相比，基于 BX-MIVM 构建的非隔离型低应力高增益直流变换器通过拓展输入相数和 BX-MIVM 基础单元的个数使得开关器件和电感的电流应力得到了大幅度的降低，同时所有输入相的电流均值大小与各相开关占空比大小建立了直接联系，当占空比相等时，各路可以实现自动均流。

4.3　基于改进型 D-VM 构建的非隔离型低应力高增益直流变换器

通过对 D-VM 电路的结构进行组合处理，再与多相交错并联 Boost 变换器相结合，同样可以得到一种非隔离型低应力高增益直流变换器。下面首先对 D-VM 电路的结构进行组合处理，图 4.7（a）所示为含有 8 个基础单元的 D-VM 电路拓扑结构，将 C_1 和 C_5 的下端独立出来作为输入端口 1，C_2 和 C_6 的上端独立出来作为输入端口 2，C_3 和 C_7 的下端独立出来作为输入端口 3，二极管 D_1 的阳极和电容 C_4 的上端独立出来作为输入端口 4，即可形成图 4.7（b）所示含有 4 个输入端口的 D-VM 电路。将其按各个端口从上往下连接的形式重新排列即可得到图 4.7（c）所示结构。上述过程本质上并没有改变电路结构，仅是对原 D-VM 电路中两个基础单元的端口进行合并。按照相似的思路可以进行进一步扩展到一般情况，即图 4.7（d）所示 m 个输入端口 n 个增益单元的电路结构。

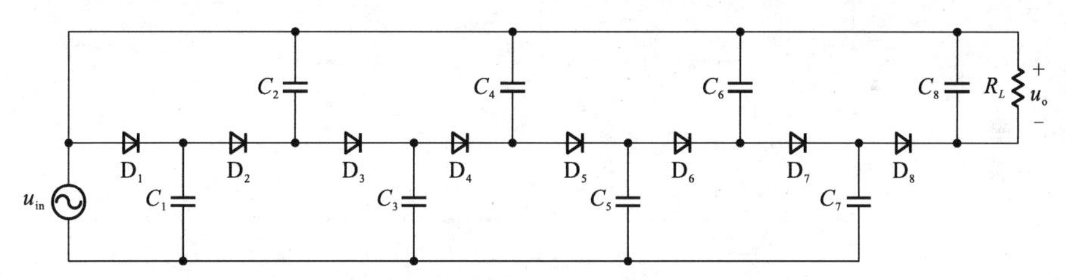

（a）含有 8 个基础单元的 D-VM 电路拓扑结构

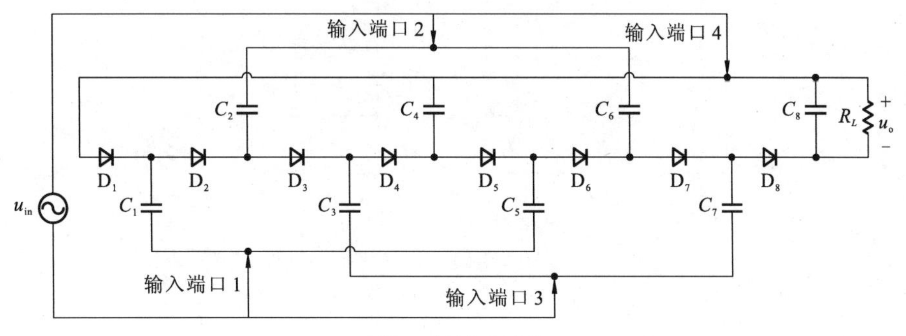

（b）端口重新定义过程一

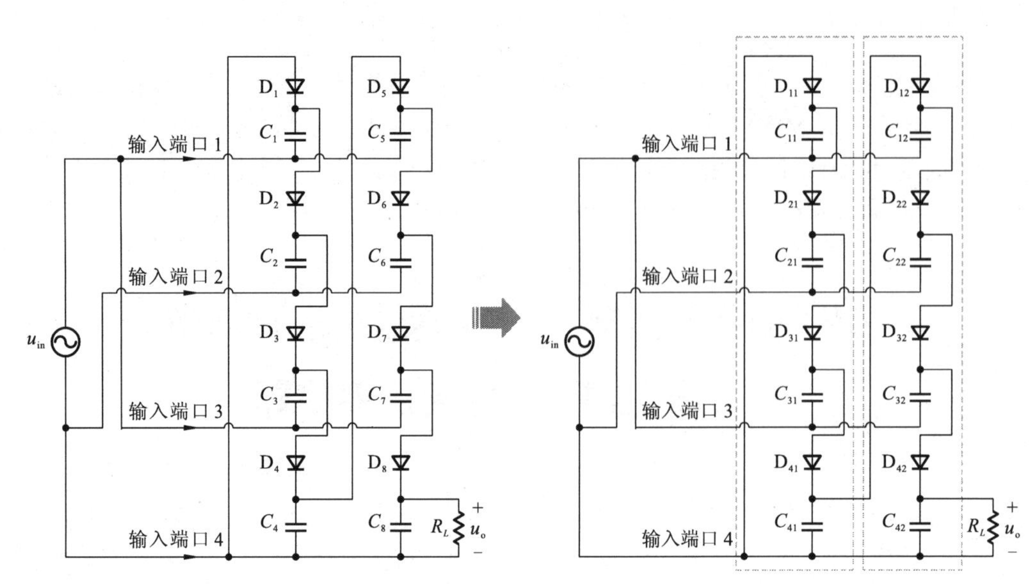

（c）端口重新定义过程二

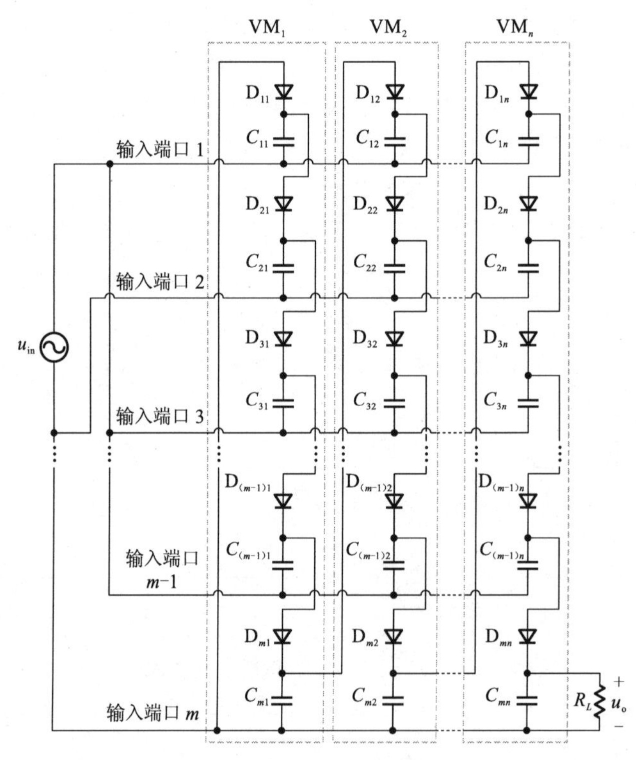

（d）端口重新定义过程三

图 4.7　D-VM 电路结构优化组合过程

按照 4.1 节中拓扑推演思路，将其与多相交错并联 Boost 变换器相结合，可得图 4.8 所示基于改进型 D-VM 构建的非隔离型低应力高增益直流变换器。

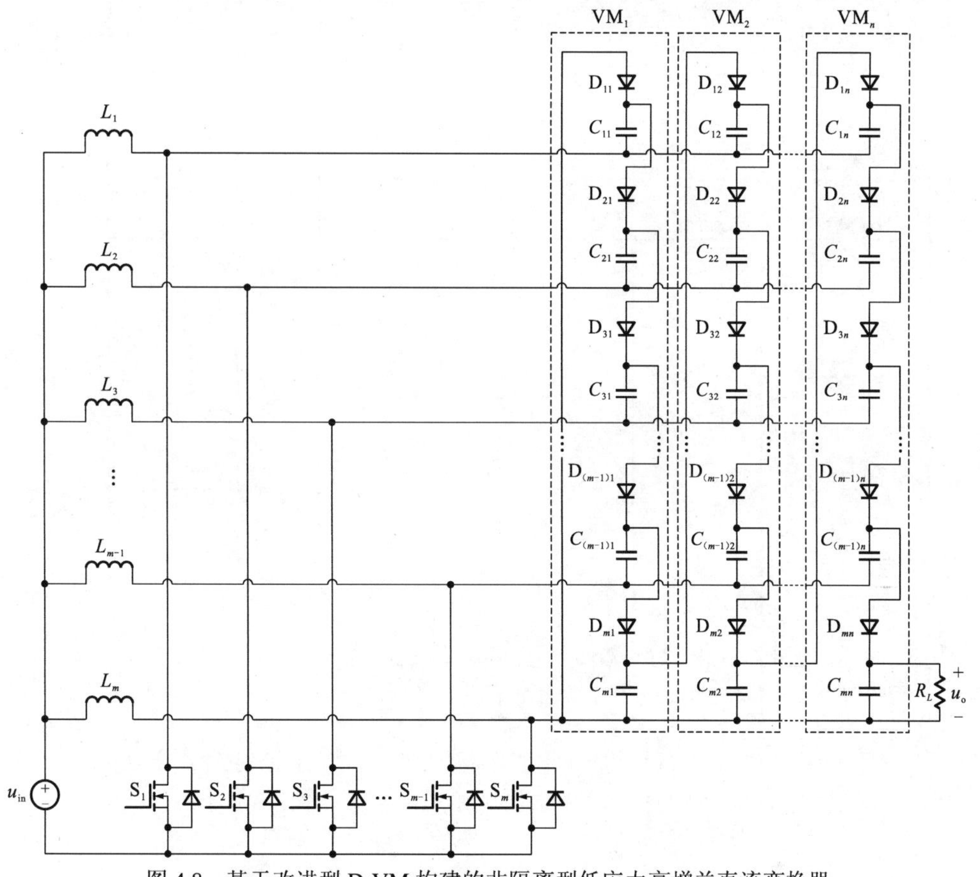

图 4.8　基于改进型 D-VM 构建的非隔离型低应力高增益直流变换器

4.3.1　工作原理

本小节同样以 4 相输入 2 个基础增益单元为例，如图 4.9 所示，对基于改进型 D-VM 构建的非隔离型低应力高增益直流变换器的工作原理及性能特点进行分析，并将结果推广到 m 相 n 单元的一般形式。

为简化分析过程进行如下假设。

（1）电感电流连续；

（2）电容容量无穷大，忽略电容电压纹波；

（3）忽略元器件的寄生参数。

在开关占空比 $D>0.5$ 的情况下，开关管 S_1、S_2、S_3、S_4 使用 180° 交错并联控制。变换器的主要工作波形如图 4.10 所示。

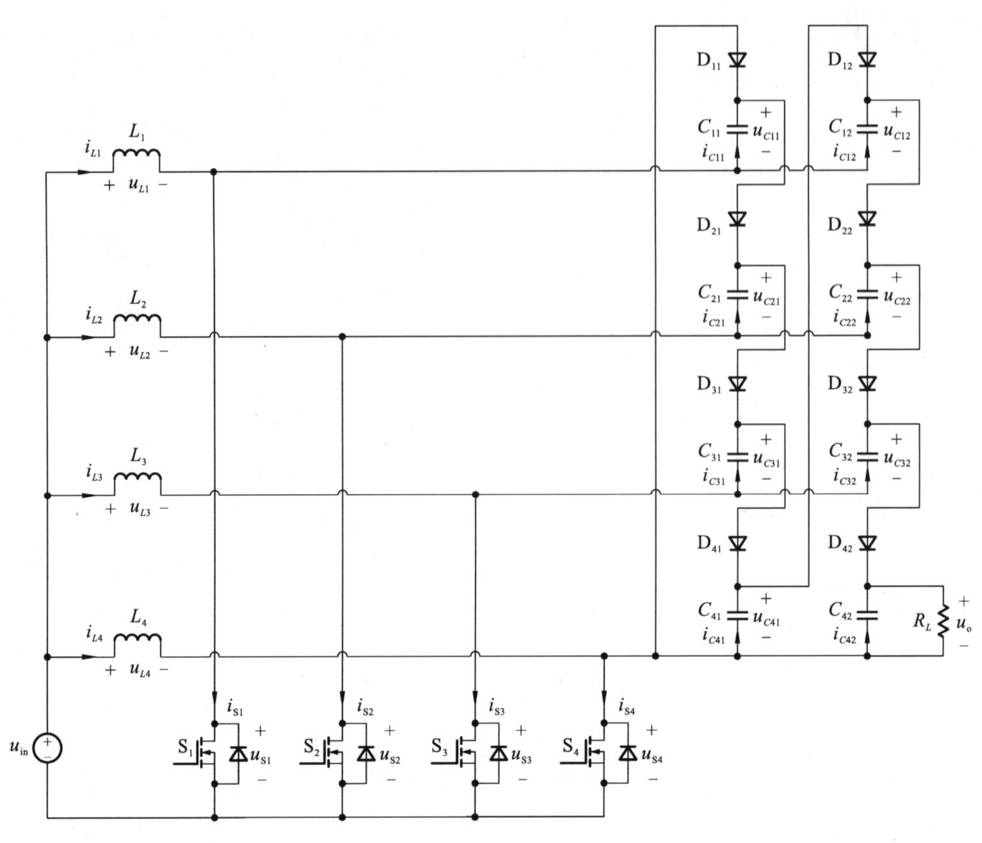

图 4.9　基于改进型 D-VM 构建的非隔离型低应力高增益直流变换器拓扑结构（4 相输入 2 基础增益单元）

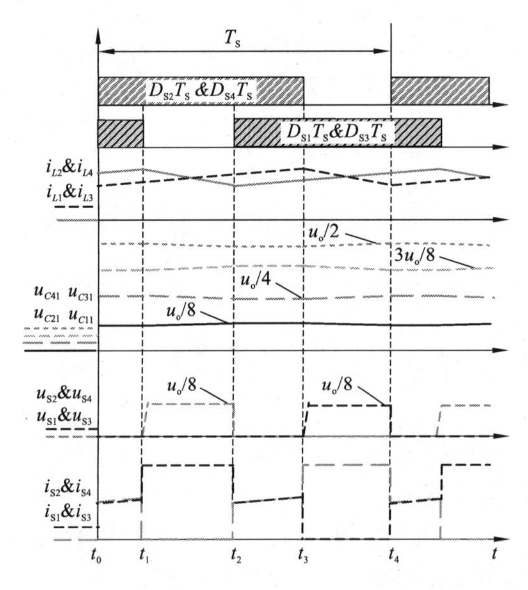

图 4.10　静态工作时一个开关周期 T_S 内的主要波形

不同工作模态下的等效电路如图 4.11 所示，对应的开关模态如表 4.2 所示。

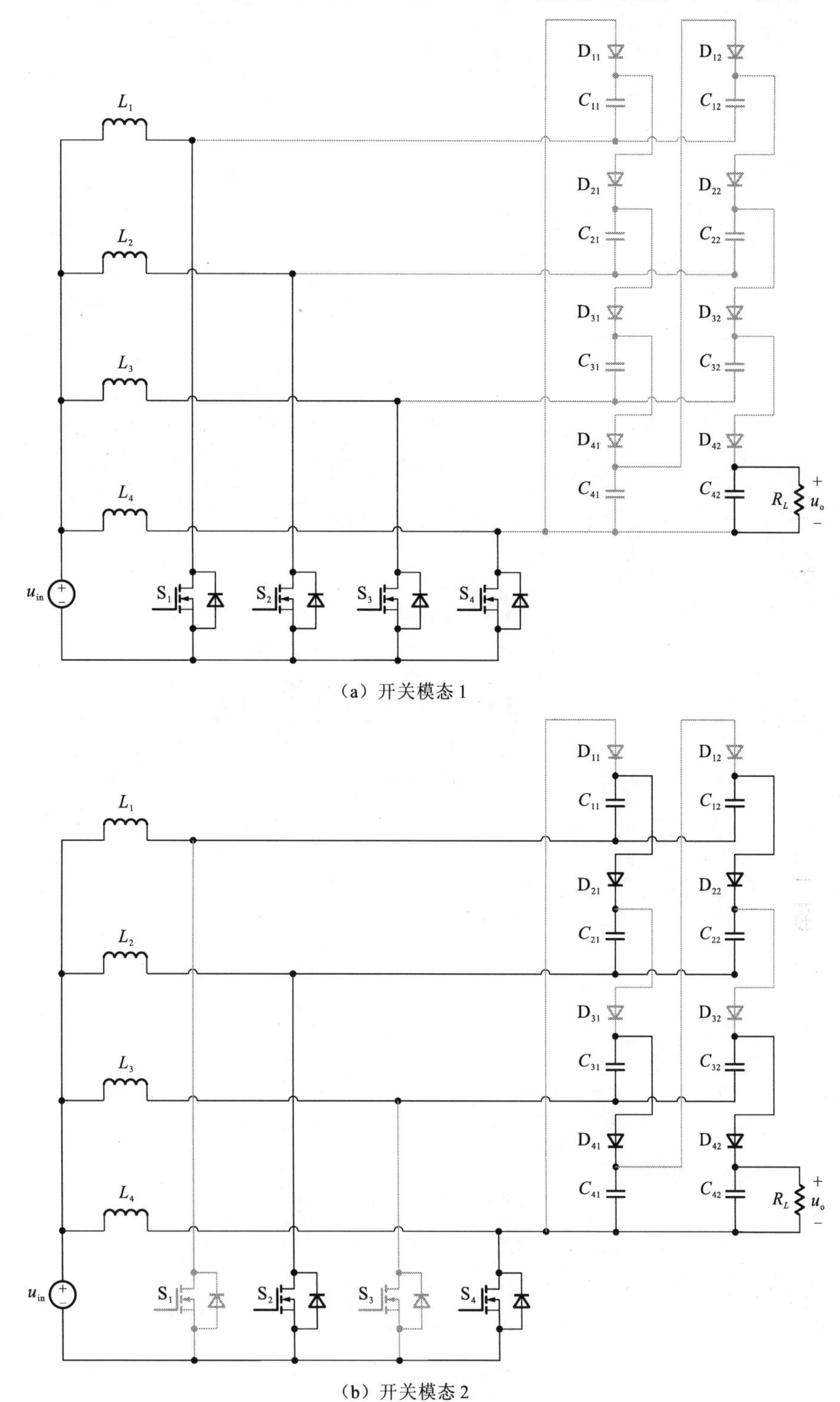

（a）开关模态 1

（b）开关模态 2

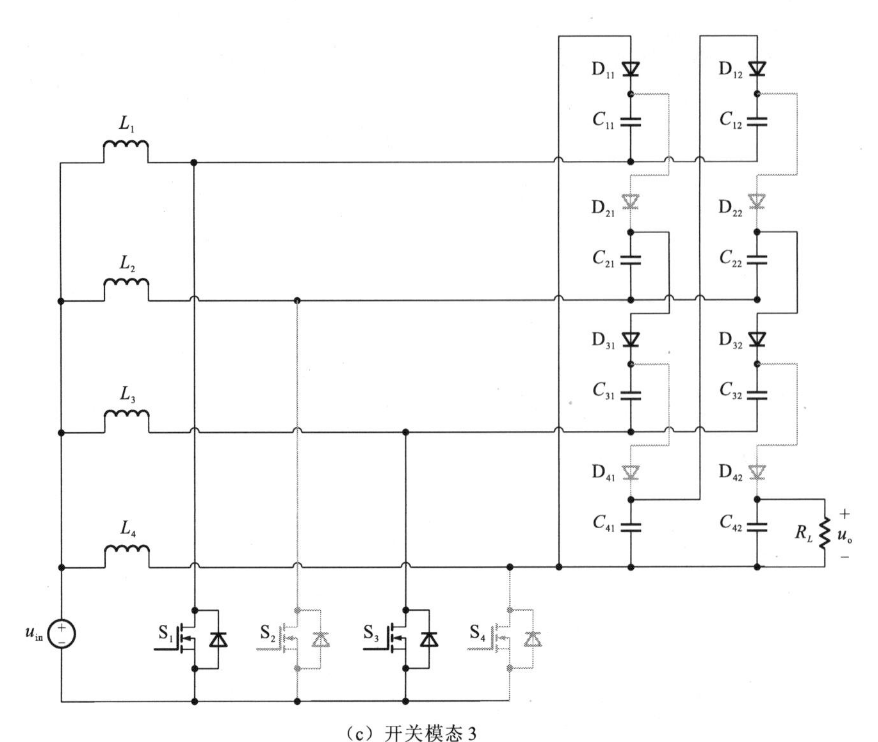

(c) 开关模态 3

图 4.11　静态工作时三种开关模态的等效电路

表 4.2　三种模态下的电路主要工作状态

参数	i_{L1}、i_{L3}	i_{L2}、i_{L4}	S_1、S_3	S_2、S_4	$D_{奇数相}$	$D_{偶数相}$
t_0～t_1，t_2～t_3	上升	上升	导通	导通	关断	关断
t_1～t_2	下降	上升	关断	导通	关断	导通
t_3～t_4	上升	下降	导通	关断	导通	关断

其中电感 L_1 在放电时的导通回路有两条：

$$\begin{cases} u_{in} \to L_1 \to C_{11} \to D_{21} \to C_{21} \to S_2 \\ u_{in} \to L_1 \to C_{12} \to D_{22} \to C_{22} \to S_2 \end{cases}$$

电感 L_3 在放电时的导通回路有两条：

$$\begin{cases} u_{in} \to L_3 \to C_{31} \to D_{41} \to C_{41} \to S_4 \\ u_{in} \to L_3 \to C_{32} \to D_{42} \to C_{42} // R_L \to S_4 \end{cases}$$

电感 L_2 在放电时的导通回路有两条：

$$\begin{cases} u_{in} \to L_2 \to C_{21} \to D_{31} \to C_{31} \to S_3 \\ u_{in} \to L_2 \to C_{22} \to D_{32} \to C_{32} \to S_3 \end{cases}$$

电感 L_4 在放电时的导通回路有两条：

$$\begin{cases} u_{in} \to L_4 \to D_{11} \to C_{11} \to S_1 \\ u_{in} \to L_4 \to C_{41} \to D_{12} \to C_{12} \to S_1 \end{cases}$$

到 t_4 时刻为一个周期，即为 t_0，变换器进行下一周期的工作。

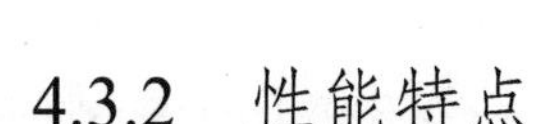

4.3.2　性能特点

根据 4.3.1 小节中对 4 相输入含有 2 个基础增益单元的基于改进型 D-VM 构建的非隔离型低应力高增益直流变换器工作原理的分析，下面对其进行性能分析，并将分析结果推广到 m 相输入和 n 个基础增益单元的变换器中，以便具体实际应用时可以根据输入输出参数进行优化选择设计，包括输入输出电压增益、开关器件电压应力和器件电流应力等。

1. 输入输出电压增益

根据上述工作状态中电感 L_1、L_2、L_3、L_4 的伏秒平衡，可得

$$\begin{cases} L_1: u_{\text{in}}D = (u_{C21} - u_{C11} - u_{\text{in}})(1-D) = (u_{C22} - u_{C12} - u_{\text{in}})(1-D) \\ L_2: u_{\text{in}}D = (u_{C31} - u_{C21} - u_{\text{in}})(1-D) = (u_{C32} - u_{C22} - u_{\text{in}})(1-D) \\ L_3: u_{\text{in}}D = (u_{C41} - u_{C31} - u_{\text{in}})(1-D) = (u_{C42} - u_{C32} - u_{\text{in}})(1-D) \\ L_4: u_{\text{in}}D = (u_{C11} - u_{\text{in}})(1-D) = (u_{C12} - u_{C41} - u_{\text{in}})(1-D) \end{cases} \tag{4.18}$$

由式（4.18）可得

$$\begin{cases} u_{C11} = \dfrac{u_{\text{in}}}{1-D} \\ u_{C21} = \dfrac{2u_{\text{in}}}{1-D} \\ u_{C31} = \dfrac{3u_{\text{in}}}{1-D} \\ u_{C41} = \dfrac{4u_{\text{in}}}{1-D} \end{cases} \tag{4.19}$$

$$\begin{cases} u_{C12} = \dfrac{5u_{\text{in}}}{1-D} \\ u_{C22} = \dfrac{6u_{\text{in}}}{1-D} \\ u_{C32} = \dfrac{7u_{\text{in}}}{1-D} \\ u_{C42} = \dfrac{8u_{\text{in}}}{1-D} \end{cases} \tag{4.20}$$

因此电压增益 M 为

$$M = \frac{u_{\text{o}}}{u_{\text{in}}} = \frac{8}{1-D} \tag{4.21}$$

同理可得图 4.8 所示的 m 相 n 个基础增益单元变换器的电压增益 M 为

$$M = \frac{mn}{1-D} \tag{4.22}$$

由上述分析可知，经过输入相数和基础增益单元的拓展，变换器的升压能力可大幅度提升且可自由调节。

2. 器件电压应力

根据模态分析的开关模态，可得基于改进型 D-VM 构建的非隔离型低应力高增益直流变换器中二极管的电压应力均相等，为

$$u_{\mathrm{vpD}} = u_{\mathrm{o}} / 4 \tag{4.23}$$

有源开关 S_1、S_2、S_3、S_4 的电压应力 u_{vpS1}、u_{vpS2}、u_{vpS3}、u_{vpS4} 也相等，为

$$u_{\mathrm{vpS1}} = u_{\mathrm{vpS2}} = u_{\mathrm{vpS3}} = u_{\mathrm{vpS4}} = u_{\mathrm{o}} / 8 \tag{4.24}$$

同理可得到 m 相 n 个基础增益单元变换器中半导体器件的电压应力分别为

$$u_{\mathrm{vpS1}} = u_{\mathrm{vpS2}} = \cdots = u_{\mathrm{vpS}m} = \frac{u_{\mathrm{o}}}{mn} \tag{4.25}$$

$$u_{\mathrm{vpD}} = \frac{2u_{\mathrm{o}}}{mn} \tag{4.26}$$

由上述分析可知，开关器件的电压应力可通过调节基础增益单元使用数及输入相数进行优化设计，且均得到了较大幅度的降低。

3. 器件电流应力

器件的电流应力分析常取其平均值作为参考指标，由电容 C_{11} 和 C_{12}、C_{21} 和 C_{22}、C_{31} 和 C_{32}、C_{41} 和 C_{42} 的安秒平衡，可得

$$\begin{cases} C_{11}、C_{12}: I_{L1}(1-D_{\mathrm{S1}}) = I_{L4}(1-D_{\mathrm{S4}}) \\ C_{21}、C_{22}: I_{L2}(1-D_{\mathrm{S2}}) = I_{L1}(1-D_{\mathrm{S1}}) \\ C_{31}、C_{32}: I_{L3}(1-D_{\mathrm{S3}}) = I_{L2}(1-D_{\mathrm{S2}}) \\ C_{41}、C_{42}: I_{L4}(1-D_{\mathrm{S4}}) = I_{L3}(1-D_{\mathrm{S3}}) \end{cases} \tag{4.27}$$

其中 D_{S1}、D_{S2}、D_{S3}、D_{s4} 分别为开关 S_1、S_2、S_3、S_4 的占空比。显然，当各个开关管的占空比均相等时，可得

$$I_{L1} = I_{L2} = I_{L3} = I_{L4} = I_{\mathrm{in}} / 4 \tag{4.28}$$

开关导通时，流过开关管的电流平均值为

$$\begin{cases} I_{\mathrm{S1}} = D_{\mathrm{S1}} \cdot I_{L1} + (1-D_{\mathrm{S4}}) I_{L4} \\ I_{\mathrm{S2}} = D_{\mathrm{S2}} \cdot I_{L2} + (1-D_{\mathrm{S1}}) I_{L1} \\ I_{\mathrm{S3}} = D_{\mathrm{S3}} \cdot I_{L3} + (1-D_{\mathrm{S2}}) I_{L2} \\ I_{\mathrm{S4}} = D_{\mathrm{S4}} \cdot I_{L4} + (1-D_{\mathrm{S3}}) I_{L3} \end{cases} \tag{4.29}$$

当各个开关管的占空比均相等时，可得

$$I_{\mathrm{S1}} = I_{\mathrm{S2}} = I_{\mathrm{S3}} = I_{\mathrm{S4}} = I_{\mathrm{in}} / 4 \tag{4.30}$$

由改进型 D-VM 中各个电容的安秒平衡可得，流过各个二极管的平均电流与输出电

流的平均值相等，若忽略变换器损耗，在输入输出功率平衡下可得

$$I_{\mathrm{D}} = I_{\mathrm{o}} = I_{\mathrm{in}}(1-D)/8 \tag{4.31}$$

同理可得 m 相 n 个基础增益单元变换器拓扑电路中，各相电感电流为

$$I_{L1} = I_{L2} = \cdots = I_{Lm} = \frac{I_{\mathrm{in}}}{m} \tag{4.32}$$

开关器件电流应力为

$$I_{\mathrm{S1}} = I_{\mathrm{S2}} = \cdots = I_{\mathrm{S}m} = \frac{I_{\mathrm{in}}}{m} \tag{4.33}$$

$$I_{\mathrm{D}} = I_{\mathrm{o}} = \frac{I_{\mathrm{in}}}{mn}(1-D) \tag{4.34}$$

经过上述推导可知，基于改进型 D-VM 构建的非隔离型低应力高增益直流变换器与 4.2 节中所述基于 BX-MIVM 构建的非隔离型低应力高增益直流变换器在多个性能特点方面类似，如输入输出增益均得到了较大幅度的提高且可以调节，开关器件电压应力均得到了降低且所有输入相数的电感电流均可实现自动均衡。两者之间区别也较显著，其中基于改进型 D-VM 构建的非隔离型低应力高增益直流变换器中各个电容上的电流应力均相等，但电压应力差异较大；而基于 BX-MIVM 构建的非隔离型低应力高增益直流变换器中，除第一个基础单元外，其他各个电容上的电压应力均相等，但各个增益单元之间电容上的电流应力均不相等。

4.4　实验验证

为了验证前述理论分析的正确性，针对 4.2 节和 4.3 节所介绍的两种低应力高增益直流变换器，本节将建立相应的实验样机并选择一种进行损耗分析。

4.4.1　基于 BX-MIVM 所构建变换器实验验证

本节基于 4 相输入和 2 个基础增益单元的变换器拓扑搭建了额定输出功率为 800W 的实验样机，实验参数如表 4.3 所示，所测实验波形如图 4.12 所示。图 4.12（a）为开关 S_1 和 S_3 的驱动波形、开关 S_2 和 S_4 的驱动波形、输入电压和输出电压，可以看出，当输入电压 u_{in} 为 20 V 时，输出电压 u_{o} 约为 400 V，与理论分析一致；图 4.12（b）、（c）和（d）分别为开关管的电压波形和二极管的电压波形，所有开关管的电压应力为 50 V，而所有二极管的电压应力均为开关管的 2 倍，即 100 V；图 4.12（e）和（f）为电容电压波形，电容 C_{11}、C_{21}、C_{31}、C_{41} 的电压从 50 V 逐级递增到 200 V，而电容 C_{12}、C_{22}、C_{32}、C_{42} 的电压均为 200 V；图 4.12（g）为电感 L_1、L_2、L_3、L_4 的电流波形，其平均值约为 10 A，可以看出，4 个电感电流平均值相等，所提变换器实现了自动均流；图 4.12（h）为开关管电流波形。

表 4.3 实验参数

实验参数	参数设计
输入电压 u_{in}	20 V
输出电压 u_o	400 V
输出功率 P_o	800 W
开关频率 f_S	50 kHz
开关管	IRFB4332
二极管	IDT12S60C
电容	C_{31}、C_{12}、C_{22}、C_{32}：10 μF；C_{11}、C_{21}：30 μF；C_{41}、C_{42}：50 μF
电感	L_1、L_2、L_3、L_4：230 μH
负载电阻 R_L	200 Ω

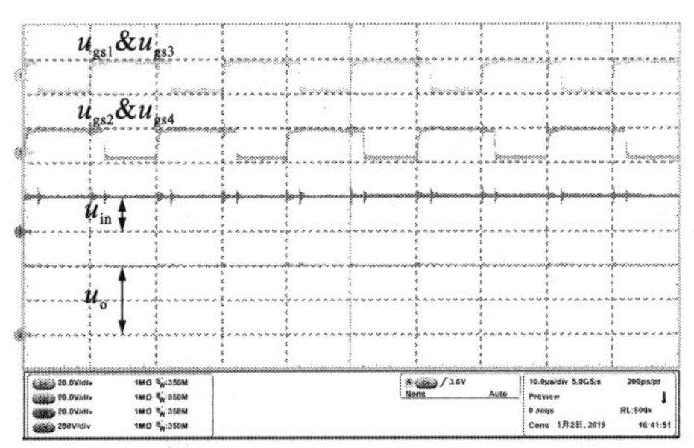

（a）开关驱动及输入输出电压波形

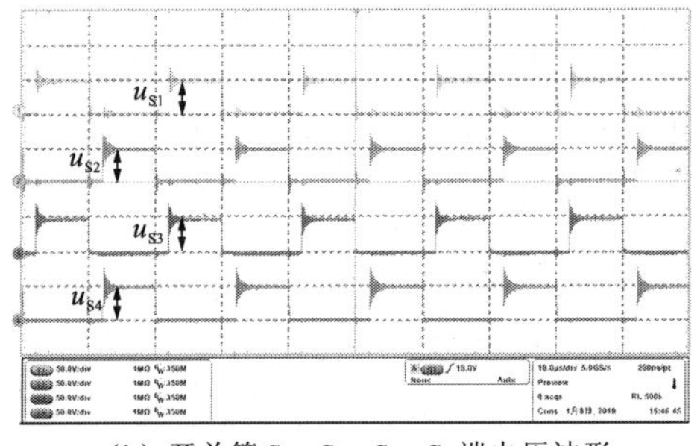

（b）开关管 S_1、S_2、S_3、S_4 端电压波形

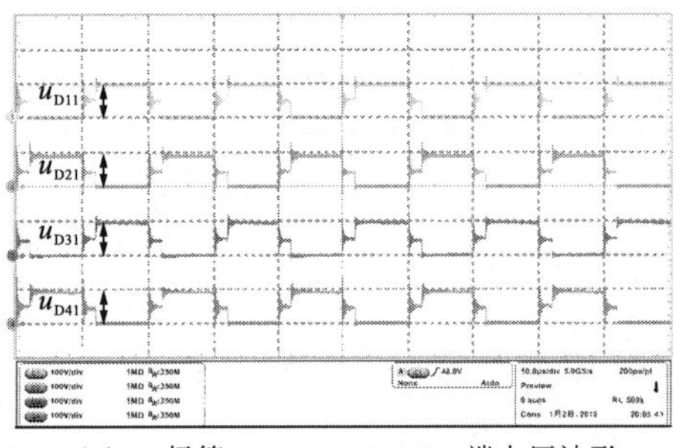

（c）二极管 D_{11}、D_{21}、D_{31}、D_{41} 端电压波形

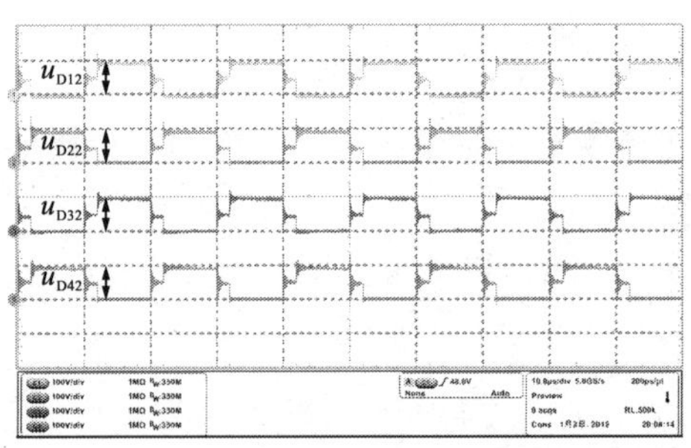

（d）二极管 D_{12}、D_{22}、D_{32}、D_{42} 端电压波形

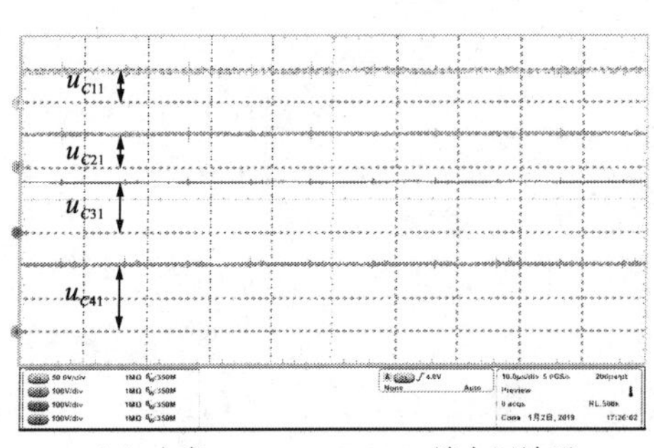

（e）电容 C_{11}、C_{21}、C_{31}、C_{41} 端电压波形

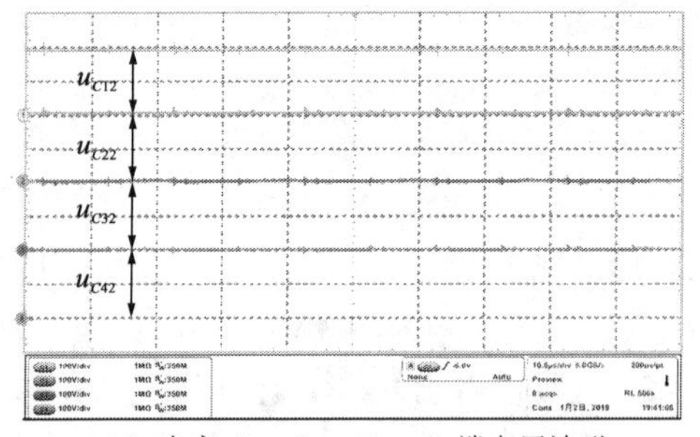

（f）电容 C_{12}、C_{22}、C_{32}、C_{42} 端电压波形

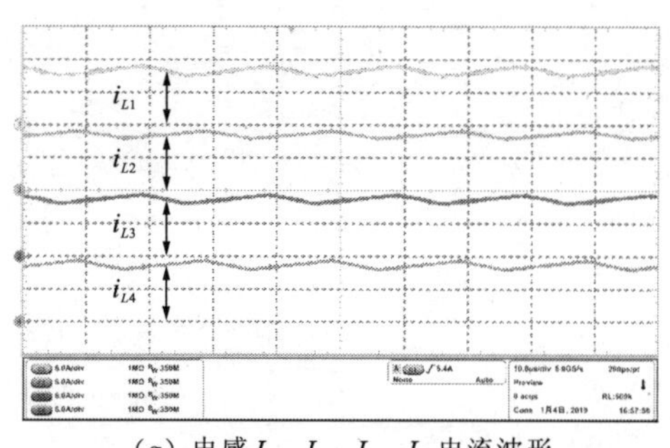

（g）电感 L_1、L_2、L_3、L_4 电流波形

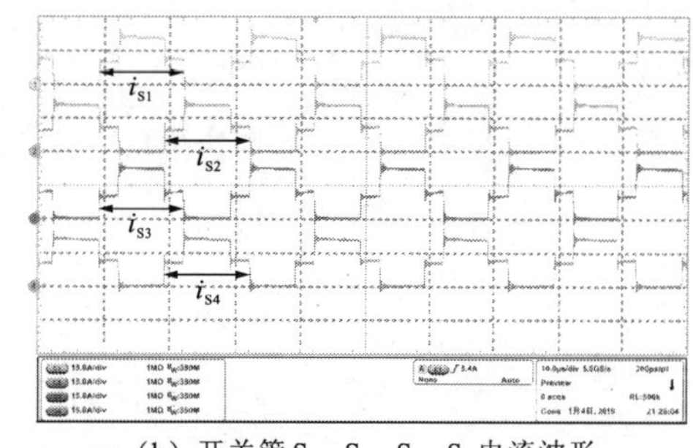

（h）开关管 S_1、S_2、S_3、S_4 电流波形

图 4.12　实验波形

4.4.2　基于改进型 D-VM 所构建变换器实验验证及损耗分析

1. 实验验证

本小节基于 4 相输入和 3 个基础增益单元的拓扑电路搭建了 800W 额定输出功率的实验样机，实验参数如表 4.4 所示，所测实验波形如图 4.13 所示，开关管 S_1、S_2、S_3、S_4 占空比等于 0.7。控制方式为 180° 交错并联下的驱动波形，如图 4.13（a）所示；输入输出电压的波形如图 4.13（b）所示，由于寄生参数的影响，所测实际值 790 V 略低于理论值 800 V；图 4.13（c）和（d）所示分别为开关管电压和二极管电压的波形，开关管电压应力与输出二极管 D_o 电压应力相等，且为其他二极管电压应力的一半；图 4.13（e）为电容 C_8～C_{11} 的电压波形，可以看出，非并联下的电容电压均以 u_{in}/（1−D）的电压等级等差上升；输入相的电流以电感电流为参考，其波形如图 4.13（f）所示，电感电流平均值均相等，为 10 A，实现了自动均流；图 4.13（g）为 IGBT 的电流波形，电流平均值约为 10 A；图 4.13（h）为二极管电流波形，约等于输出电流 1 A，有源器件的电流值均与理论值相符。

表 4.4　实验样机参数

元器件	参数值	元器件	参数值
IGBT 型号	IRGP4055DPbF	输入电压/V	20
二极管型号	IDT12S60C	输出电压/V	800
电感/μH	400	占空比/%	70
HD-VMC 电容/μF	5	开关频率/kHz	30
输出滤波电容/μF	33	输出功率/W	800

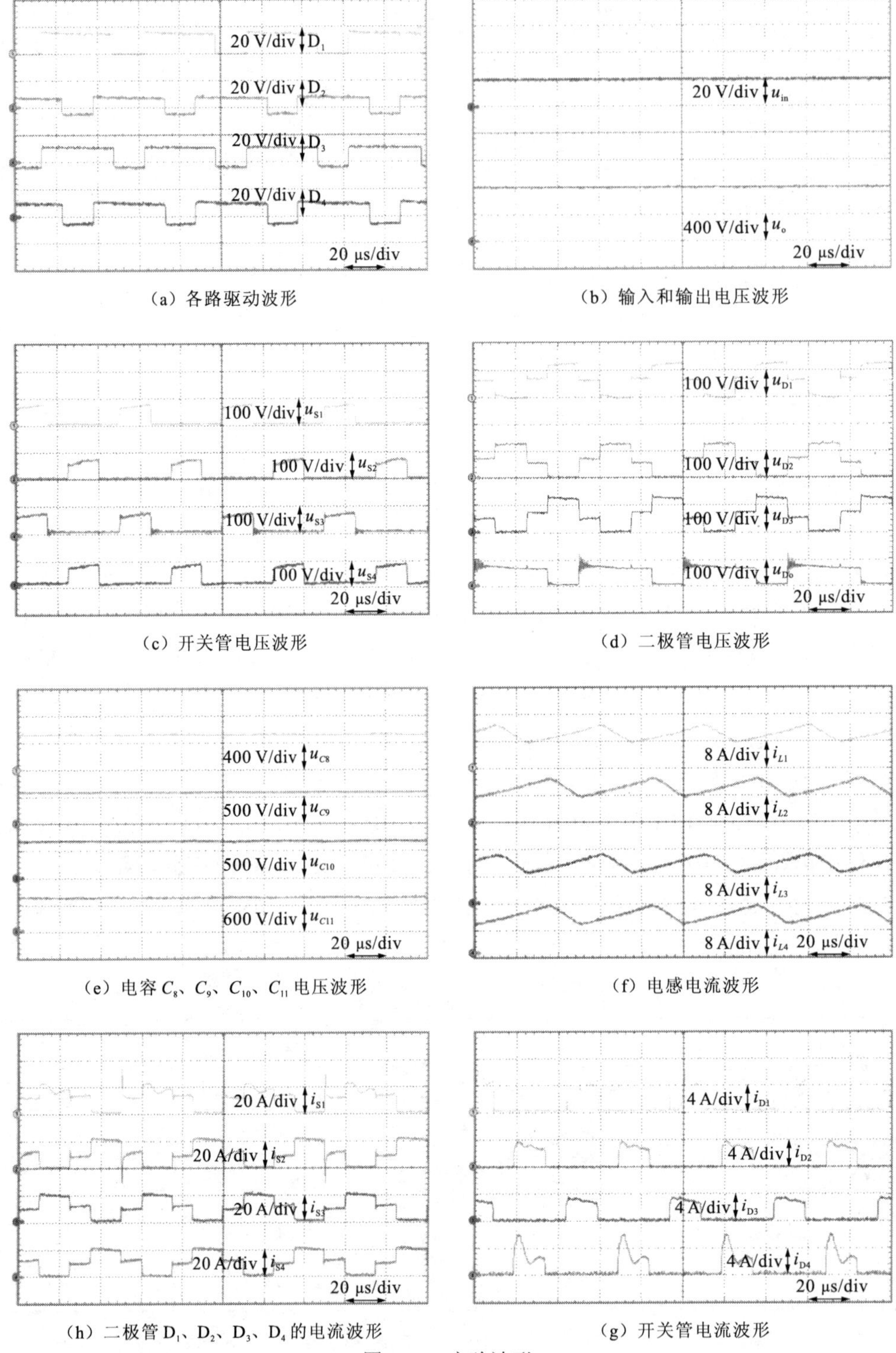

（a）各路驱动波形　（b）输入和输出电压波形

（c）开关管电压波形　（d）二极管电压波形

（e）电容 C_8、C_9、C_{10}、C_{11} 电压波形　（f）电感电流波形

（h）二极管 D_1、D_2、D_3、D_4 的电流波形　（g）开关管电流波形

图 4.13　实验波形

实测的实验样机效率如图 4.14 所示，在输出功率为 400 W 时，实验样机的效率达到最高，约为 92.1%。

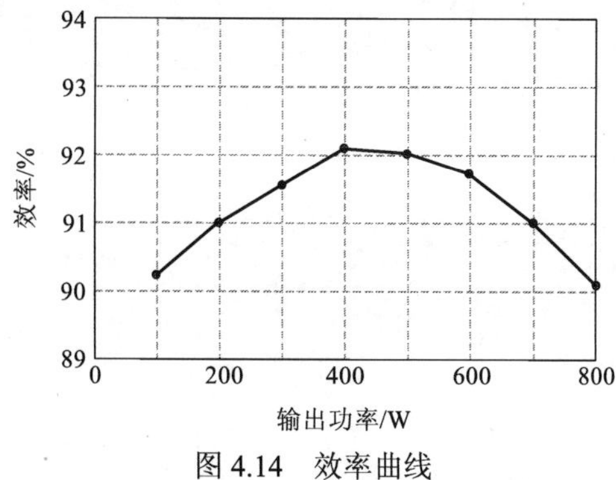

图 4.14　效率曲线

2. 损耗分析

当输出功率为 400 W 时，实测的效率最大为 92.1%，此时的输入电压 u_{in} 为 14 V，输出电压 u_o 为 560 V，输入电流 I_{in} 为 28.57 A，输出电流 I_o 为 0.7 A，详细过程如下。

（1）由型号为 IRGP4055DPbF 的 IGBT 数据手册可知，开关的导通损耗 P_{CON} 为

$$P_{CON} = v_F(I_{S1}+I_{S2}+I_{S3}+I_{S4}) = 0.6\times 27.87 \text{ W} = 16.7 \text{ W} \tag{4.35}$$

其中 v_F 为开关器件的导通压降。开关损耗 P_S 为

$$P_S = \frac{u_{S1}\cdot i_{S1}\cdot t_f}{2T_S}+\frac{u_{S2}\cdot i_{S2}\cdot t_f}{2T_S}+\frac{u_{S3}\cdot i_{S3}\cdot t_f}{2T_S}+\frac{u_{S4}\cdot i_{S4}\cdot t_f}{2T_S} = \frac{47\times 27.87\times 152\times 10^{-9}}{2\times 3.33\times 10^{-5}} \text{ W} = 3.0 \text{ W} \tag{4.36}$$

其中 t_f 为开关管开通与关断所需时间之和。

（2）由型号为 IDT12S60C 的二极管数据手册可知，二极管的导通损耗 P_{DCON} 为

$$P_{DCON} = 12v_F\cdot I_D = 12\times 0.8\times 0.7 \text{ W} = 6.72 \text{ W} \tag{4.37}$$

由于 SiC 二极管的反向恢复电流很小，其反向恢复损耗可以忽略不计。

（3）电容损耗。

电容电流的有效值为

$$I_{C(\text{rms})} = 1.81 \text{ A} \tag{4.38}$$

每个电容的串联等效导通电阻（equivalent series resistance，ESR）约为 3 mΩ，因此电容导通损耗为

$$P_C = 12I_{C(\text{rms})}^2\cdot \text{ESR} = 0.12\text{W} \tag{4.39}$$

（4）电感损耗。

磁芯选型为 0077195A7，其参数如下：外径 OD=57.2 mm，内径 ID=24.6 mm，高度 H_t=15.2 mm，横截面积 A_e=2.29 cm^2，磁芯体积 V=28.6 cm^3，电感系数 A_L=0.287 μH/n^2。在开关频率为 30 kHz 时，电感值为 400 μH，电感平均电流为 7.14 A，取 30%纹波系数，则纹波电流为

$$\begin{cases}\Delta I = 0.82\ \text{A} \\ I_{\max} = 7.96\ \text{A}\end{cases} \tag{4.40}$$

电感匝数约为

$$N = \sqrt{\frac{L}{A_L}} = 38 \tag{4.41}$$

最大磁通密度为

$$B_{\max} = \frac{LI_{\max}}{NA_{\text{e}}} = 3\,659\ \text{GS} \tag{4.42}$$

最大交流磁通密度为

$$B_{\text{ac max}} = \frac{\Delta I_L}{I_{\max}} B_{\max} = 377\ \text{GS} \tag{4.43}$$

磁芯损耗为

$$P_{\text{Fe}} = VP_L = 28.6 \times 40\ \text{W} = 1.14\ \text{W} \tag{4.44}$$

所选线圈电阻率 $\rho_0 = 0.003\,4\ \Omega/\text{m}$，则线长约为

$$l = N(\text{OD} - \text{ID} + 2H_{\text{t}}) = 2.326\ \text{m} \tag{4.45}$$

绕线电阻约为

$$R = \rho_{\text{o}} \cdot l = 0.003\,4 \times 2.326\ \Omega = 0.008\ \Omega \tag{4.46}$$

线圈损耗约为

$$P_{\text{Cu}} = I_L^2 \cdot R = 7.14^2 \times 0.008\ \text{W} = 0.41\ \text{W} \tag{4.47}$$

4 个电感的总损耗约为

$$P_L = 4(P_{\text{Fe}} + P_{\text{Cu}}) = 4 \times (1.14 + 0.41)\ \text{W} = 6.2\ \text{W} \tag{4.48}$$

（5）其他损耗 P_{other}。

其他损耗约为总功率的 0.5%（包含导线损耗等 2 W），因此，样机在输出功率等于 400 W 时的理论效率 η 约为

$$\eta = \frac{P_{\text{o}} \times 100\%}{P_{\text{o}} + P_{\text{CON}} + P_{\text{S}} + P_{\text{D}} + P_C + P_L + P_{\text{other}}} = 92.0\% \tag{4.49}$$

综合以上损耗计算，得到如图 4.15 所示的损耗分布。由图可以看出，IGBT 导通损耗占比最大 48%，其次为二极管导通损耗 20%，与实测结果接近，在 400 W 的输出功率下，效率均超过 92%。

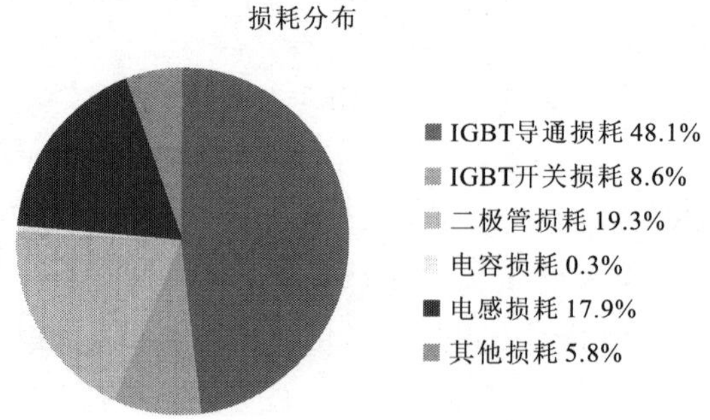

图 4.15　各损耗所占百分比

4.5　本章小结

本章通过拓扑推演，基于 BX-MIVM 和改进型 D-VM 分别构建了两种低应力高增益直流变换器，理论分析与实验均表明，上述两种低应力高增益直流变换器具有以下特点：首先，输入输出增益得到了显著提升，且可以通过输入相数和基础增益单元数进行调节；其次，开关器件电压应力均得到了有效降低，且也可以通过输入相数和基础增益单元数进行调节；最后，电感、电容和开关器件电流应力也得到了降低，可以通过输入相数进行调节。值得注意的是，各相输入电流平均值大小与各相开关管占空比之间存在直接关联，当各个开关管的占空比相等时，各相输入电流可自动均衡，无须添加额外的辅助电路。

第5章

基于传统 VM 电路构建的隔离型高增益 DC/DC 变换器

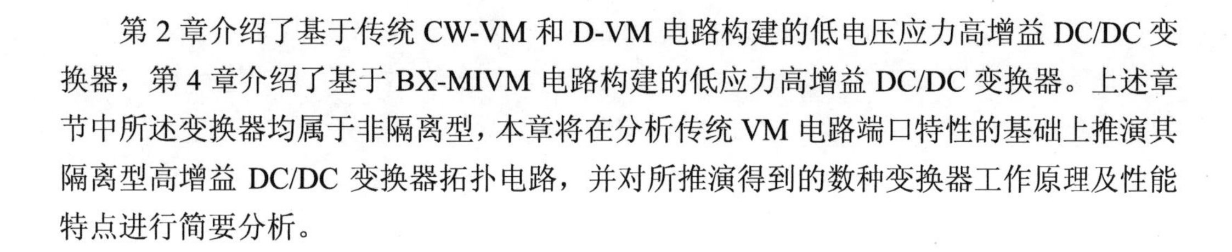

第 2 章介绍了基于传统 CW-VM 和 D-VM 电路构建的低电压应力高增益 DC/DC 变换器，第 4 章介绍了基于 BX-MIVM 电路构建的低应力高增益 DC/DC 变换器。上述章节中所述变换器均属于非隔离型，本章将在分析传统 VM 电路端口特性的基础上推演其隔离型高增益 DC/DC 变换器拓扑电路，并对所推演得到的数种变换器工作原理及性能特点进行简要分析。

5.1　拓扑推演

从 VM 电路及其在与传统两相交错并联 Boost 变换器相结合后的工作原理可知，其端口输入电流需满足图 5.1（a）所示 i_{VM} 的波形，即在一个周期内正负交替出现，且正半周与负半周内流入与流出的电荷量需一致，这一特性与变压器的输入输出电流波形可以匹配，因此变压器的植入位置可以选择在 VM 电路的输入端口，如图 5.1（b）所示。

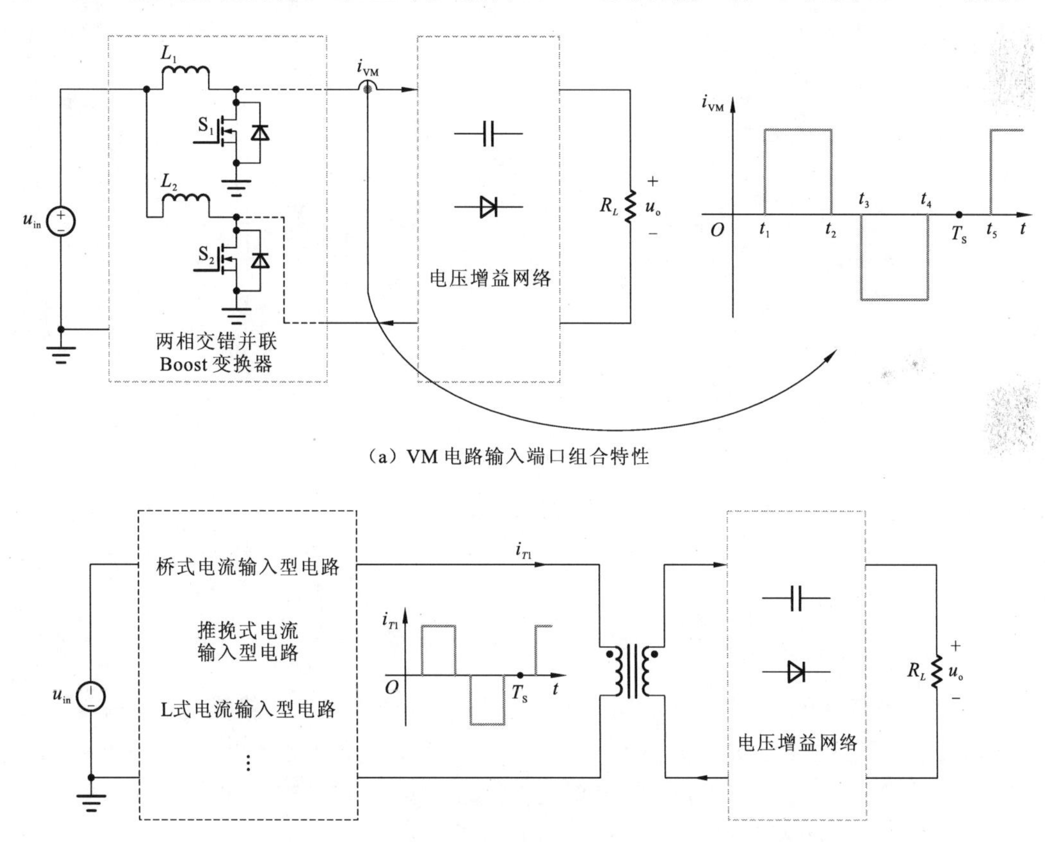

（a）VM 电路输入端口组合特性

（b）VM 电路输入端口组合特性在隔离型 DC/DC 变换器中的推演

图 5.1　基于传统 VM 电路构建低电压应力高增益 DC/DC 变换器拓扑推演思路

此时仅需在变压器输入端构建出可输出相应电流波形的电路即可。传统隔离型升压变换器的拓扑结构均可，如图 5.2 所示，包含 DC/AC 逆变电路、高频变压器和 AC/DC 整流电路。

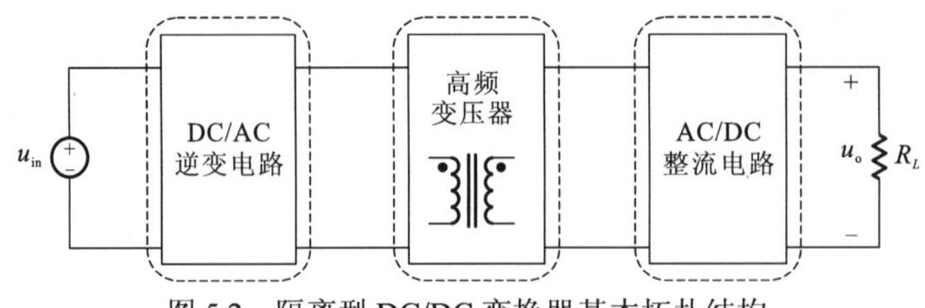

图 5.2　隔离型 DC/DC 变换器基本拓扑结构

将隔离型升压变换器进行拓扑拆分可得图 5.3（a），其中 3 个基本单元对应的输入输出特性分别为直流源-交流电流源、交流电流源-交流电流源和交流电压源-直流源。图 5.3（a）中 DC/AC 逆变电路和高频变压器的输出端均为电流源性质的交流输入电源，可以满足 VM 电路的接入要求（本质上 VM 电路即为一种高增益整流电路）。因此，考虑将 VM 单元置于高频变压器之后 AC/DC 整流电路的位置，替换原电路中的 AC/DC 整流电路，如图 5.3（b）所示。

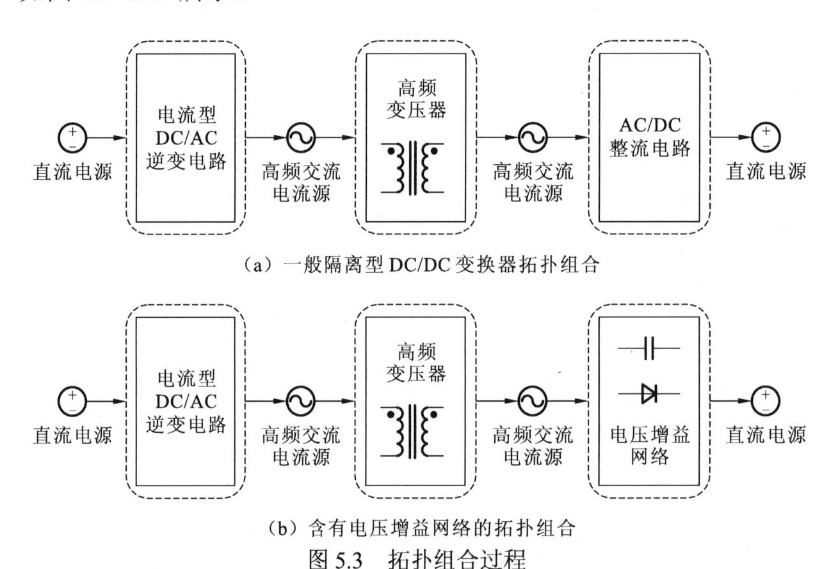

（a）一般隔离型 DC/DC 变换器拓扑组合

（b）含有电压增益网络的拓扑组合

图 5.3　拓扑组合过程

常见的隔离型升压变换器拓扑网络可以分为桥式电流输入型、推挽式电流输入型和 L 式电流输入型三种。分别代入图 5.3（b）中，以 CW-VM 单元为例可得图 5.4 所示三种新型拓扑电路。在 5.2 节中将具体分析这三种拓扑电路的工作性能，检验 VM 单元是否可以起到在 Boost 变换器中相同的作用。

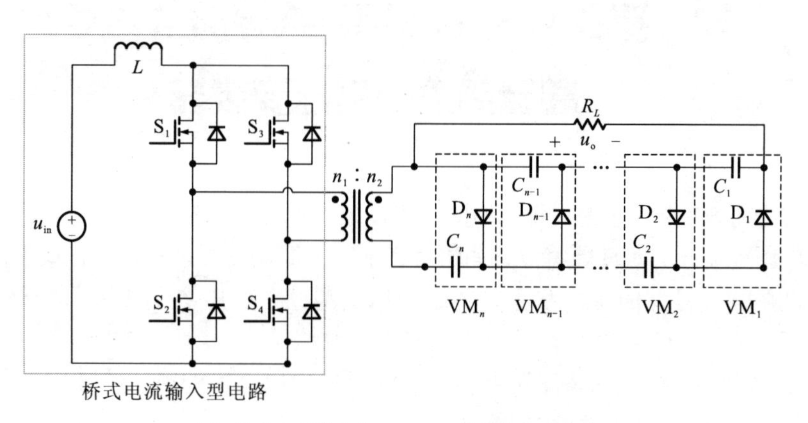

（a）桥式电流输入与 CW-VM 单元的拓扑组合

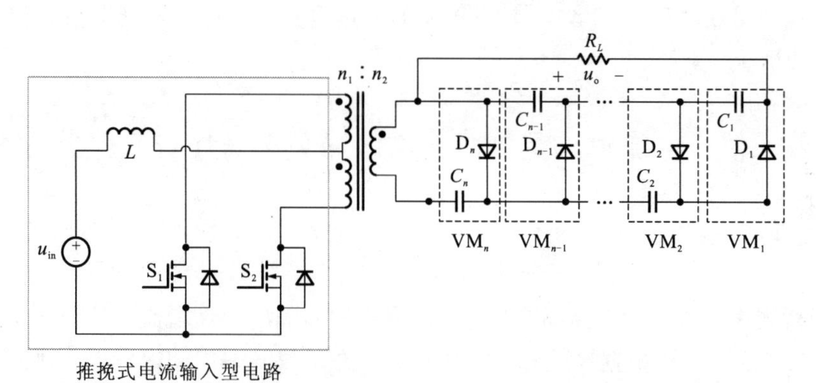

（b）推挽式电流输入与 CW-VM 单元的拓扑组合

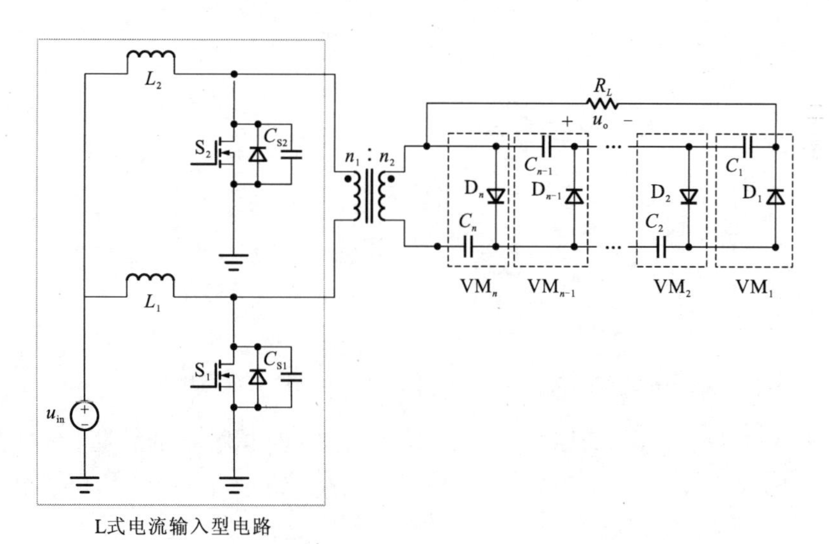

（c）L 式电流输入与 CW-VM 单元的拓扑组合

图 5.4　基于 CW-VM 单元构建的三种高增益隔离型 DC/DC 变换器拓扑

5.2 基于CW-VM单元构建的隔离型高增益直流升压变换器

本节首先对5.1节中所提三种电路的工作原理进行分析，然后从输入输出电压增益及开关器件电压电流应力等性能特点方面进行考证。为简化分析过程，进行如下假设。

（1）忽略所有器件的寄生参数，忽略变压器漏感，变压器初级和次级绕组匝数比为1∶m；

（2）电感电流连续，忽略滤波电容和VM单元中电容上的电压纹波；

（3）桥式电流输入型电路中忽略死区时间的影响；

（4）所有分析均以含有4个VM单元的电路展开，并在此基础上拓展到含有n个VM单元的情况。

5.2.1 基于桥式电流输入型电路构建的隔离型高增益直流升压变换器

1. 工作原理

基于桥式电流输入型电路与CW-VM电路构建的隔离型高增益直流升压变换器的拓扑电路如图5.5所示。根据开关管的工作状态，在单位开关周期内可以将桥式电流输入型电路的工作模态分为以下三种。

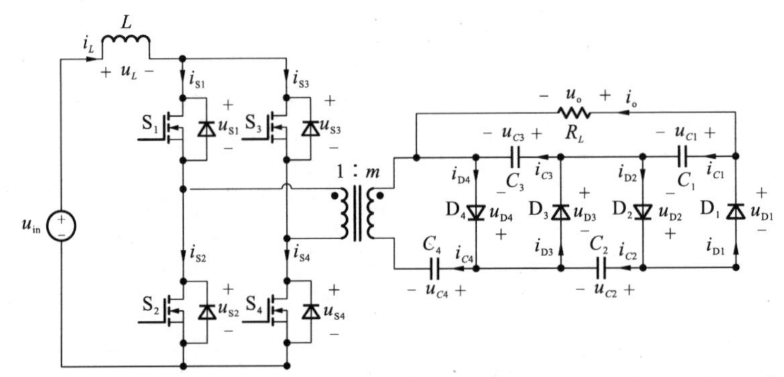

图5.5 基于桥式电流输入型电路构建的隔离型高增益直流升压变换器拓扑

（1）模态1（所有开关均导通）。电感电流i_L在输入电源u_{in}的激励下线性上升；变压器次级二极管D_1、D_2、D_3、D_4均反向截止；电容C_2、C_4上的电压保持不变，电容C_1、C_3向负载供电；输出电压u_o下降。该模态下满足

$$L\cdot\frac{di_L}{dt}=u_{in} \tag{5.1}$$

（2）模态2（开关S_1、S_4导通，S_2、S_3关断）。电感电流i_L通过变压器向电容C_2、C_4放电，电感电流i_L线性下降；电容C_2、C_4上的电压上升，电容C_1、C_3上的电压下降；

变压器次级二极管 D_2、D_4 导通，D_1、D_3 反向截止；输出电压 u_o 上升。该模态下满足

$$\begin{cases} L\cdot\dfrac{\mathrm{d}i_L}{\mathrm{d}t}=u_{\mathrm{in}}-\dfrac{u_{C4}}{m} \\ L\cdot\dfrac{\mathrm{d}i_L}{\mathrm{d}t}=u_{\mathrm{in}}-\dfrac{u_{C4}+u_{C2}-u_{C3}}{m} \end{cases} \tag{5.2}$$

（3）模态 3（开关 S_2、S_3 导通，S_1、S_4 关断）。电感电流 i_L 通过变压器向电容 C_1、C_3 放电，电感电流 i_L 线性下降；电容 C_1、C_3 上的电压上升，电容 C_2、C_4 上的电压下降；变压器次级二极管 D_1、D_3 导通，D_2、D_4 反向截止。该模态下满足

$$\begin{cases} L\cdot\dfrac{\mathrm{d}i_L}{\mathrm{d}t}=u_{\mathrm{in}}-\dfrac{u_{C3}-u_{C4}}{m} \\ L\cdot\dfrac{\mathrm{d}i_L}{\mathrm{d}t}=u_{\mathrm{in}}-\dfrac{u_{C1}+u_{C3}-u_{C4}-u_{C2}}{m} \end{cases} \tag{5.3}$$

2. 性能特点

（1）输入输出电压增益。

令有源开关 S_1、S_2、S_3、S_4 在单位开关周期内导通时间均为 DT_S，由电感 L 的伏秒平衡可得

$$u_{\mathrm{in}}(2D-1)=\left(\frac{u_{C4}}{m}-u_{\mathrm{in}}\right)(1-D)+\left(\frac{u_{C3}-u_{C4}}{m}-u_{\mathrm{in}}\right)(1-D) \tag{5.4}$$

由模态 2 和模态 3 可得

$$u_{C1}=u_{C2}=u_{C3} \tag{5.5}$$

由式（5.4）和（5.5）可得

$$u_{C1}=u_{C2}=u_{C3}=\frac{m\cdot u_{\mathrm{in}}}{1-D} \tag{5.6}$$

$$u_{\mathrm{o}}=u_{C1}+u_{C3}=\frac{2m\cdot u_{\mathrm{in}}}{1-D} \tag{5.7}$$

因此，输入输出电压增益 M 为

$$M=\frac{u_{\mathrm{o}}}{u_{\mathrm{in}}}=\frac{2m}{1-D} \tag{5.8}$$

同理可得图 5.4（a）所示的含有 n 个 CW-VM 单元的基于桥式电流输入型电路构建的隔离型高增益直流升压变换器的电压增益 M 为

$$M=\frac{u_{\mathrm{o}}}{u_{\mathrm{in}}}=\frac{nm}{2(1-D)} \tag{5.9}$$

其中 n 为偶数。

此外，由式（5.4）可知，电容 C_4 上的电压具有不确定性，其取值范围为 $0\sim u_{C3}$，其不确定性会对变换器中开关管和二极管上的电压应力产生影响，但不会对输出电压和输入输出增益产生影响。

（2）器件电压应力。

当电容 C_4 上的电压为 0～u_{C3} 的平均值时，有源开关 S_1、S_2、S_3、S_4 的电压应力 u_{vpS1}、u_{vpS2}、u_{vpS3}、u_{vpS4} 为

$$u_{vpS1}=u_{vpS2}=u_{vpS3}=u_{vpS4}=\frac{u_o}{4m} \tag{5.10}$$

二极管 D_1、D_2、D_3、D_4 的电压应力 u_{vpD1}、u_{vpD2}、u_{vpD3}、u_{vpD4} 为

$$u_{vpD1}=u_{vpD2}=u_{vpD3}=u_{vpD4}=u_o/2 \tag{5.11}$$

同理可得含有 n 个 CW-VM 单元的桥式隔离型升压变换器中开关管 S_1、S_2、S_3、S_4 的电压应力为

$$u_{vpS1}=u_{vpS2}=u_{vpS3}=u_{vpS4}=\frac{u_o}{nm} \tag{5.12}$$

二极管 D_1，D_2，…，D_n 的电压应力为

$$u_{vpD1}=u_{vpD2}=\cdots=u_{vpDn}=\frac{2u_o}{n} \tag{5.13}$$

由上述分析可知，有源开关 S_1、S_2、S_3、S_4 和二极管 D_1，D_2，…，D_n 的电压应力均可得到较大的降低，且有源开关的电压应力可以通过 CW-VM 单元数 n 及变压器初级和次级绕组匝数比 m 来进行调节，二极管的电压应力可以通过 CW-VM 单元数 n 来进行调节。

（3）器件电流应力。

在输入低压大电流的应用场合中，开关管的导通损耗在总损耗中占据了相当大的部分，因此有必要搞清楚各个变换器中开关管上流过的电流。由于不同拓扑间开关数量不同，单个开关上流过的电流有效值难以直观代表其总的开关管导通损耗，下面自定义一个归一化的开关管电流有效值 I_S，即

$$I_S=\sqrt{\frac{P_{st}}{R_{on}}} \tag{5.14}$$

其中 P_{st} 为总的开关导通损耗；R_{on} 为单个开关的导通电阻。

忽略电感电流纹波，设定输入电流有效值为 I_{in}。根据变换器工作原理，可得单位开关周期内开关管总的导通损耗 W_{st} 为

$$W_{st}=I_{in}^2\cdot R_{on}\cdot(2D-1)\cdot T_S+2I_{in}^2\cdot 2R_{on}\cdot(1-D)\cdot T_S \tag{5.15}$$

由式（5.14）和（5.15）可得

$$I_S=I_{in}^2(3-2D) \tag{5.16}$$

5.2.2 基于推挽式电流输入型电路构建的隔离型高增益直流升压变换器

1. 工作原理

基于推挽式电流输入型电路与 CW-VM 电路构建的隔离型高增益直流升压变换器的拓扑电路如图 5.6 所示。根据开关管的工作状态，在单位开关周期内同样可以将推挽式

电流输入型电路的工作模态分为以下三种。

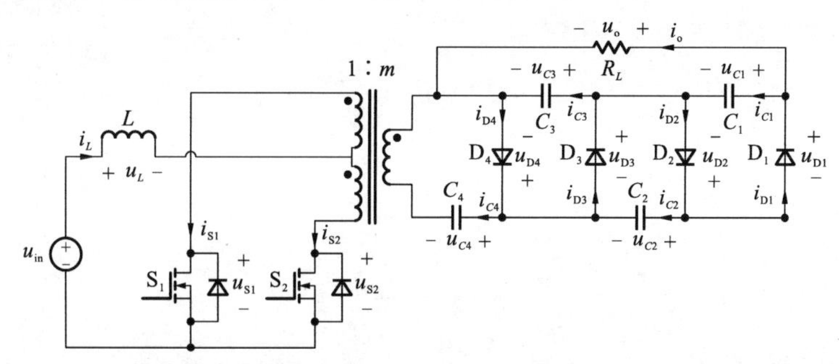

图 5.6　基于推挽式电流输入型电路构建的隔离型高增益直流升压变换器拓扑

（1）模态 1（所有开关均导通）。由于变压器初级 2 个绕组的磁链相反，变压器中的磁通相互抵消，变压器次级没有感应电压和电流。电感电流 i_L 在输入电源 u_{in} 的激励下线性上升；变压器次级二极管 D_1、D_2、D_3、D_4 均反向截止；电容 C_2、C_4 上的电压保持不变，电容 C_1、C_3 向负载供电；输出电压 u_o 下降。该模态下满足

$$L\cdot\frac{di_L}{dt}=u_{in} \tag{5.17}$$

（2）模态 2（开关 S_1 导通，S_2 关断）。电感电流 i_L 通过变压器向电容 C_1、C_3 放电，电感电流 i_L 线性下降；电容 C_1、C_3 上的电压上升，电容 C_2、C_4 上的电压均下降；变压器次级二极管 D_1、D_3 导通，D_2、D_4 反向截止。该模态下满足

$$\begin{cases}L\cdot\dfrac{di_L}{dt}=u_{in}-\dfrac{u_{C3}-u_{C4}}{m}\\[2ex] L\cdot\dfrac{di_L}{dt}=u_{in}-\dfrac{u_{C1}+u_{C3}-u_{C4}-u_{C2}}{m}\end{cases} \tag{5.18}$$

（3）模态 3（开关 S_2 导通，S_1 关断）。电感电流 i_L 通过变压器向电容 C_2、C_4 放电，电感电流 i_L 线性下降；电容 C_2、C_4 上的电压上升，电容 C_1、C_3 上的电压下降；变压器次级二极管 D_2、D_4 导通，D_1、D_3 反向截止；输出电压 u_o 上升。该模态下满足

$$\begin{cases}L\cdot\dfrac{di_L}{dt}=u_{in}-\dfrac{u_{C4}}{m}\\[2ex] L\cdot\dfrac{di_L}{dt}=u_{in}-\dfrac{u_{C4}+u_{C2}-u_{C3}}{m}\end{cases} \tag{5.19}$$

2. 性能特点

（1）输入输出电压增益。

令有源开关 S_1、S_2 在单位开关周期内导通时间均为 DT_S，由电感 L 的伏秒平衡可得

$$u_{in}(2D-1)=\left(\frac{u_{C4}}{m}-u_{in}\right)(1-D)+\left(\frac{u_{C3}-u_{C4}}{m}-u_{in}\right)(1-D) \tag{5.20}$$

由模态 2 和模态 3 可得

$$u_{C1}=u_{C2}=u_{C3} \tag{5.21}$$

由式（5.20）和（5.21）可得

$$u_{C1}=u_{C2}=u_{C3}=\frac{m\cdot u_{\text{in}}}{1-D} \tag{5.22}$$

$$u_{\text{o}}=u_{C2}+u_{C4}=\frac{2m\cdot u_{\text{in}}}{1-D} \tag{5.23}$$

因此，电压增益 M 为

$$M=\frac{u_{\text{o}}}{u_{\text{in}}}=\frac{2m}{1-D} \tag{5.24}$$

同理可得图 5.4（b）所示的含有 n 个 CW-VM 单元的推挽式隔离型升压变换器的电压增益 M 为

$$M=\frac{u_{\text{o}}}{u_{\text{in}}}=\frac{nm}{2(1-D)} \tag{5.25}$$

由式（5.9）和（5.25）可知，在采用相同的后级 CW-VM 单元时，推挽式与桥式电流输入型电路所获得的电压增益一致。值得注意的是，推挽式方案下仅需要 2 个有源开关，但变压器需要 3 个线圈，设计绕制较为复杂。

（2）器件电压应力。

根据变换器的工作原理，与 5.2.1 小节中桥式结构类似，当电容 C_4 上的电压为 0～u_{C3} 的平均值时，有源开关 S_1、S_2 的电压应力 u_{vpS1}、u_{vpS2} 为

$$u_{\text{vpS1}}=u_{\text{vpS2}}=\frac{u_{\text{o}}}{2m} \tag{5.26}$$

二极管 D_1、D_2、D_3、D_4 的电压应力 u_{vpD1}、u_{vpD2}、u_{vpD3}、u_{vpD4} 为

$$u_{\text{vpD1}}=u_{\text{vpD2}}=u_{\text{vpD3}}=u_{\text{vpD4}}=u_{\text{o}}/2 \tag{5.27}$$

同理可得含有 n 个 CW-VM 单元的推挽式隔离型升压变换器中开关管 S_1、S_2 的电压应力为

$$u_{\text{vpS1}}=u_{\text{vpS2}}=\frac{2u_{\text{o}}}{nm} \tag{5.28}$$

二极管 D_1，D_2，…，D_n 的电压应力为

$$u_{\text{vpD1}}=u_{\text{vpD2}}=\cdots=u_{\text{vpD}n}=\frac{2u_{\text{o}}}{n} \tag{5.29}$$

由上述分析可知，有源开关 S_1、S_2 和二极管 D_1，D_2，…，D_n 的电压应力均可得到较大的降低，且有源开关的电压应力可以通过 CW-VM 单元数 n 及变压器初级和次级绕组匝数比 m 来进行调节，二极管的电压应力可以通过 CW-VM 单元数 n 来进行调节。

（3）器件电流应力。

与之前的分析类似，在此仅关注归一化之后的开关管电流有效值 I_{S}，同样忽略电感电流纹波，设定输入电流有效值为 I_{in}。根据变换器工作原理，可得单位开关周期内开关管总的导通损耗 W_{st} 为

$$W_{\text{st}}=(I_{\text{in}}^2/2)\cdot R_{\text{on}}\cdot(2D-1)\cdot T_{\text{S}}+2I_{\text{in}}^2\cdot R_{\text{on}}\cdot(1-D)T_{\text{S}} \tag{5.30}$$

由式（5.30）可得

$$I_s = I_{in}^2(1.5 - D) \tag{5.31}$$

由式（5.16）和（5.31）可知，采用推挽式电流输入型电路归一化之后的开关管电流有效值远小于采用桥式电流输入型电路，显然，相同的输入输出时采用推挽式电流输入型电路拥有更低的开关管导通损耗。

5.2.3　基于L式电流输入型电路构建的隔离型高增益直流升压变换器

1. 工作原理

基于L式电流输入型电路与CW-VM电路构建的隔离型高增益直流升压变换器的拓扑电路如图5.7所示。根据开关管的工作状态，在单位开关周期内同样可以将L式电流输入型电路的工作模态分为以下三种。

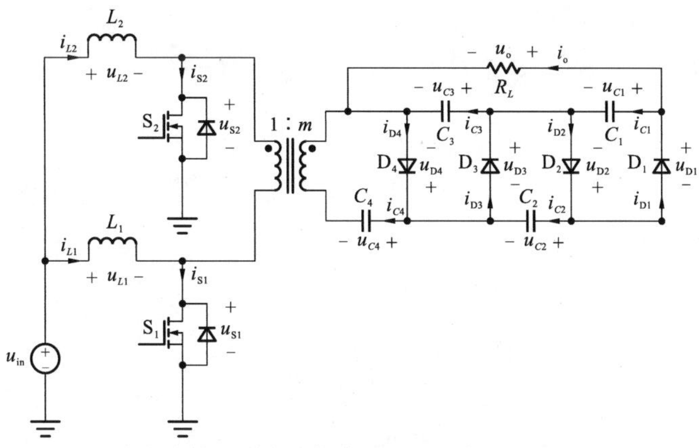

图 5.7　基于 L 式电流输入型电路构建的隔离型高增益直流升压变换器拓扑

（1）模态 1（所有开关均导通）。电感 L_1、L_2 的电流在输入电源 u_{in} 的激励下线性上升；变压器次级二极管 D_1、D_2、D_3、D_4 均反向截止；电容 C_2、C_4 上的电压保持不变，电容 C_1、C_3 向负载供电；输出电压 u_o 下降。该模态下满足

$$\begin{cases} L_1 \cdot \dfrac{di_{L1}}{dt} = u_{in} \\ L_2 \cdot \dfrac{di_{L2}}{dt} = u_{in} \end{cases} \tag{5.32}$$

（2）模态 2（开关 S_1 导通，S_2 关断）。电感 L_2 的电流 i_{L2} 流过变压器及开关 S_1 向电容 C_2、C_4 放电；电感电流 i_L 线性下降；电容 C_2、C_4 上的电压上升，电容 C_1、C_3 上的电压下降；变压器次级二极管 D_2、D_4 导通，D_1、D_3 反向截止；输出电压 u_o 上升。该模态下满足

$$\begin{cases} L_1 \cdot \dfrac{di_{L1}}{dt} = u_{in} \\ L_2 \cdot \dfrac{di_{L2}}{dt} = u_{in} - \dfrac{u_{C4}}{m} = u_{in} - \dfrac{u_{C4} + u_{C2} - u_{C3}}{m} \end{cases} \tag{5.33}$$

（3）模态 3（开关 S_2 导通，S_1 关断）。电感 L_1 的电流 i_{L1} 流过变压器及开关 S_2 向电容 C_1、C_3 放电；电感电流 i_{L1} 线性下降；电容 C_1、C_3 上的电压上升，电容 C_2、C_4 上的电压均下降；变压器次级二极管 D_1、D_3 导通，D_2、D_4 反向截止。该模态下满足

$$\begin{cases} L_2 \cdot \dfrac{\mathrm{d}i_{L2}}{\mathrm{d}t} = u_{\text{in}} \\ L_1 \cdot \dfrac{\mathrm{d}i_{L1}}{\mathrm{d}t} = u_{\text{in}} - \dfrac{u_{C3} - u_{C4}}{m} = u_{\text{in}} - \dfrac{u_{C1} + u_{C3} - u_{C4} - u_{C2}}{m} \end{cases} \tag{5.34}$$

2. 性能特点

（1）输入输出电压增益。

令有源开关 S_1、S_2 在单位开关周期内导通时间均为 DT_S，由电感 L_1、L_2 的伏秒平衡可得

$$\begin{cases} L_1: u_{\text{in}} \cdot D = \left(\dfrac{u_{C3} - u_{C4}}{m} - u_{\text{in}} \right)(1-D) \\ L_2: u_{\text{in}} \cdot D = \left(\dfrac{u_{C4}}{m} - u_{\text{in}} \right)(1-D) \end{cases} \tag{5.35}$$

由模态 2 和模态 3 可得

$$u_{C1} = u_{C2} = u_{C3} \tag{5.36}$$

由式（5.35）和（5.36）可得

$$\begin{cases} u_{C1} = u_{C2} = u_{C3} = \dfrac{2m \cdot u_{\text{in}}}{1-D} \\ u_{C4} = \dfrac{m \cdot u_{\text{in}}}{1-D} \\ u_{\text{o}} = \dfrac{4m \cdot u_{\text{in}}}{1-D} \end{cases} \tag{5.37}$$

因此，电压增益 M 为

$$M = \frac{u_{\text{o}}}{u_{\text{in}}} = \frac{4m}{1-D} \tag{5.38}$$

同理可得图 5.7（b）所示的含有 n 个 CW-VM 单元的 L 式隔离型升压变换器的电压增益 M 为

$$M = \frac{u_{\text{o}}}{u_{\text{in}}} = \frac{nm}{1-D} \tag{5.39}$$

由式（5.9）、（5.25）和（5.39）可知，在采用相同的后级 CW-VM 单元时，推挽式与桥式电流输入型电路所获得的电压增益仅为 L 式电流输入型电路的一半，且 L 式电流输入型电路仅需 2 个有源开关，变压器也仅需 2 个线圈。

（2）器件电压应力。

根据变换器的工作原理，有源开关 S_1、S_2 的电压应力 u_{vpS1}、u_{vpS2} 为

$$u_{vpS1} = u_{vpS2} = \frac{u_o}{4m} \tag{5.40}$$

二极管 D_1、D_2、D_3、D_4 的电压应力 u_{vpD1}、u_{vpD2}、u_{vpD3}、u_{vpD4} 为

$$u_{vpD1} = u_{vpD2} = u_{vpD3} = u_{vpD4} = u_o / 2 \tag{5.41}$$

同理可得含有 n 个 CW-VM 单元的 L 式隔离型升压变换器中开关管 S_1、S_2 的电压应力为

$$u_{vpS1} = u_{vpS2} = \frac{u_o}{nm} \tag{5.42}$$

二极管 D_1，D_2，…，D_n 的电压应力为

$$u_{vpD1} = u_{vpD2} = \ldots = u_{vpDn} = \frac{2u_o}{n} \tag{5.43}$$

由上述分析可知，有源开关 S_1、S_2 和二极管 D_1，D_2，…，D_{n-1} 的电压应力均可得到较大的降低，且有源开关的电压应力可以通过 CW-VM 单元数 n 及变压器初级和次级绕组匝数比 m 来进行调节，二极管的电压应力可以通过 CW-VM 单元数 n 来进行调节。

（3）器件电流应力。

与之前的分析类似，在此仅关注归一化之后的开关管电流有效值 I_S，同样忽略电感电流纹波，设定输入电流有效值为 I_{in}，则电感 L_1、L_2 的电流有效值均为 $I_{in}/2$。根据变换器工作原理，可得单位开关周期内开关管总的导通损耗 W_{st} 为

$$W_{st} = 2[(I_{in}/2)^2 \cdot R_{on} \cdot (2D-1) \cdot T_S + I_{in}^2 \cdot R_{on} \cdot (1-D) \cdot T_S] \tag{5.44}$$

由式（5.44）可得

$$I_s = I_{in}^2 (1.5 - D) \tag{5.45}$$

由式（5.16）、（5.31）和（5.45）可知，采用 L 式时归一化之后的开关管电流有效值与推挽式一致，均为采用桥式电流输入型电路的一半。

5.2.4　性能比较

表 5.1 将前述理论分析所得到的三种拓扑的基本特点及典型工作特性进行了总结，并与相应的传统变换器进行了比较。为更直观有效地对比，所有拓扑电路中 VM 单元数均为 4 个，这样可以保证所提拓扑与全桥整流电路采用相同数量的二极管，且变压器结构一致。

表 5.1　含有及不含有 VM 单元电路的主要参数及性能指标

电路拓扑	桥式		推挽式		L 式	
整流电路	含 CW-VM 单元	全桥整流电路	含 CW-VM 单元	全桥整流电路	含 CW-VM 单元	全桥整流电路
输入输出增益	$\frac{2m}{1-D}$	$\frac{m}{2(1-D)}$	$\frac{2m}{1-D}$	$\frac{m}{2(1-D)}$	$\frac{4m}{1-D}$	$\frac{m}{1-D}$

续表

电路拓扑	桥式		推挽式		L 式	
开关管电压应力	$\frac{u_o}{4m}$	$\frac{u_o}{m}$	$\frac{u_o}{2m}$	$\frac{2u_o}{m}$	$\frac{u_o}{4m}$	$\frac{u_o}{m}$
二极管电压应力	$u_o/2$	u_o	$u_o/2$	u_o	$u_o/2$	u_o
次级电容数量	4	1	4	1	4	1
二极管数量	4	4	4	4	4	4

由表 5.1 中可以看出，采用 VM 单元之后的电路在输入输出增益及开关管和二极管的电压应力等电路特性方面均有明显提高。不可否认的是，所提变换器中所需电容数量较多，但由损耗分析可知，电容所带来的损耗基本可以忽略不计，不会对变换器的散热带来大的影响。而且，随着 VM 单元数的增加，输入输出增益将线性升高，开关管和二极管的电压应力将线性降低。在实际应用中可以根据实际情况进行合理的优化选择。

5.2.5 仿真及实验验证

为了验证前述理论分析的有效性，对所提三种新型高增益隔离型升压变换器分别建立仿真电路。为简化分析过程，前述分析中所有器件均采用理想模型，忽略器件自身的寄生参数。仿真电路结构如图 5.5～5.7 所示，电路规格及主要参数指标如表 5.2 所述。图 5.8～5.10 为仿真结果。

表 5.2 仿真参数

仿真参数	参数设计	仿真参数	参数设计
输入电压 u_{in}	30 V	连接负载的增益单元电容 C_1、C_3	20 μF
输出电压 u_o	800 V	其他增益单元电容 C_2、C_4	10 μF
输出功率 P_o	800 W	变压器变比（$n_2:n_1$）/（$n_2:n_1:n_1$）	4∶1（桥式）
开关频率 f_S	50 kHz		4∶1（推挽式）
输入电感 L_1、L_2	200 μH/200 μH		2∶1（L 式）

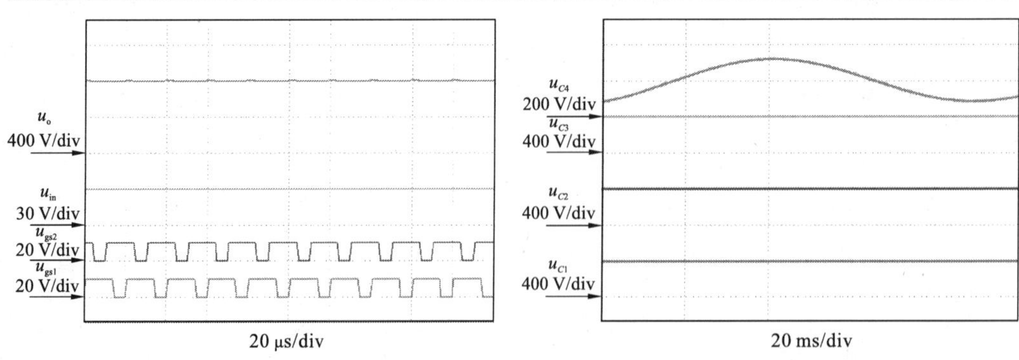

（a）开关占空比及输入输出电压波形　（b）各增益单元端电压波形

图 5.8 基于桥式电流输入型电路的仿真波形

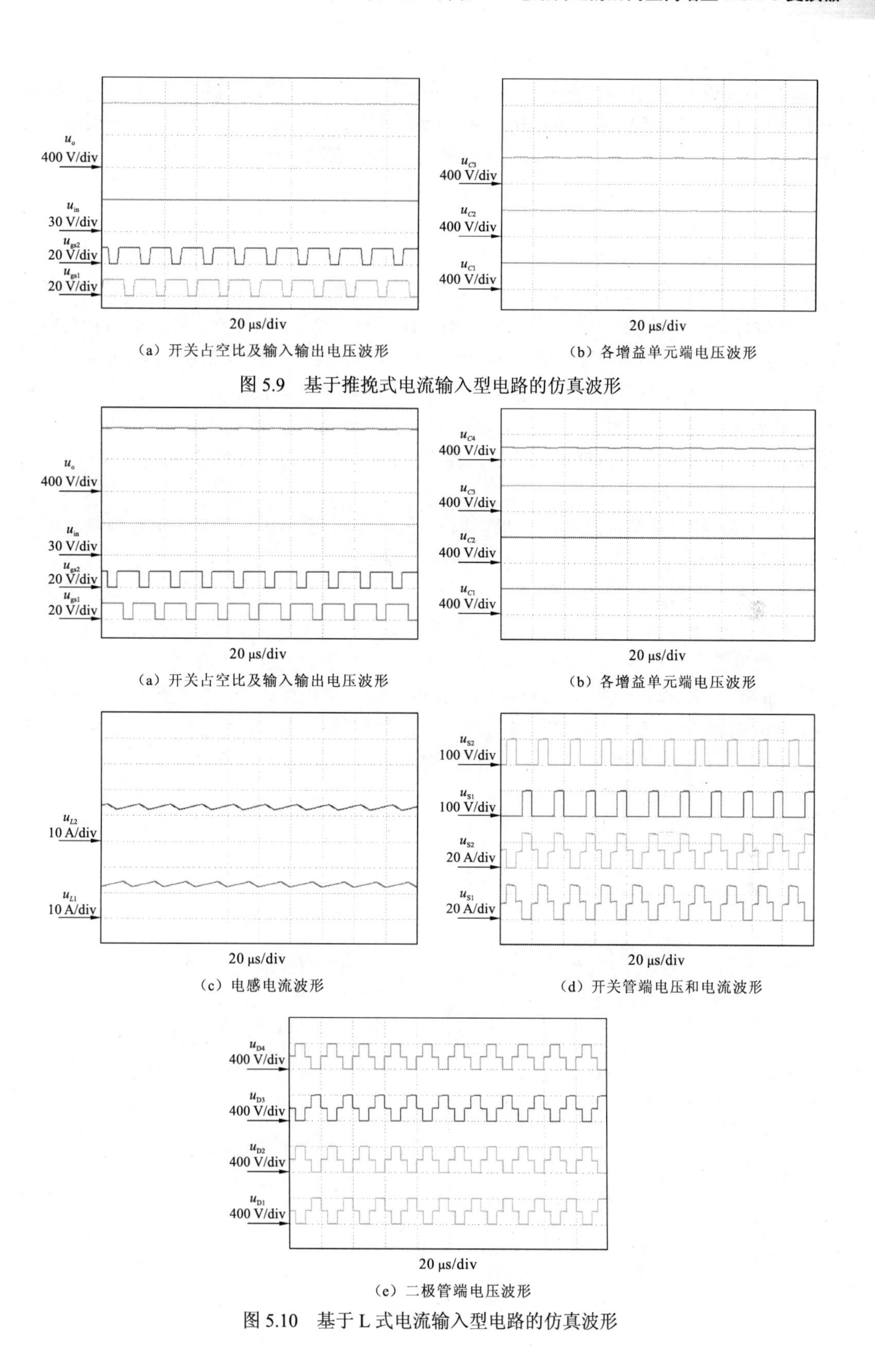

（a）开关占空比及输入输出电压波形　　（b）各增益单元端电压波形

图 5.9　基于推挽式电流输入型电路的仿真波形

（a）开关占空比及输入输出电压波形　　（b）各增益单元端电压波形

（c）电感电流波形　　（d）开关管端电压和电流波形

（e）二极管端电压波形

图 5.10　基于 L 式电流输入型电路的仿真波形

图 5.8（a）中 u_{gs1}、u_{gs2} 为开关管的占空比波形，可以看出，理想情况下开关占空比接近 0.7，与理论分析结果一致。由图 5.8（b）可以看出，电容 C_1、C_2、C_3 的端电压与式（5.6）分析一致，而电容 C_4 端电压一直处于随机波动中，与理论分析一致。

图 5.9（a）中 u_{gs1}、u_{gs2} 为变换器开关管的占空比波形，可以看出，理想情况下开关占空比接近 0.7，与理论分析结果一致。图 5.9（b）为电容 C_1、C_2、C_3 的端电压波形，与理论分析一致。

图 5.10（a）中 u_{gs1}、u_{gs2} 分别为开关管的占空比波形，可以看出，理想情况下开关占空比接近 0.7，与理论分析结果一致。图 5.10（b）所示为各个增益单元中电容端电压波形，其中电容 C_1、C_2、C_3 的端电压约为 400 V，而电容 C_4 的端电压约为 200 V，与式（5.37）一致。图 5.10（c）所示为电感 L_1、L_2 的电流波形。图 5.10（d）所示为开关管端电压及电流波形，显然两个开关管的电压应力一致均为 100 V，与式（5.40）一致。图 5.10（e）所示为二极管端电压波形，各个二极管的电压应力相等，均约为 400 V，与式（5.41）的分析结果一致。

通过仿真模型的建立及测试结果可以验证，前述关于传统 CW-VM 单元与隔离型升压变换器相结合后变换器的理论分析是正确有效的。

通过理论分析及仿真验证的结果可得结论：基于 5.1 节中所述拓扑组合构建思路，传统 CW-VM 电路与传统隔离型升压变换器相结合的思路是完全有效可行的方案。在同时需要高增益升压和电气隔离的应用场合中，通过该方案可以有效提高传统隔离型升压变换器的电压增益。一方面，可以减小开关占空比，起到提高变压器利用效率，降低变压器交流磁感应强度，减少磁芯损耗及变压器体积的目的；另一方面，可以减少变压器的匝数比，达到降低变压器设计及绕制难度等目标。同样的思路也可以应用于 D-VM 电路，其拓扑组合电路如图 5.11 所示，由于工作机理类似，不再详述其工作原理及性能特点。

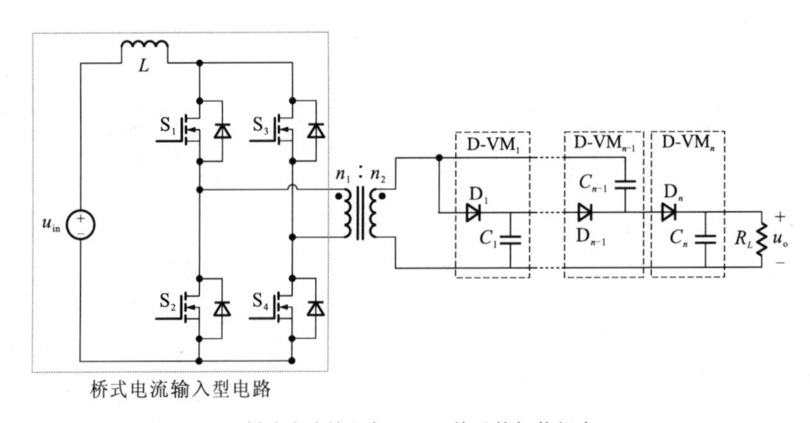

（a）桥式电流输入与 D-VM 单元的拓扑组合

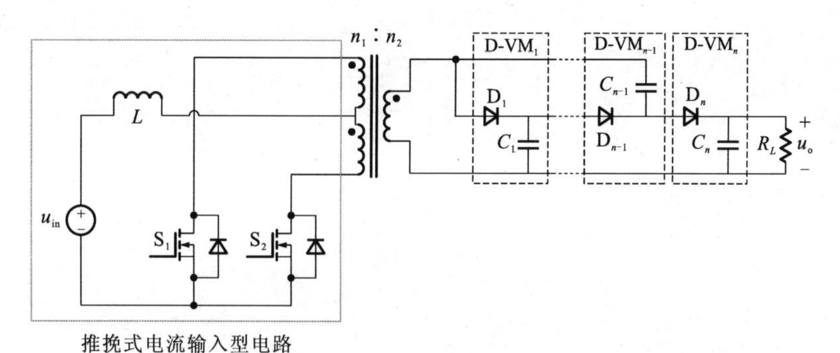

（b）推挽式电流输入与 D-VM 单元的拓扑组合

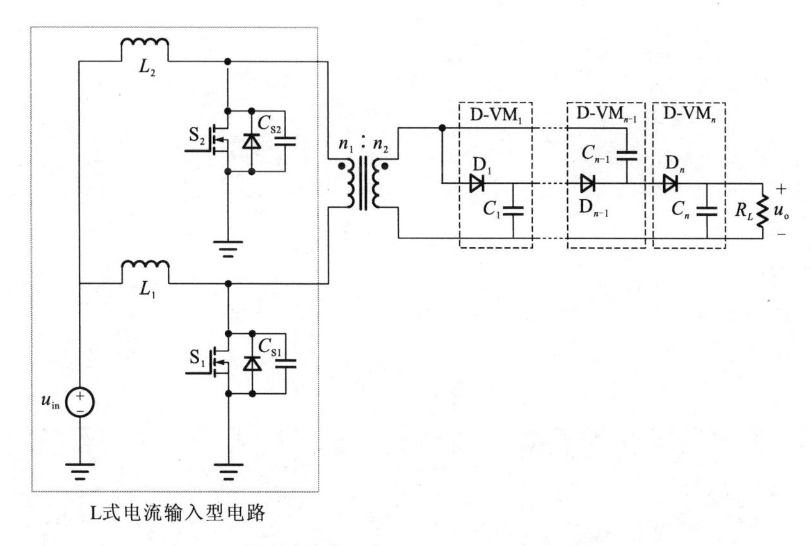

（c）L 式电流输入与 D-VM 单元的拓扑组合

图 5.11　基于 D-VM 单元构建的三种高增益隔离型 DC/DC 变换器拓扑

5.3　本章小结

通过对传统 VM 电路端口特性进行分析，结合常见的三种隔离型升压变换器，本章推演得到了三种基于传统 VM 电路构建的隔离型高增益 DC/DC 变换器。工作原理及性能特点分析显示，L 式电流输入型电路与 VM 电路相结合更具优势。但值得注意的是，本章分析均忽略了变压器漏感的影响，而实际应用中由变压器漏感而引起的较高电压应力尖峰等问题非常突出。因此，在实际应用中必须提出相应的解决方案，改善变换器的工作性能。第 6 章将就该问题进行详细阐述。

第6章

基于 CW-VM 电路的有源箝位 L 式高增益隔离型直流升压变换器

第 5 章基于 VM 电路构建了对应的隔离型高增益 DC/DC 变换器，本章将在此基础之上，结合常见变压器漏感解决思路，详细分析基于 CW-VM 电路的有源箝位 L 式高增益隔离型升压变换器。

6.1　漏感能量常见解决思路

传统隔离型升压变换器中由于变压器存在漏感，在开关管关断时，电感能量无处泄放，同开关漏源极的寄生电容谐振产生电压尖峰，导致开关器件电压应力高、变换器工作效率低及 EMI 等问题的产生。针对该问题众多研究人员做了大量的工作[98-100]，现在常见的解决方案有无源 RCD 吸收电路、无源 LCD 缓冲电路和有源箝位电路等。下面首先分别对这些常见方案进行简要的说明和比较。

6.1.1　基于无源 RCD 吸收电路的解决方案

图 6.1 所示为利用 RCD 吸收电路改善 L 式电流输入型隔离型 DC/DC 变换器的电路拓扑。在开关管关断之后，由于漏感的存在，流经变压器的电流不能突变，电感电流首先向开关管的漏源极寄生电容充电。由于该电容值较小，其上电压上升速度很快，若没有辅助电路的话，会在开关管漏源极产生非常大的电压尖峰。在开关管两端加入 RCD 吸收电路之后，由于电容上的电压不能突变，抑制了功率开关管上的电压尖峰，功率开关管中的一部分电流转移到箝位电容中，另一部分电流开始转到变压器原边，向负载输出能量。在开关管导通时，箝位电容的能量通过功率开关管和箝位电路上的电阻释放掉，能量在电阻中消耗了。RCD 箝位方法的优点是电路结构简单、无有源开关、成本低且可靠性高；缺点是箝位电容的存在使吸收的能量都在电阻中损耗了，对于整机的效率存在较大的影响，而且要求较大的散热器，降低了整机的功率密度，限制了变换器的功率等级。

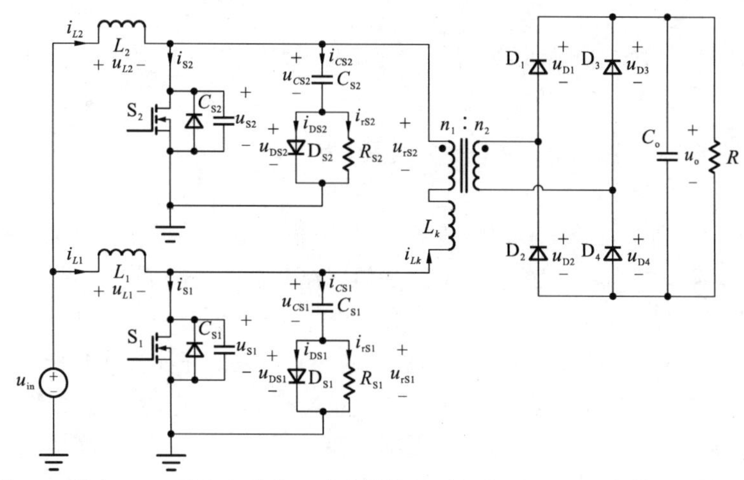

图 6.1　带有 RCD 吸收电路的 L 式电流输入型隔离型 DC/DC 变换器电路拓扑

6.1.2 基于无源LCD缓冲电路的解决方案

图6.2所示为利用LCD箝位电路改善L式电流输入型隔离型DC/DC变换器的电路拓扑。与RCD吸收电路类似，在开关管关断后，当开关漏源极电压上升到箝位电容C_s与输入电压之和后被箝位住；开关管关断过程中，在漏感电流上升到电感电流之前，电感电流向箝位电容中充电，当漏感电流上升到电感电流之后，二极管 D_s 关断；箝位电容 C_s 端电压保持不变。开关管导通后，箝位电容上的能量通过开关管向辅助谐振电感L_r放电，谐振电感L_r上的能量在开关管关断时通过二极管返回到输入电源。该电路的优点为变压器漏感能量无损地回馈到输入电源中去，实现了能量的无损缓冲；缺点为高频时谐振电流较大，增加了开关管的电流应力及导通损耗，谐振工作状态易受输入输出电压及负载大小的影响，谐振电容上的电压纹波较大且可能出现电压反向的现象。因此，为了保证较高的变换效率，LCD箝位电路一般适合工作在开关频率较低且输入输出波动不大的应用场合。

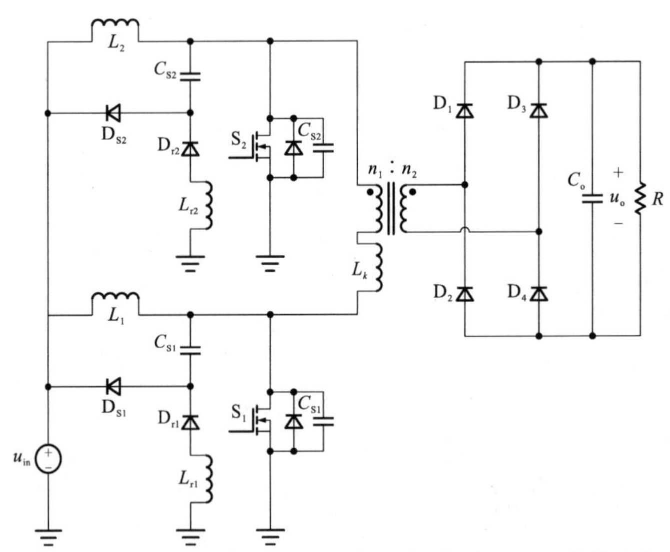

图6.2 带有LCD箝位电路的L式电流输入型隔离型DC/DC变换器电路拓扑

6.1.3 基于有源箝位电路的解决方案

图6.3所示为利用有源箝位电路改善L式电流输入型隔离型DC/DC变换器的电路拓扑。与RCD吸收电路和LCD箝位电路类似，在开关管关断后，开关端电压上升到箝位电容电压之后被箝位住；在漏感电流上升到电感电流之前，电感电流一直向箝位电容中充电，由于箝位电容足够大，其上电压波动较小，避免了开关管漏源极出现电压尖峰；但与RCD吸收电路不同的是，在漏感电流上升到该支路的电感电流之后，箝位电容通过有源开关向漏感放电，实现了能量的无损变换。因此，相比于RCD吸收电路，利用有源箝位电路这一方案具有工作效率高的优点。尤其值得注意的是，不仅漏感的能量实

现了无损转换，利用该电路还可以同时实现所有开关管的零电压导通以及后级整流二极管的零电流关断。这无疑使得电路的工作效率得到了进一步的提高，且 dv/dt 和 di/dt 均较小，使得变换器的 EMI 特性较好。但有源箝位电路由于额外引入了两个有源开关管，其控制及驱动电路的设计较为复杂，成本也会相应增加。

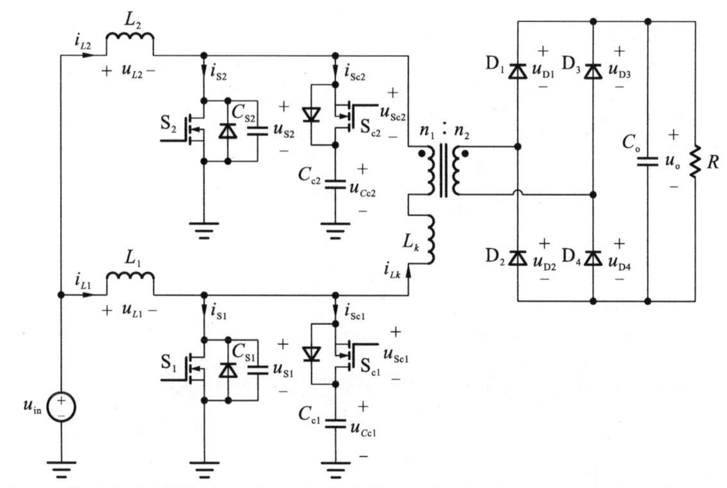

图 6.3 带有有源箝位电路的 L 式电流输入型隔离型 DC/DC 变换器电路拓扑

综合上述各种方案，有源箝位方案虽然在成本、控制及驱动方面相比于其他方案有所欠缺，但它在无损解决变压器漏感问题的基础上，还可以实现所有开关管的零电压导通及二极管的零电压关断，这无疑会有效改善变换器的整体工作效率和功率密度。6.2 节将以有源箝位电路为例，结合前述所提 L 式电流输入型高增益隔离型升压变换器，详细分析两者结合后所构建的有源箝位 L 式电流输入型高增益隔离型升压变换器。

6.2　工作原理及性能特点分析

图 6.4 所示为添加了有源箝位电路之后的 L 式高增益隔离型升压变换器的电路拓扑，为简化分析过程，本节以含有 4 个 CW-VM 单元的 L 式电流输入型电路为例，如图 6.5 所示。下面首先从该变换器工作原理出发，介绍其工作过程，然后阐述其的性能特点，最后对关键参数设计给予理论指导，并通过实验和仿真对理论分析进行验证。

6.2.1　工作原理

为简化分析过程，下面所有分析过程均进行如下假设。

（1）电感电流 i_{L1}、i_{L2} 连续。

（2）电容 C_1、C_2、C_3、C_4 足够大，其上电压保持不变。

（3）所有器件都是理想器件，不考虑寄生参数等的影响。

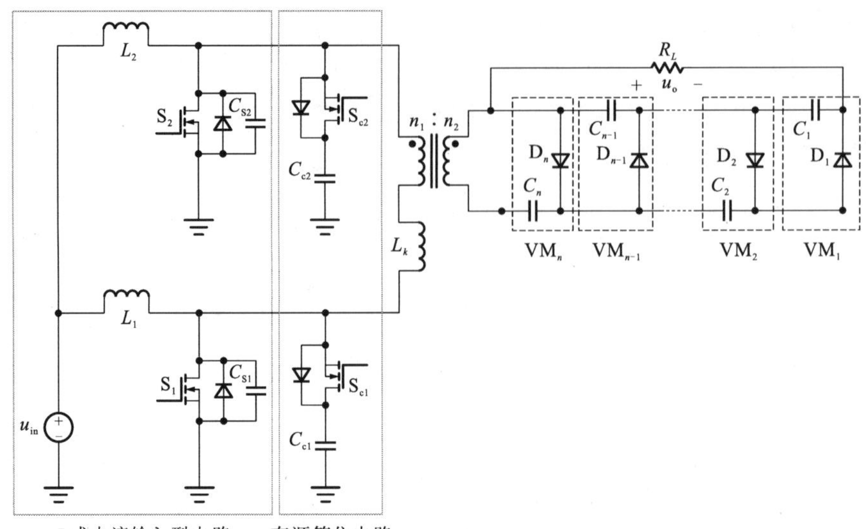

图 6.4　有源箝位 L 式电流输入型高增益隔离型升压变换器电路拓扑

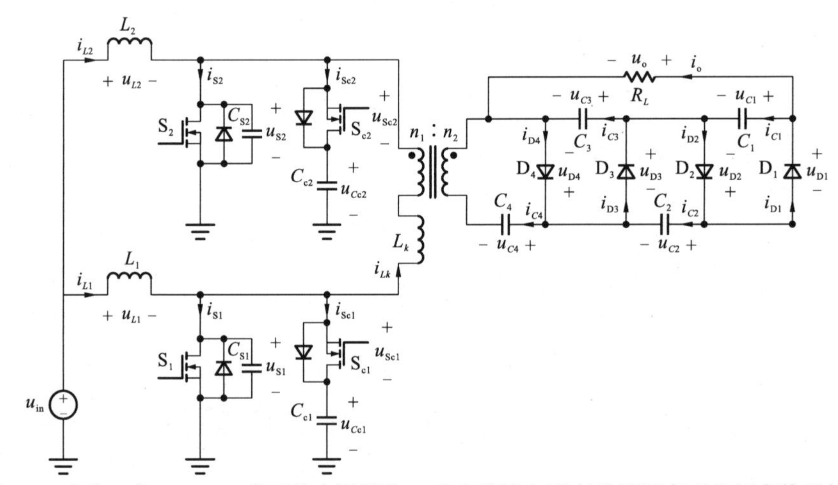

图 6.5　含有 4 个 CW-VM 单元的有源箝位 L 式电流输入型高增益隔离型升压变换器拓扑

（4）箝位电容与漏感之间的谐振周期远大于开关关断时间（在 6.2.3 小节中将给出详细解释），且忽略箝位电容上的纹波。

（5）有源开关 S_1、S_2 采用交错控制策略，且开关占空比 $D>0.5$；辅助开关 S_{c1}、S_{c2} 与各自支路的主开关互补导通，且主开关与相应的辅助开关在切换时留有足够的死区时间。

在一个开关周期 T_S 内，变换器有 21 个等效工作电路，各状态稳态工作时的主要波形如图 6.6 所示（图中 D=0.7）。其中 D_{S1}、D_{S2}、D_{Sc1}、D_{Sc2} 分别为开关 S_1、S_2、S_{c1}、S_{c2} 的驱动波形。变换器的等效工作电路图如图 6.7 所示。

（1）模态 1 [t_0～t_1]。如图 6.7（a）所示，该模态中，主开关 S_1、S_2 均导通；电感电流 i_{L1}、i_{L2} 在输入电源 u_{in} 的激励下线性上升；变压器次级二极管 D_1、D_2、D_3、D_4 均反向截止；辅助开关 S_{c1}、S_{c2} 均关断；箝位电容 C_{c1}、C_{c2} 上的电压均保持不变，电容 C_1、C_3 向负载供电；输出电压 u_o 下降。

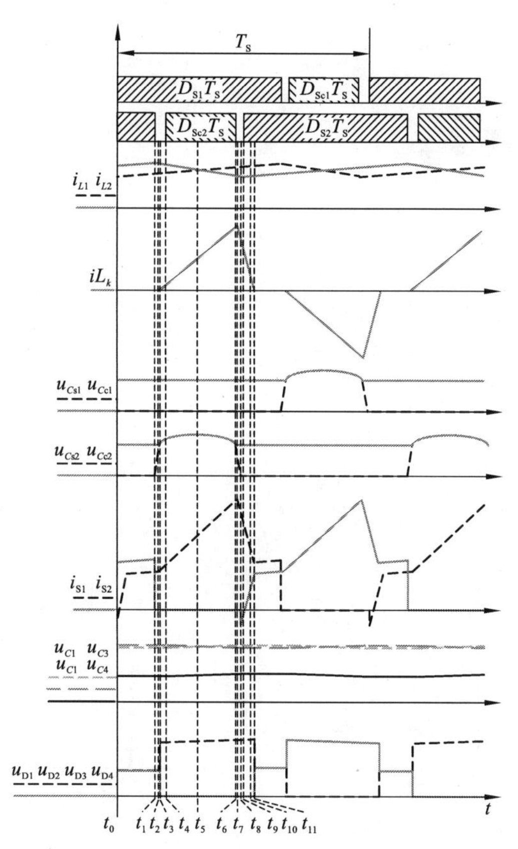

图 6.6　静态工作时一个开关周期 T_S 内的主要波形

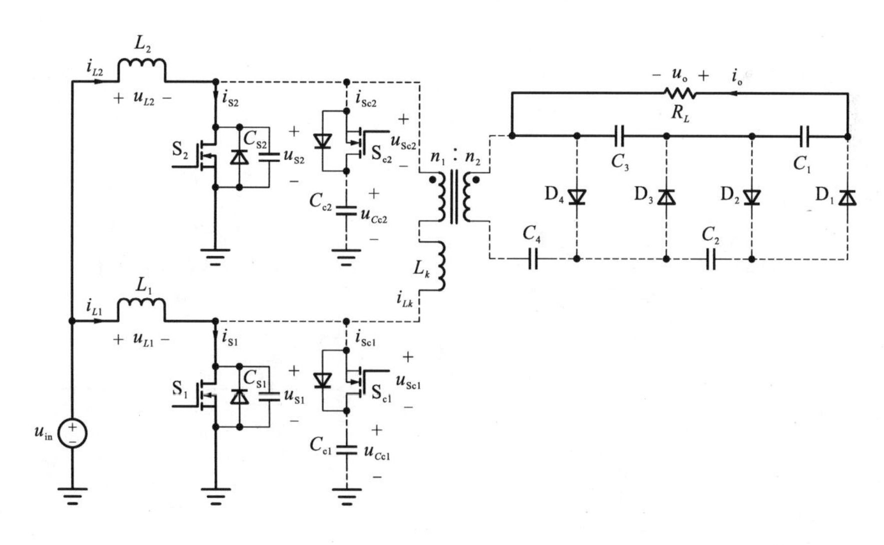

（a）模态 1

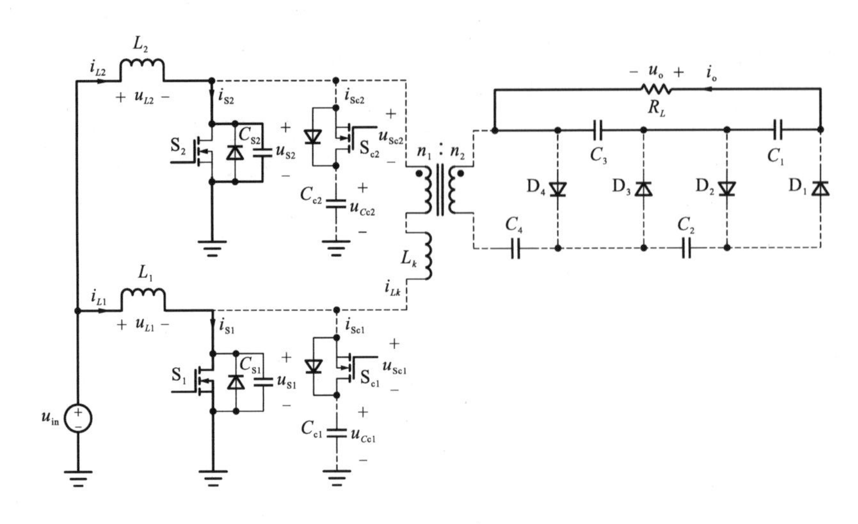

（b）模态 2

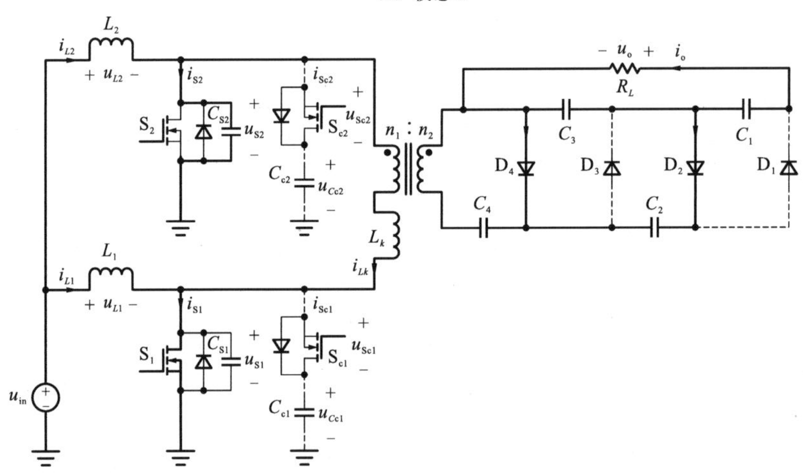

（c）模态 3

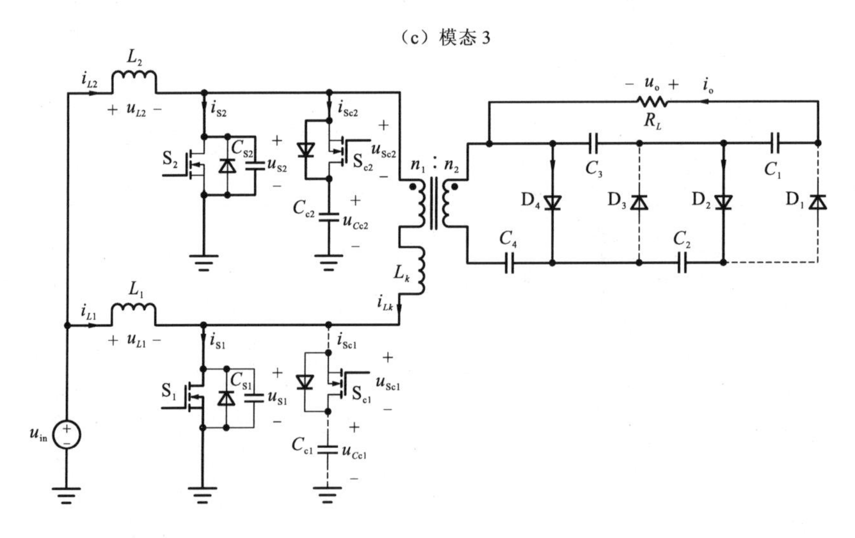

（d）模态 4

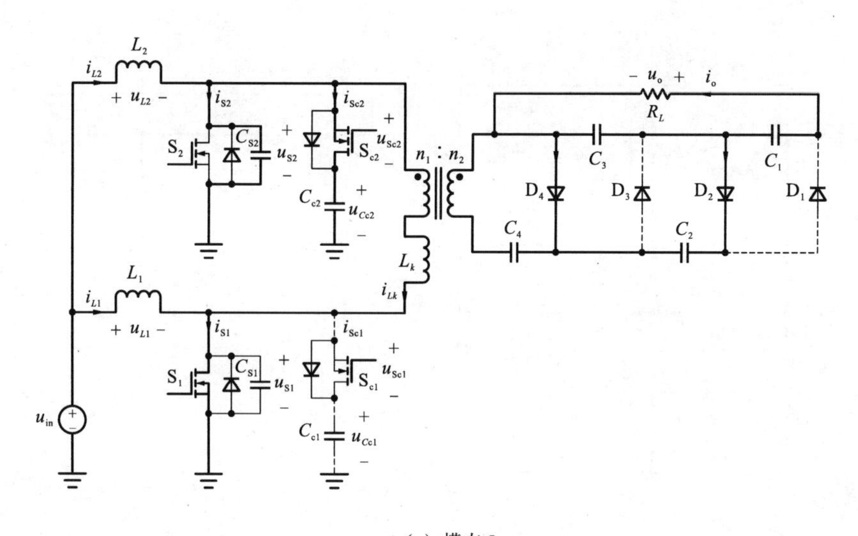

(e) 模态 5

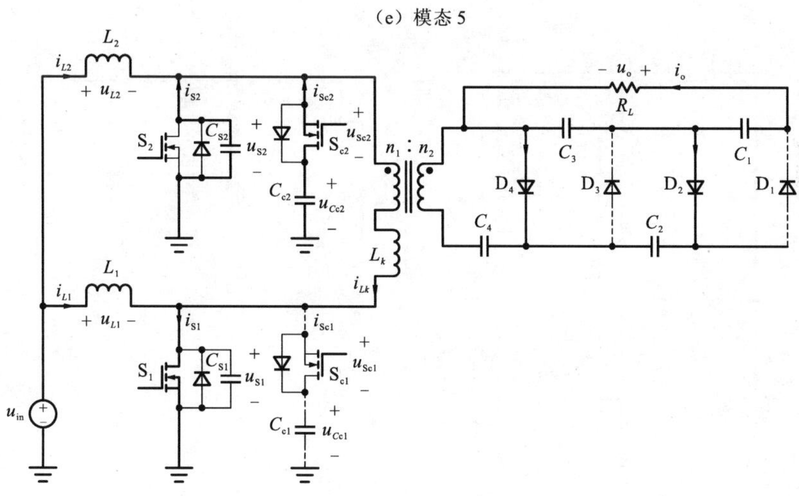

(f) 模态 6

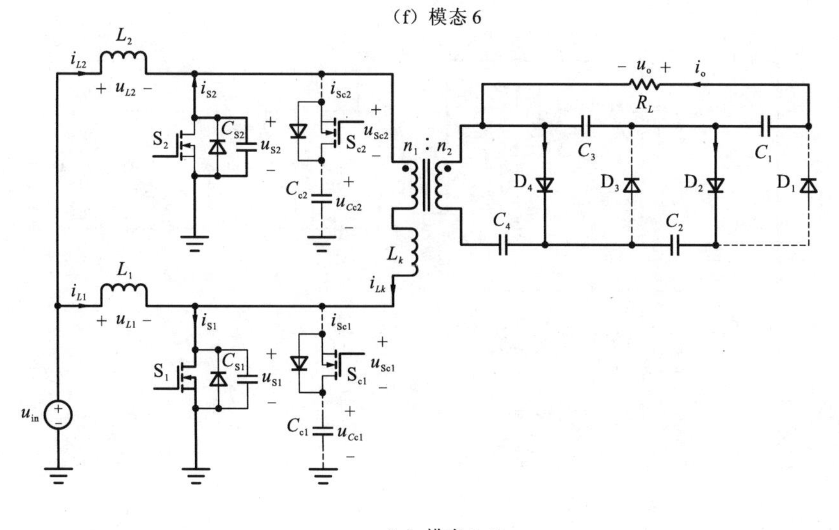

(g) 模态 7、8

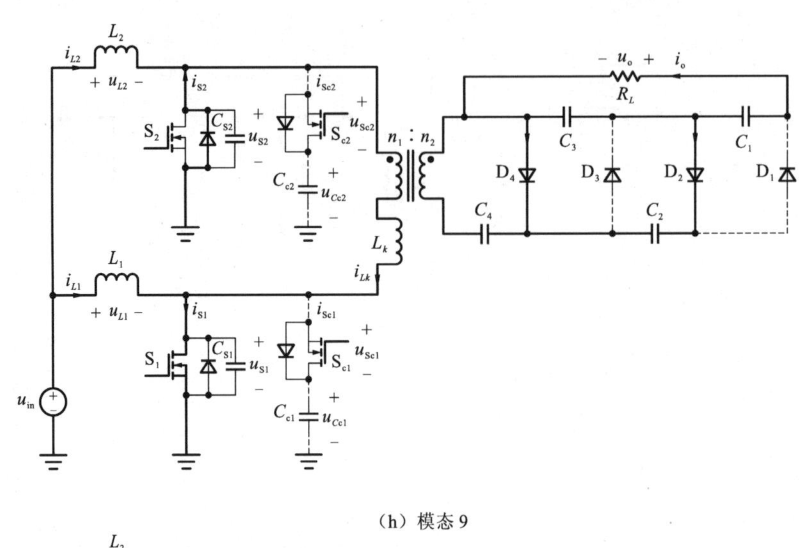

(h) 模态 9

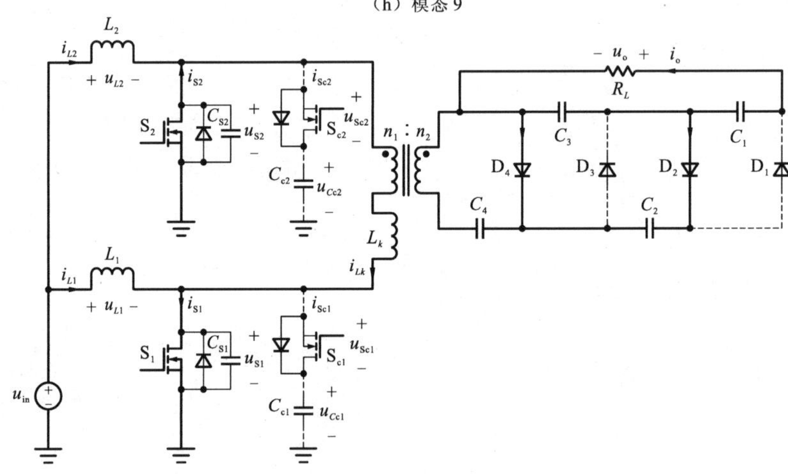

(i) 模态 10

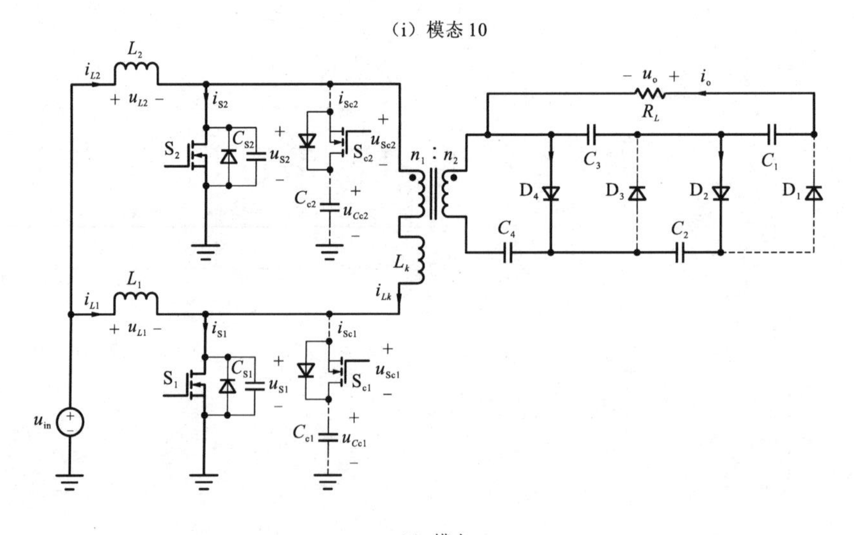

(j) 模态 11

图 6.7 静态工作时 11 种模态等效电路

（2）模态 2 [t_1～t_2]。如图 6.7（b）所示，在 t_1 时刻，主开关 S_2 的驱动信号关断，主开关 S_1 保持导通；电感电流 i_{L1} 在输入电源 u_{in} 的激励下继续线性上升；电感电流 i_{L2} 向开关 S_2 的漏源极电容 C_{S2} 充电，由于电容 C_{S2} 的存在，限制了开关 S_2 漏源极电压的上升速度，可以有效降低开关 S_2 的关断损耗；由 5.2.3 小节的分析可知，该过程持续到电容 C_{S2} 上的电压上升至 $\frac{u_o}{4k}$ 时结束（其中 k 为变压器变比 $n_2:n_1$）。

（3）模态 3 [t_2～t_3]。如图 6.7（c）所示，在 t_2 时刻，开关 S_2 漏源极电容 C_{S2} 上的电压上升到 $\frac{u_o}{4k}$，二极管 D_2、D_4 导通，漏感电流 i_{Lk} 开始上升，但由于漏感 L_k 的存在，i_{Lk} 上升速度受限，二极管 D_2、D_4 实现了近似零电流导通；电感电流 i_{L1} 继续为电容 C_{S2} 充电，该过程持续到电容 C_{S2} 上的电压上升至 u_{Cc2} 结束。因为电容 C_{S2} 非常小，所以从漏感电流开始上升到电容 C_{S2} 端电压为 u_{Cc2} 的过程很短，从而在电路性能分析时可以忽略该过程的影响，近似认为漏感电流 i_{Lk} 上升的时刻与电容 C_{S2} 端电压被电容 C_{c2} 箝位的时刻一致。

（4）模态 4 [t_3～t_4]。如图 6.7（d）所示，在 t_3 时刻，电容 C_{S2} 端电压上升至 u_{Cc2}，辅助开关 S_{c2} 的体二极管导通，由于箝位电容 C_{c2} 相对电容 C_{S2} 来说很大，大部分电感电流 i_{L2} 将流入箝位电容 C_{c2} 中，开关管 S_2 漏源极电压被箝位在 u_{Cc2}，且从此刻开始漏感 L_k、箝位电容 C_{c2} 及变压器次级电容将会形成一个谐振电路，由于变压器次级电容设计时足够大，其电压纹波可以忽略，在分析其谐振过程时可以等效为一个恒定的电压源。这个谐振周期与漏感 L_k 和箝位电容 C_{c2} 的值有关（忽略电容 C_{S2} 的影响），且谐振周期必须足够大，以保证电路的可靠工作。该谐振过程会持续到 t_4 时刻（辅助开关 S_{c2} 开通）结束。

（5）模态 5 [t_4～t_5]。如图 6.7（e）所示，在 t_4 时刻，辅助开关 S_{c2} 的驱动信号导通，因为其体二极管已经提前开通，所以辅助开关 S_{c2} 实现零电压开通。该模态下漏感电流 i_{Lk} 近似线性上升，该过程持续到 i_{Lk} 上升到电感电流 i_{L2} 时结束。

（6）模态 6 [t_5～t_6]。如图 6.7（f）所示，在 t_5 时刻，漏感电流 i_{Lk} 上升到电感电流 i_{L2}，箝位电容电压 u_{Cc2} 停止上升并开始向漏感 L_k 进行放电，漏感电流 i_{Lk} 继续上升，该过程持续到辅助开关 S_{c2} 关断时结束。

（7）模态 7 [t_6～t_7]。如图 6.7（g）所示，在 t_6 时刻，辅助开关 S_{c2} 的驱动信号关闭，电容 C_{S2} 的存在限制了开关 S_{c2} 端电压的上升速率，可以有效降低开关 S_{c2} 的关断损耗，之后箝位电容 C_{c2} 退出谐振电路，此时仅余开关 S_2 漏源极电容 C_{S2} 独立向漏感 L_k 谐振放电，该过程持续到电容 C_{S2} 上电压下降到 $\frac{u_o}{4k}$ 结束。

（8）模态 8 [t_7～t_8]。如图 6.7（g）所示，在 t_7 时刻，电容 C_{S2} 上的电压下降到 $\frac{u_o}{4k}$，漏感 L_k 端电压反向，漏感电流 i_{Lk} 达到最大值并于此刻开始下降，电容 C_{S2} 通过漏感 L_k 继续放电，该过程持续到电容 C_{S2} 上的电压下降至零。

（9）模态 9 [t_8～t_9]。如图 6.7（h）所示，在 t_8 时刻，电容 C_{S2} 上电压下降至零，主开关 S_2 的体二极管导通，漏感 L_k 端电压为$-\frac{u_o}{4k}$，漏感电流 i_{Lk} 线性下降，电感电流 i_{L1}、

i_{L2}在输入电源u_{in}的激励下线性上升，该过程持续到主开关S_2的驱动信号开通时结束。

（10）模态10 $[t_9 \sim t_{10}]$。如图6.7（i）所示，在t_9时刻，主开关S_2的驱动信号开通，由于其体二极管已经导通，主开关S_2实现了零电压开通，漏感电流i_{Lk}继续线性下降，该过程持续到漏感电流i_{Lk}下降至电感电流i_{L2}时结束。

（11）模态11 $[t_{10} \sim t_{11}]$。如图6.7（j）所示，在t_{10}时刻，漏感电流i_{Lk}下降至电感电流i_{L2}，主开关S_2的电流在此时反向，该过程持续到漏感电流i_{Lk}下降到零时结束。变压器次级二极管D_2、D_4的电流也随之下降至零，值得注意的是，受漏感电流i_{Lk}下降速率的控制，二极管D_2、D_4的电流下降速率也得到了有效控制，实现了近似零电流关断。可以有效降低二极管的反向恢复损耗。在t_{10}时刻之后，次级二极管D_1、D_2、D_3、D_4均反向截止，主开关S_1、S_2均导通，电感电流i_{L1}、i_{L2}在输入电源u_{in}的激励下线性上升，与模态1一致。

考虑到主开关S_1和辅助开关S_{c1}的开关切换状态与主开关S_2和辅助开关S_{c2}的开关切换状态相似，在此不再赘述。

6.2.2 性能特点

根据上述含有4个CW-VM单元的L式电流输入型电路的工作原理分析，可以清楚该电路的具体工作过程。下面依然用含有4个CW-VM单元的L式电流输入型电路拓扑为例对其性能特点进行讨论，并将分析结果推广到含有m个CW-VM升压单元的L式电流输入型升压变换器中，推导出适用于该变换器的一般工作特性。

1. 输入输出电压增益

忽略漏感及主开关与有源箝位开关之间死区时间的影响，由电感L_1、L_2的伏秒平衡可得

$$u_{in} \cdot D = \left(\frac{u_o}{4k} - u_{in}\right)(1-D) \tag{6.1}$$

进一步化简可得

$$M = \frac{u_o}{u_{in}} = \frac{4k}{1-D} \tag{6.2}$$

推广到含有m个CW-VM升压单元的L型升压变换器中可得输入输出电压增益M为

$$M = \frac{u_o}{u_{in}} = \frac{mk}{1-D} \tag{6.3}$$

其中m为后级所含CW-VM单元数。

图6.8所示为不同CW-VM单元数m和变压器变比k下，输入输出电压增益M关于开关占空比D的函数。可见，通过增加CW-VM单元数和变压器匝数比均可显著提高变换器的输入输出电压增益。

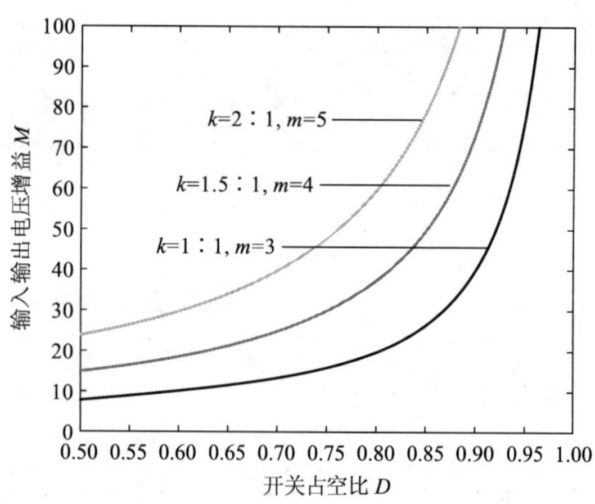

图 6.8　输入输出电压增益与变压器匝数比、CW-VM 单元数和开关占空比之间的关系

2. 器件电压应力

忽略箝位电容上的电压纹波、电感电流纹波（电感电流记为 I_L），以及主开关与有源箝位开关之间死区时间的影响，由前述分析可知，开关器件的电压应力即为箝位电容上的电压峰值。因此，此时仅需计算箝位电容上的电压值即可。由电源输入功率和变压器输入功率平衡可得（忽略损耗的影响）

$$P_T = \frac{\int_{DT_S}^{T_S} \frac{u_o}{4k} \cdot i_{Lk}(t)\mathrm{d}t}{T_S} = P_{in} = u_{in} \cdot I_L \tag{6.4}$$

由于忽略了箝位电容上的电压纹波及主开关与有源箝位开关之间死区时间的影响，可以认为漏感电流 i_{Lk} 是线性上升的，即

$$i_{Lk}(t) = \frac{u_{Cc} - \frac{u_o}{4k}}{L_k} \cdot (t - DT_S) \tag{6.5}$$

其中 $t \in [DT_S, T_S]$

通过式（6.4）和（6.5）可以解得

$$u_{Cc} = \frac{u_o}{4k} + \frac{2u_{in} \cdot I_L \cdot k \cdot 4 \cdot L_k}{(1-D)^2 \cdot u_o \cdot T_S} \tag{6.6}$$

将式（6.3）代入式（6.6）进行化简可得

$$u_{Cc} = \frac{u_o}{4k} + \frac{2I_L \cdot L_k}{(1-D)T_S} \tag{6.7}$$

可以看出，箝位电容电压由两部分构成：一部分是忽略漏感时理想状态下开关管的电压应力；另一部分与漏感大小直接相关，随着漏感值的增加而增加。因此，在保证电路正常工作的情况下，漏感值应越小越好。值得注意的是，由于箝位电容上电压纹波的存在，实际开关管的电压应力要略高于式（6.7）计算的结果。推广到含有 m 个 CW-VM 升压单元的 L 型升压变换器中可得箝位电容上的电压为

$$u_{Cc}=\frac{u_o}{mk}+\frac{2I_L\cdot L_k}{(1-D)T_S} \tag{6.8}$$

定义二极管 D_1、D_2、D_3、D_4 的电压应力 u_{vpD1}、u_{vpD2}、u_{vpD3}、u_{vpD4}，根据电路工作原理易知

$$u_{vpD1}=u_{vpD2}=u_{vpD3}=u_{vpD4}=u_o/2 \tag{6.9}$$

推广到含有 m 个 CW-VM 升压单元的 L 型升压变换器中可得

$$u_{vpD1}=u_{vpD2}=\cdots=u_{vpDm}=u_o/2 \tag{6.10}$$

3. 器件电流应力

忽略漏感及主开关与有源箝位开关之间死区时间的影响；忽略电感电流纹波，设其值分别为 I_{L1} 和 I_{L2}；同样忽略输入电流 i_{in} 的纹波，设其值为 I_{in}。根据电容 C_3 的安秒平衡可得

$$I_{L1}(1-D)T_S=I_{L2}(1-D)T_S \tag{6.11}$$

即

$$I_{L1}=I_{L2}=I_{in}/2 \tag{6.12}$$

由式（6.12）可知，电感电流实现了自动均流，无须采用任何有源均流策略。

设开关管电流 i_{S1}、i_{S2} 的平均值分别为 I_{S1}、I_{S2}，二极管电流 i_{D1}、i_{D2}、i_{D3}、i_{D4} 的平均值分别为 I_{D1}、I_{D2}、I_{D3}、I_{D4}。根据变换器工作原理，流过开关管的电流平均值分别为

$$I_{S1}=I_{S2}=DI_{L1}+(1-D)I_{L2}=I_{in}/2 \tag{6.13}$$

由于正常工作时电容电流平均值为零（电容的安秒平衡），可得

$$I_{D1}=I_{D2}=I_{D3}=I_{D4} \tag{6.14}$$

又

$$I_{D1}+I_{D3}=(1-D)I_{L1} \tag{6.15}$$

$$I_{D2}+I_{D4}=(1-D)I_{L2} \tag{6.16}$$

可得

$$I_{D1}=I_{D2}=I_{D3}=I_{D4}=\frac{(1-D)I_{in}}{4k}=I_o \tag{6.17}$$

通过类似推导，对于含有 m 个 CW-VM 升压单元的 L 型升压变换器，当 m 为偶数时，电感电流及流过开关管和二极管的电流平均值分别为

$$I_{L1}=I_{L2}=I_{in}/2 \tag{6.18}$$

$$I_{S1}=I_{S2}=DI_{L1}+(1-D)I_{L2}=I_{in}/2 \tag{6.19}$$

$$I_{D1}=I_{D2}=\cdots=I_{Dn-1}=\frac{(1-D)I_{in}}{mk}=I_o \tag{6.20}$$

通过上述分析可知，次级二极管的电压应力与电流应力均相等，开关管的电压应力与电流应力均一致。这意味着这些器件的损耗基本一致，有利于器件的选择和散热器的设计。

6.3　谐振状态分析及优化选择

6.3.1　谐振状态分析

通过前面的分析可知，主开关关断之后，箝位电容与漏感将会进入谐振过程，而谐振周期与主开关关断时间的关系将直接关系到电路的工作性能。前面理论分析中，假定谐振周期很长，远大于主开关的关断时间，但为何使得电路工作于此状态却未加分析。下面将具体分析谐振周期与主开关关断时间在不同关系下对电路工作产生的具体影响，从理论上说明前述选择的必要性和正确性。谐振周期与主开关关断时间之间的关系可以分为三种情况，即

$$\begin{cases} T_r < 2(1-D)T_S \\ T_r = 2(1-D)T_S \\ T_r > 2(1-D)T_S \end{cases} \tag{6.21}$$

其中 T_r 为谐振周期。

下面首先分析箝位电容电压及漏感电流在谐振过程中的工作特性，然后根据所得到的结果讨论上述三种情况下的电路工作特性。由 $u_{Cc,0}$（开关 S_C 关断之后箝位电容上的电压值）与变压器工作之后端电压 u_t 之间的大小关系可以将主开关关断之后的工作过程分为两种不同的模式。为简化分析过程，忽略后级整流桥中电容上的电压纹波和电感电流上的纹波，即

$$u_t = \frac{u_o}{mk} \tag{6.22}$$

$$i_L = I_{in} / 2 \tag{6.23}$$

其中 m 为后级 CW-VM 单元个数；$k = n_2 : n_1$；I_{in} 为输入电流有效值。

1. $u_{Cc,\min} \leqslant \dfrac{u_o}{mk}$

当 $u_{Cc,\min} \leqslant \dfrac{u_o}{mk}$ 时，主开关 S 关断之后，相应相的电感电流首先对开关端电容 C_p 进行充电，达到 $u_{Cc,0}$ 之后被箝位电容 C_c 箝位，由于箝位电容较大，电压上升较慢，电感电流此时主要流向箝位电容，当箝位电容电压上升至 $\dfrac{u_o}{mk}$ 时，变压器次级二极管开始导通，漏感电流 i_{Lk} 开始上升；从此时开始箝位电容及漏感进入谐振状态，其等效电路如图 6.9（a）所示，拉普拉斯变换之后的电路图如图 6.9（b）所示。当 $u_{Cc,0} = u_t$ 时，区别在于主开关 S 关断之后，省略了电感单独对箝位电容充电的过程，后续电路工作情况一致，因此可以一并分析。

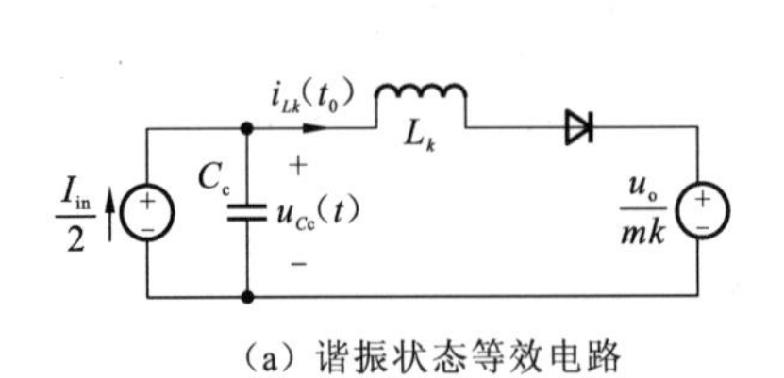

（a）谐振状态等效电路

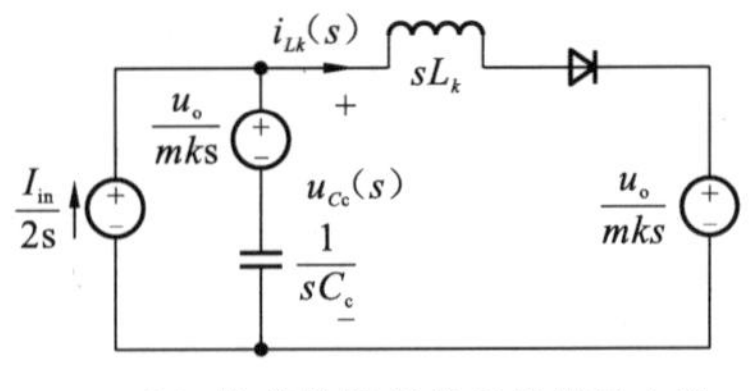

（b）拉普拉斯变换后的等效电路

图 6.9　$u_{Cc,\min} \leqslant \frac{u_o}{mk}$ 时谐振工作过程

由图 6.9（b）可列如下方程：

$$\begin{cases} i_{Lk}(s)=\dfrac{u_{Cc}(s)-\dfrac{u_o}{smk}}{s\cdot L_k} \\ u_{Cc}(s)=\dfrac{u_o}{smk}+i_{Cc}(s)\cdot\dfrac{1}{s\cdot C_c} \\ i_{Cc}(s)=\dfrac{I_{in}}{2s}-i_{Lk}(s) \end{cases} \tag{6.24}$$

求解可得

$$\begin{cases} u_{Cc}(t)=\dfrac{u_o}{mk}+\sqrt{\dfrac{L_k}{C_c}}\cdot\dfrac{I_{in}}{2}\cdot\sin\omega t \\ i_{Lk}(t)=\dfrac{I_{in}}{2}-\dfrac{I_{in}}{2}\cdot\cos\omega t \end{cases} \tag{6.25}$$

其中 $\omega=\dfrac{1}{\sqrt{L_k\cdot C_c}}$。

2. $u_{Cc,\min} > \frac{u_o}{mk}$

主开关 S 关断之后，电感电流向开关端电容充电到 $\frac{u_o}{mk}$ 时，变压器次级二极管开始导通，漏感电流 i_{Lk} 开始上升，当开关端电容 C_p 上的电压继续上升达到 $u_{Cc,0}$ 时被箝位电容箝位；由于开关端电容相比于漏感来说，所存储的能量很少，这也就是说，当开关端电容 C_p 上的电压由 $\frac{u_o}{mk}$ 上升到 $u_{Cc,0}$ 这个过程中，漏感电流上升得很少，为简化分析忽略不计，可得如图 6.10（a）所示等效电路，图 6.10（b）为拉普拉斯变换之后的等效电路。

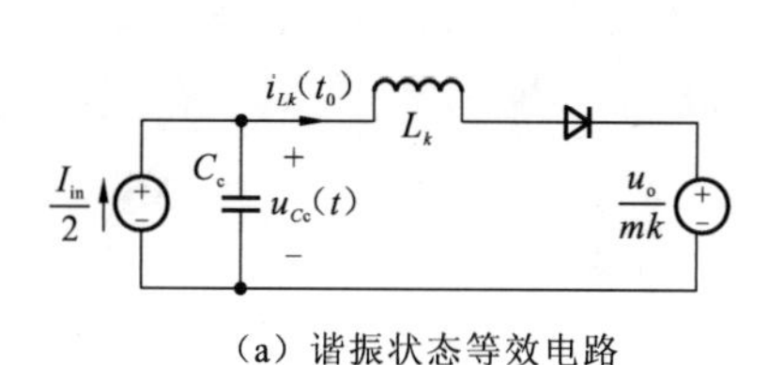

（a）谐振状态等效电路

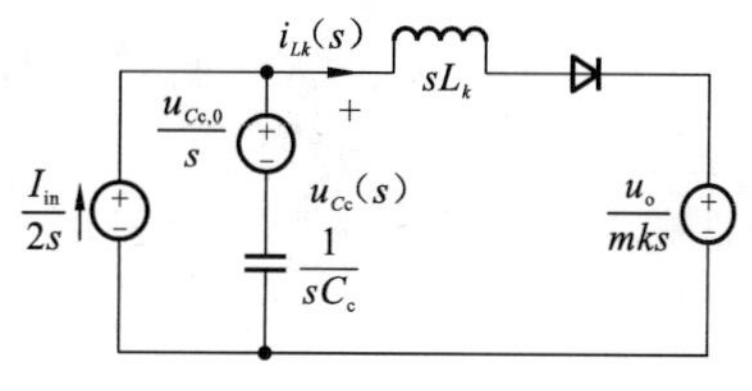

（b）拉普拉斯变换后的等效电路

图 6.10　当 $u_{Cc,\min} > \dfrac{u_o}{mk}$ 时谐振工作过程

由图 6.10（b）可列如下方程：

$$\begin{cases} i_{Lk}(s) = \dfrac{u_{Cc}(s) - \dfrac{u_o}{smk}}{s \cdot L_k} \\ u_{Cc}(s) = \dfrac{u_{Cc,0}}{s} + i_{Cc}(s) \cdot \dfrac{1}{s \cdot C_c} \\ i_{Cc}(s) = \dfrac{I_{in}}{2s} - i_{Lk}(s) \end{cases} \tag{6.26}$$

求解可得

$$\begin{cases} u_{Cc}(t) = \left(u_{Cc,0} - \dfrac{u_o}{mk}\right) \cdot \cos\omega t + \dfrac{u_o}{mk} + \sqrt{\dfrac{L_k}{C_c}} \cdot \dfrac{I_{in}}{2} \cdot \sin\omega t \\ i_{Lk}(t) = \left(u_{Cc,0} - \dfrac{u_o}{mk}\right) \cdot \sqrt{\dfrac{C_c}{L_k}} \cdot \sin\omega t + \dfrac{I_{in}}{2} - \dfrac{I_{in}}{2} \cdot \cos\omega t \end{cases} \tag{6.27}$$

由式（6.26）和（6.27）可知，当 $u_{Cc,0} \leqslant \dfrac{u_o}{mk}$ 时漏感电流 i_{Lk} 及箝位电容电压 u_{Cc} 为正弦波形，当 $u_{Cc,0} > \dfrac{u_o}{mk}$ 时为准正弦波形，因此其变化趋势均可用正弦变化来近似表示。

图 6.11 所示为当 $T_r<2(1-D)T_S$ 时漏感电流 i_{Lk} 及箝位电容电压 u_{Cc} 波形，其中 i_{Lk}（t）的波形如图 6.11（a）所示，变换器工作于该模式下主要有如下问题。

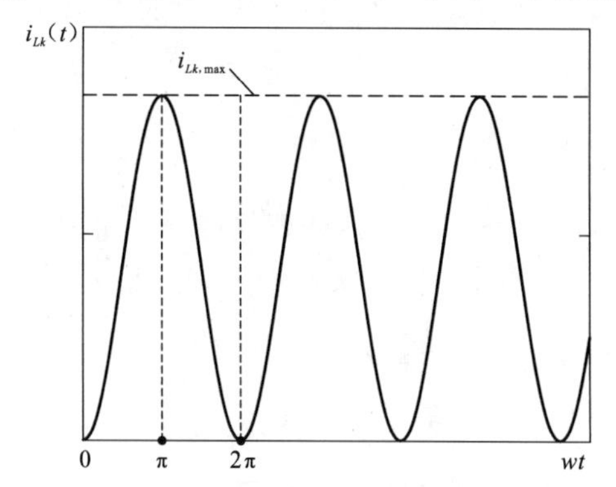

（a）漏感电流 i_{Lk} 的波形

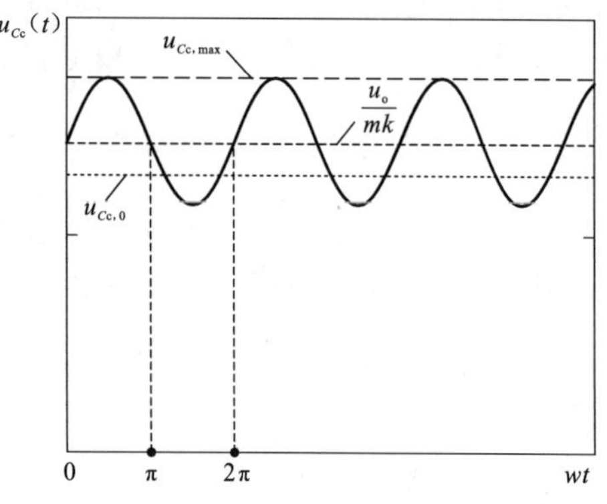

（b）箝位电容电压 u_{Cc} 波形

图 6.11　当 $T_r<2(1-D)T_S$ 时漏感电流 i_{Lk} 及箝位电容电压 u_{Cc} 波形

（1）i_{Lk}（t）在辅助开关关断时难以保证其工作于整个变化周期的最大值，为保证主开关零电压开通的实现会要求更大的漏感值，而漏感的增加意味着其中存储能量的增加，会带来更大的器件电压应力及更多的损耗；

（2）抗扰动能力差，在输入输出发生变化之后，占空比偏离设计值时，谐振过程结束时工作点的位置与所设定谐振结束工作点位置之间的偏差将会随着谐振周期的减小而扩大。这种偏差的扩大将直接影响到变换器软开关的工作实现。

上述原因导致在电路设计时通常要求谐振过程结束时不超过谐振周期的一半，即满足

$$T_r \geqslant 2(1-D)T_S \tag{6.28}$$

6.3.2 关键参数设计

在进行仿真和实验之前，首先应该设计出满足变换器工作要求的电路参数，本小节将对影响变换器工作性能的几个关键参数进行设计指导。

1. 变压器变比

前级采用 L 型结构，开关占空比需满足 $D>0.5$，再根据输入输出电压变化范围可以确定变压器变比 k 的上限。另外，变压器变比直接关系到变压器次级绕组映射到初级的电压大小，较小的映射电压可以获得较小的开关电压应力。因此，通过设定最小的开关占空比 D 来确定变压器变比，即

$$k = \frac{u_o(1-D_{\min})}{u_{in} \cdot m} \tag{6.29}$$

2. 漏感值

通过 6.2 节的分析可知，漏感值与箝位电容上的电压满足式（6.8）。因此，在不考虑其他因素的前提下，总是希望漏感值越小越好。此外，漏感在辅助开关关断之后必须保证足够的能量去完成开关漏源极电容的放电，从而保证主开关的零电压导通。于是有

$$L_k \geqslant \left(\frac{2u_o}{I_{in} \cdot mk}\right)^2 C_p \tag{6.30}$$

在实际设计中，考虑到当开关漏源极电容端电压下降到零后还要保持一定的时间来开通主开关管，因此漏感 L_k 的值在选取时相比式（6.30）需要选择较大的裕量。

3. 箝位电容

漏感值确定之后，通过设定箝位电容的值可以设定谐振周期。由谐振过程结束时不超过谐振周期的一半可得

$$C_{\mathrm{c}} \geqslant \frac{(1-D)^2}{\pi^2 \cdot f_{\mathrm{S}}^2 \cdot L_k} \tag{6.31}$$

值得注意的是，谐振电容取大之后可以进一步降低箝位电容上的电压纹波，达到降低开关器件上电压应力的作用。通过前述理论分析可知，过大的箝位电容不会影响电路的其他性能，因此可以以式（6.31）为下限，综合考虑变换器的功率密度及成本之后选择合适的箝位电容值。

6.4　仿真及实验验证

为了验证前述有源箝位 L 式高增益隔离型 DC/DC 变换器工作特性分析的正确性，本节将进行仿真及实验验证。仿真及实验的电路结构如图 6.5 所示，电路参数及主要技术指标如表 6.1 所示。仿真及实验结果如图 6.12～6.17 所示。

表 6.1　仿真及实验参数

仿真及实验参数	参数设计	仿真及实验参数	参数设计
功率等级 P_{o}	400 W	有源开关端电容 C_{S1}、C_{S2}	5.2 nF
输入电压 u_{in}	24 V	增益单元电容 C_1、C_2	4 μF
输出电压 u_{o}	400 V	增益单元电容 C_3、C_4	5 μF
开关频率 f_{S}	100 kHz	输入电感 L_1、L_2	200 μH
有源开关 S_1、S_2、S_{c1}、S_{c2}	IRFB4332	实测漏感值 L_k	3.32 μH
二极管 D_1、D_2、D_3、D_4	D12S60C	变压器变比N（n_1 : n_2）	1 : 2
箝位电容 C_{c1}、C_{c2}	10 μF		

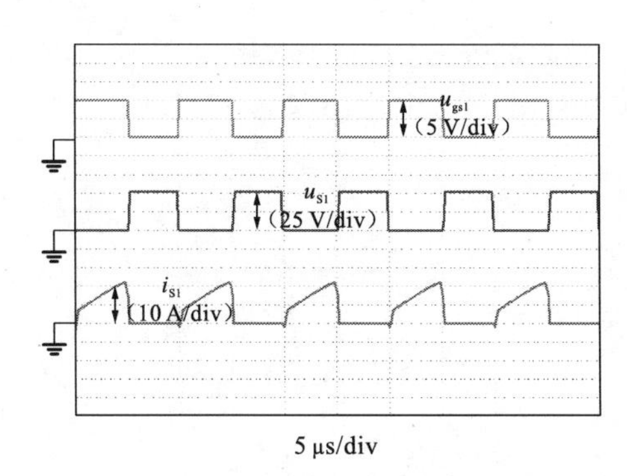

5 μs/div

（a）主开关 S_1 相关仿真波形

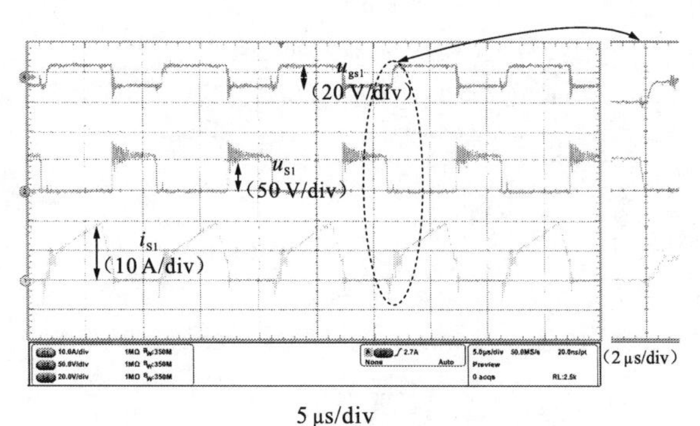

5 μs/div

（b）主开关 S_1 相关实验波形

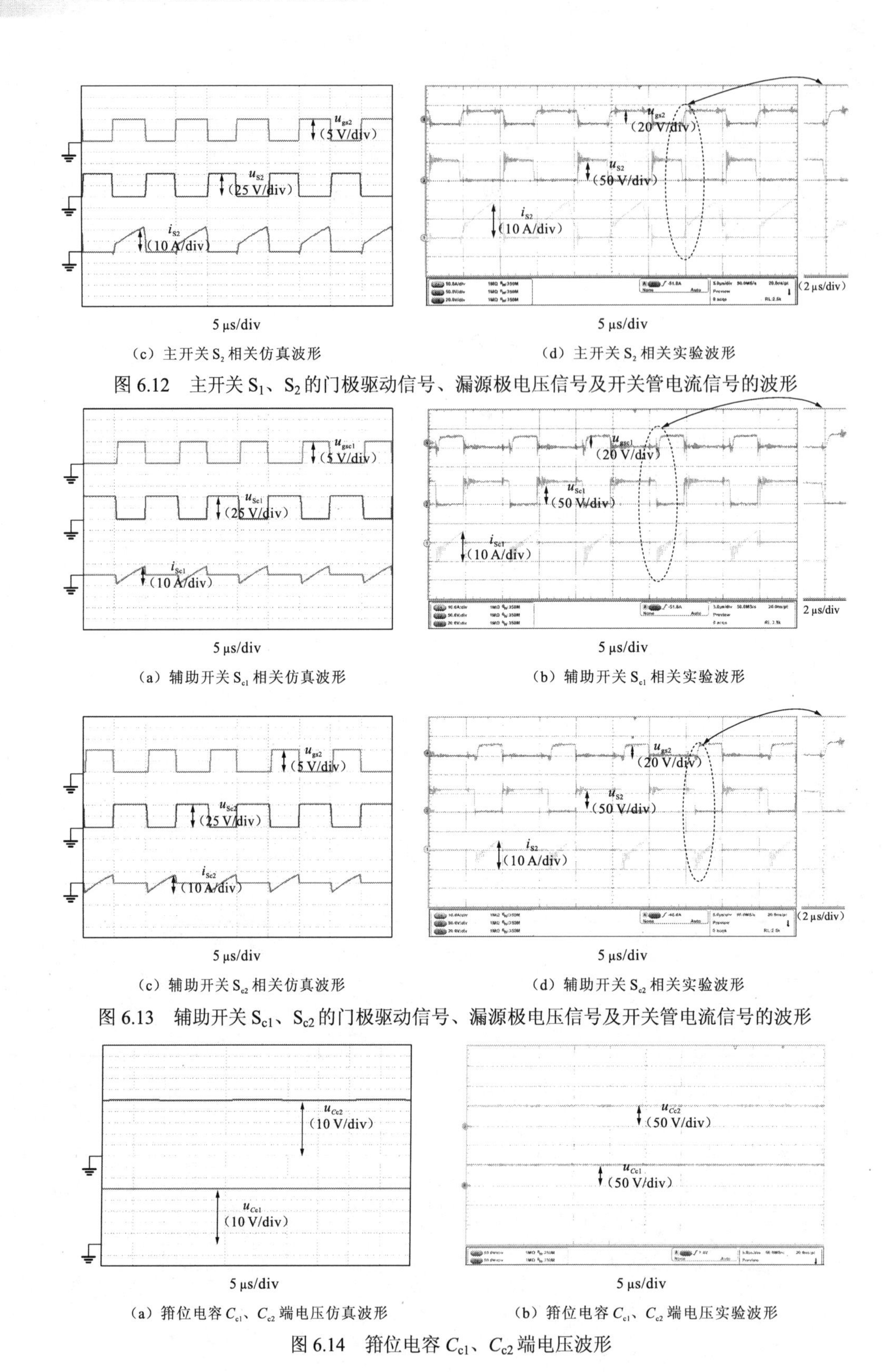

（c）主开关 S_2 相关仿真波形　　（d）主开关 S_2 相关实验波形

图 6.12　主开关 S_1、S_2 的门极驱动信号、漏源极电压信号及开关管电流信号的波形

（a）辅助开关 S_{c1} 相关仿真波形　　（b）辅助开关 S_{c1} 相关实验波形

（c）辅助开关 S_{c2} 相关仿真波形　　（d）辅助开关 S_{c2} 相关实验波形

图 6.13　辅助开关 S_{c1}、S_{c2} 的门极驱动信号、漏源极电压信号及开关管电流信号的波形

（a）箝位电容 C_{c1}、C_{c2} 端电压仿真波形　　（b）箝位电容 C_{c1}、C_{c2} 端电压实验波形

图 6.14　箝位电容 C_{c1}、C_{c2} 端电压波形

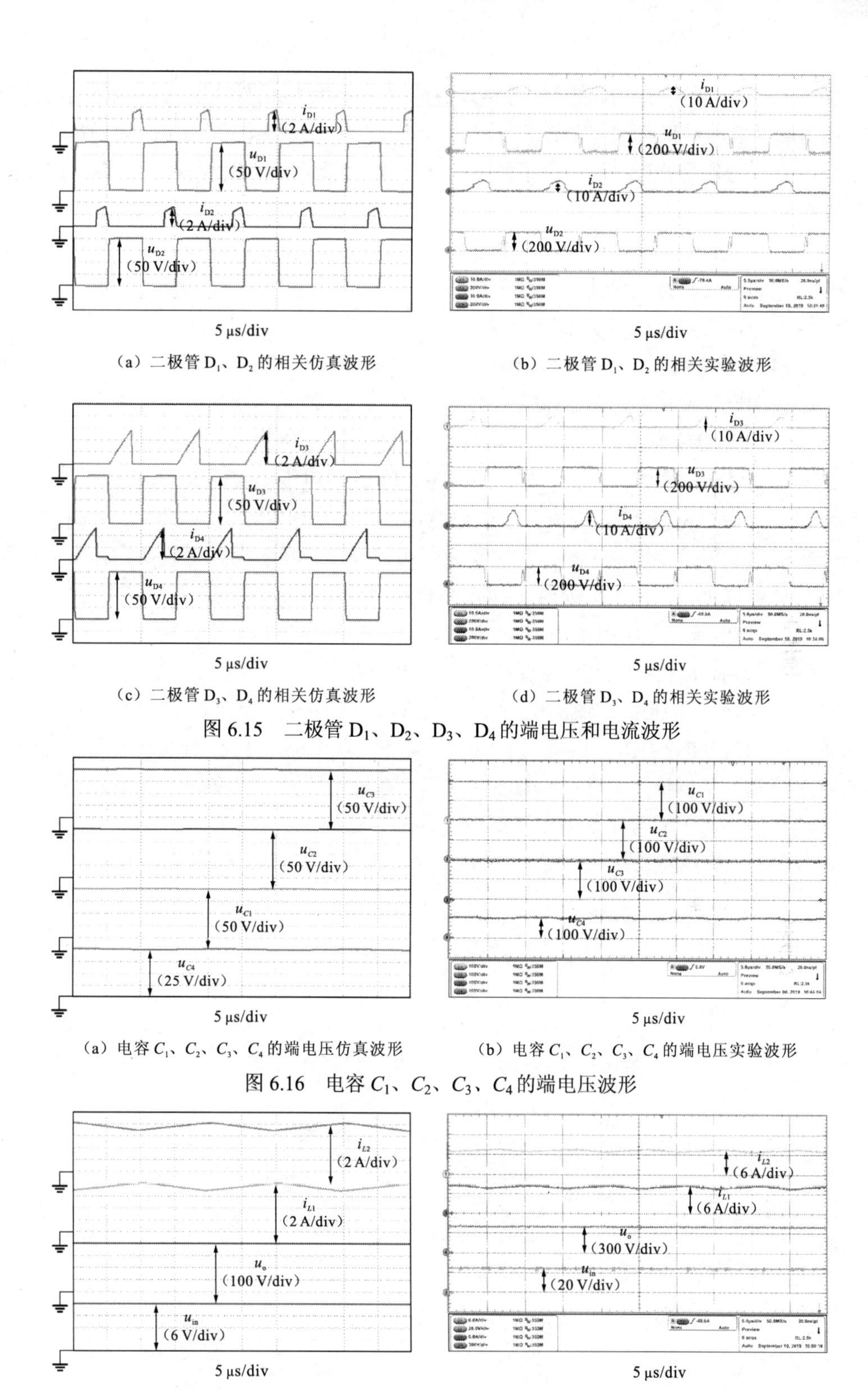

(a) 二极管 D_1、D_2 的相关仿真波形　　(b) 二极管 D_1、D_2 的相关实验波形

(c) 二极管 D_3、D_4 的相关仿真波形　　(d) 二极管 D_3、D_4 的相关实验波形

图 6.15　二极管 D_1、D_2、D_3、D_4 的端电压和电流波形

(a) 电容 C_1、C_2、C_3、C_4 的端电压仿真波形　　(b) 电容 C_1、C_2、C_3、C_4 的端电压实验波形

图 6.16　电容 C_1、C_2、C_3、C_4 的端电压波形

(a) 输入、输出电压及电感电流的仿真波形　　(b) 输入、输出电压及电感电流的实验波形

图 6.17　输入电压 u_{in}、输出电压 u_o 及电感电流 i_{L1}、i_{L2} 的波形

图 6.12 为主开关 S_1、S_2 的门极驱动信号、漏源极电压信号及开关管电流信号的波形，由仿真及实验结果可知，主开关 S_1、S_2 的占空比大小、漏源极电压应力及电流大小均基本一致，与理论分析接近。且由图 6.12 可知，主开关 S_1、S_2 均实现了零电压导通，可以有效提高变换器的工作效率。

图 6.13 为辅助开关 S_{c1}、S_{c2} 的门极驱动信号、漏源极电压信号及开关管电流信号的波形，由仿真及实验结果可知，辅助开关 S_{c1}、S_{c2} 的漏源极电压应力与主开关一致，电流有效值较小，且均实现了零电压导通。

图 6.14 为箝位电容 C_{c1}、C_{c2} 端电压 u_{Cc1}、u_{Cc2} 的波形，与图 6.12 比较可以看出，主开关漏源极端电压应力被有效控制在箝位电容 C_{c1}、C_{c2} 的端电压附近。最大电压尖峰不超过 90 V，可见箝位电路有效限制了由变压器漏感引起的电压尖峰。

图 6.15 为变压器次级二极管 D_1、D_2、D_3、D_4 的端电压和电流波形，可见所有二极管的电压应力均约为 200 V，电流有效值也基本相等，与理论分析一致。值得注意的是，所有二极管均实现了零电流关断，从实验波形可以看出，几乎没有任何反向恢复电流存在，显然这可以进一步提高变换器工作效率和性能。

图 6.16 为电压增益网络中电容 C_1、C_2、C_3、C_4 的端电压波形，可见其中 u_{C4} 约为 100 V，u_{C1}、u_{C2}、u_{C3} 约为 200 V，均与理论分析一致。

图 6.17 为输入电压 u_{in}、输出电压 u_o 及电感电流 i_{L1}、i_{L2} 的波形，理论分析中此时主开关占空比约为 0.6。由图 6.12 可知，实际工作时主开关占空比约为 0.65，与理论分析较为接近，相比于传统的 L 型 DC/DC 变换器，在采用所提 CW-VM 增益单元之后，变换器的输入输出电压增益显然得到了所想要的提升结果。

图 6.18 所示为实测的样机工作效率，其中最大工作效率约为 92.7%。

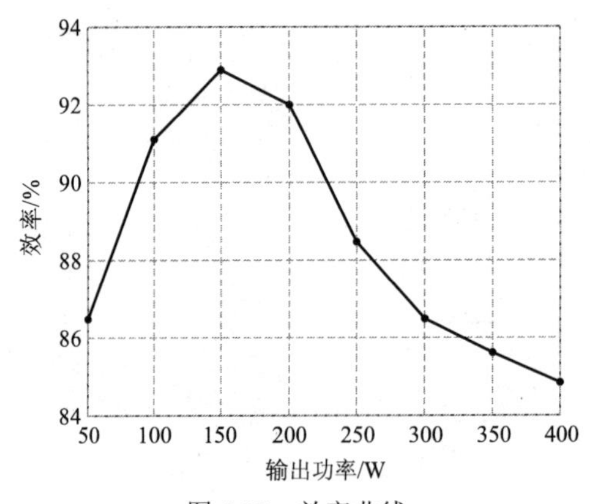

图 6.18　效率曲线

6.5　本章小结

本章分析了基于 CW-VM 构建的有源箝位 L 式高增益隔离型升压变换器，其优缺点如下。

（1）所有开关器件均实现了软开关，变换器整体工作效率较高，但主功率开关管的零电压开通直接受到输入电流变化的影响；

（2）变换器输入输出电压增益高，且可以同时通过变压器变比和 CW-VM 单元数进行调节；

（3）开关管电压应力低，可以采用较低电压应力的开关实现变换器效率的提升及成本的降低，但输入相数不可调节，器件电流应力无法降低。

第7章

基于 BX-MIVM 和改进型 D-VM 构建的隔离型低应力高增益 DC/DC 变换器

第4章介绍了基于BX-MIVM和改进型D-VM构建的非隔离型低应力高增益DC/DC变换器，第5章从传统电压增益网络端口输入输出特性出发，推演了其与隔离型升压变换器的拓扑组合思路，并在第6章中给出了详细分析。基于第5章中电压增益网络与隔离型升压变换器的拓扑组合思路，本章将BX-MIVM和改进型D-VM电路与传统L式隔离型升压变换器进行组合，得到基于BX-MIVM和改进型D-VM所构建的两种隔离型低应力高增益DC/DC变换器，分别在7.1节和7.2节中对这两种变换器的工作原理进行详细分析，并于7.3节中提出一种基于Buck变换器所构建的新型变压器漏感能量解决方案。

7.1 基于BX-MIVM的隔离型低应力高增益DC/DC变换器

7.1.1 电路拓扑及控制方法

BX-MIVM与L式隔离型升压变换器相结合之后的拓扑如图7.1所示，由BX-MIVM输入端口特性可知，奇数和偶数端口需依次输入或输出电流，因此其前级各相L式电流输入型隔离型DC/DC变换器开关管的关断顺序需交替出现，且不能出现奇数相和偶数相开关同时关断的情况。图7.2为各个开关管的控制信号，S_1，S_3，…，S_{m-1}与S_2，S_4，…，S_m交错控制且占空比均大于0.5。

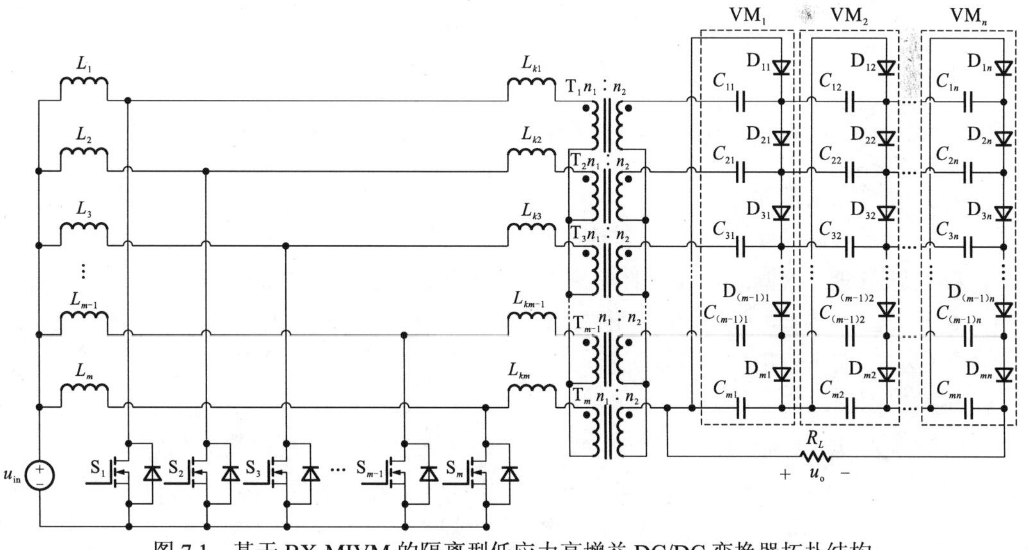

图7.1 基于BX-MIVM的隔离型低应力高增益DC/DC变换器拓扑结构

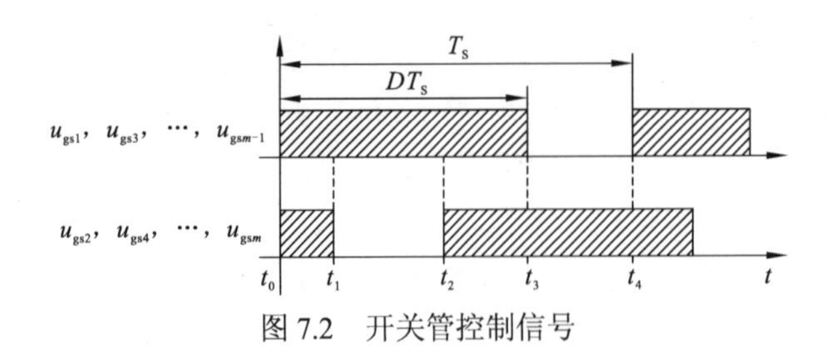

图 7.2　开关管控制信号

7.1.2　工作原理

本节以 4 相输入 2 个 BX-MIVM 基础单元为例，如图 7.3 所示，对基于 BX-MIVM 的隔离型低应力高增益 DC/DC 变换器的工作原理及性能特点进行分析，并将结果推广到 m 相 n 单元的一般形式。为简化分析过程进行如下假设。

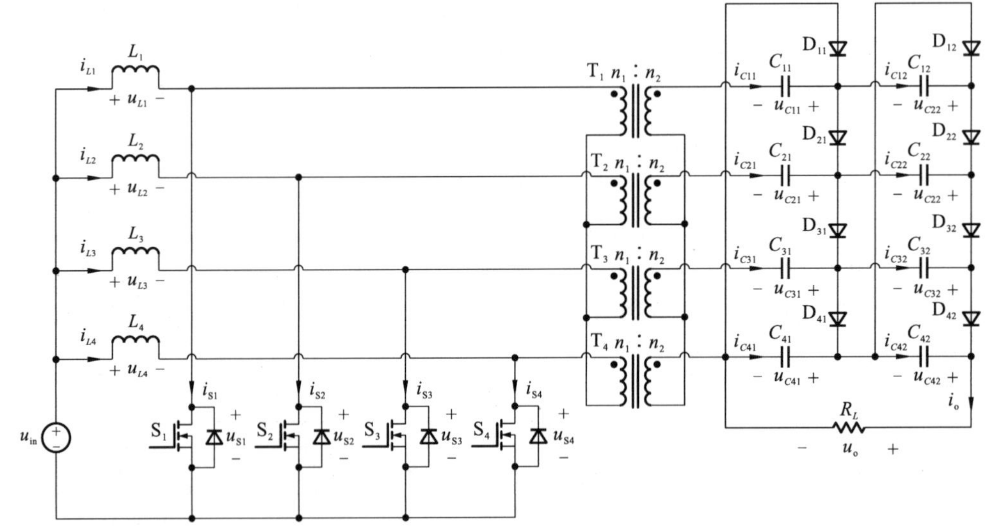

图 7.3　基于 BX-MIVM 的隔离型低应力高增益 DC/DC 变换器（4 相输入 2 基础增益单元）

（1）电感电流连续；

（2）电容容量足够大，忽略电容电压纹波的影响；

（3）忽略变压器漏感及元器件寄生参数的影响，变压器变比 $n_1:n_2=k$。

在开关占空比 $D>0.5$ 的情况下，开关管 S_1、S_2、S_3、S_4 使用 180° 交错并联控制。变换器的主要工作波形如图 7.4 所示。

不同工作模态下的等效电路如图 7.5 所示。

（1）开关模态 1[t_0～t_1，t_2～t_3]。如图 7.5（a）所示，在此开关模态下，所有开关均导通；二极管均关断；电感电流 i_{L1}、i_{L2}、i_{L3}、i_{L4} 均线性上升；电容 C_{41}、C_{42} 向负载供电；输出电压 u_o 下降，其他电容电压保持不变。在 t_1 时刻，开关 S_1、S_3 关断，此开关模态结束。

（2）开关模态 2[t_1～t_2]。如图 7.5（b）所示，在此开关模态，开关 S_2、S_4 导通，S_1、S_3 关断；二极管 D_{21}、D_{22}、D_{41}、D_{42} 导通，D_{11}、D_{12}、D_{31}、D_{32} 关断；电感电流 i_{L2}、i_{L4}

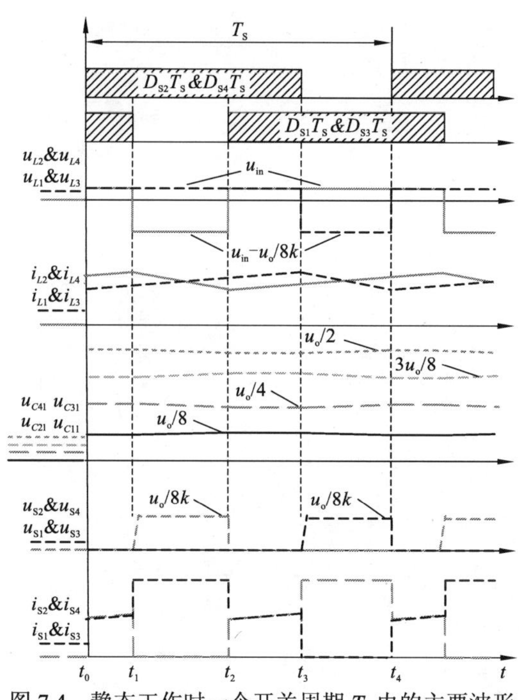

图 7.4　静态工作时一个开关周期 T_S 内的主要波形

线性上升，i_{L1}、i_{L3} 线性下降，电流 i_{L1} 由变压器 T_1 初级绕组上端流入，再经过 T_2 初级绕组上端流出，最后通过开关 S_2 形成回路。该电流在变压器次级绕组的流经路径如下：由变压器 T_1 次级绕组上端流出，一部分通过 C_{11}、D_{21}、C_{21} 及 T_2 回到变压器 T_1 次级绕组下端；另一部分通过 C_{11}、C_{12}、D_{22}、C_{22}、C_{21} 及 T_2 回到变压器 T_1 次级绕组下端。该过程中电容 C_{21}、C_{22} 充电，电容 C_{11}、C_{12} 放电。

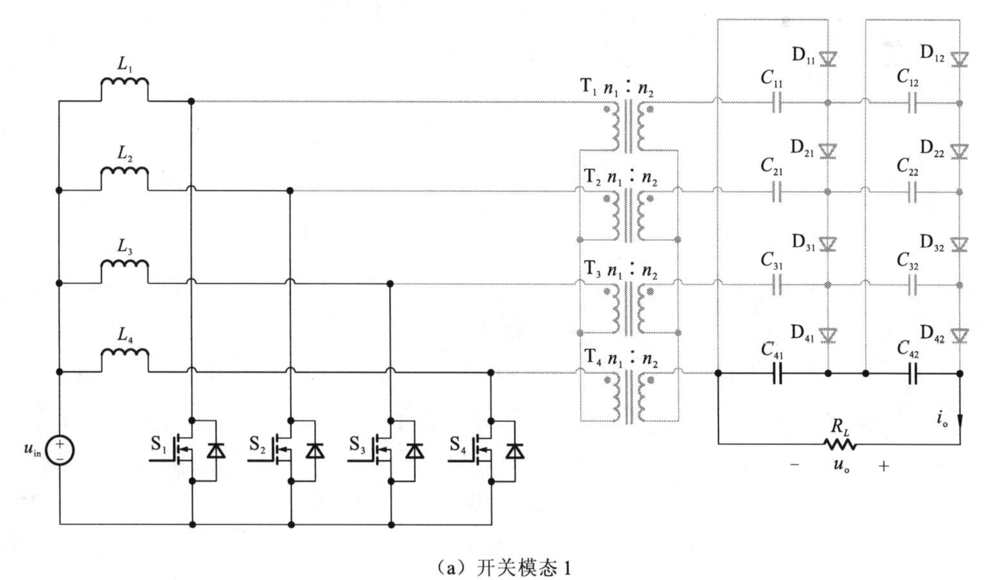

（a）开关模态 1

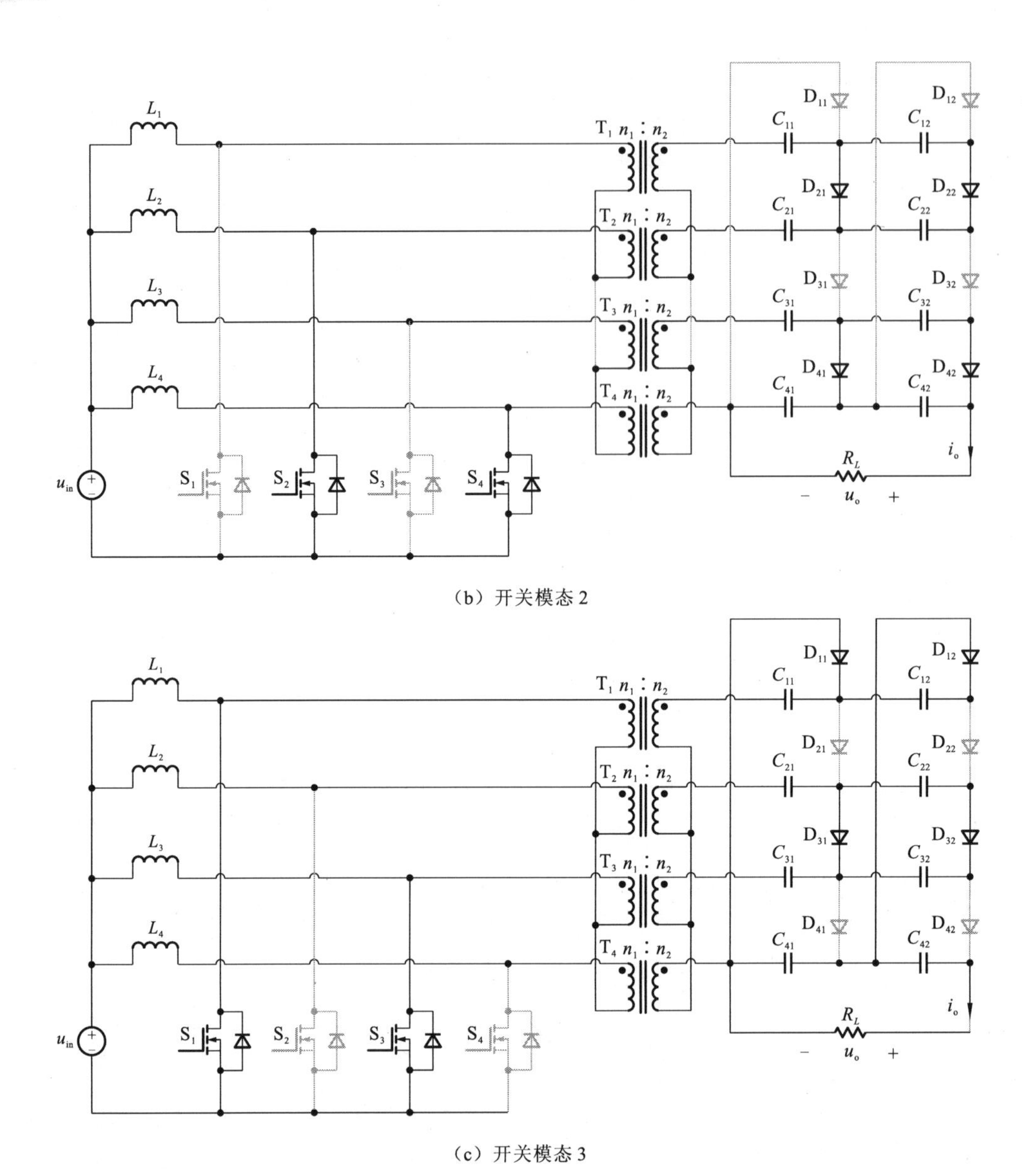

（b）开关模态 2

（c）开关模态 3

图 7.5　静态工作时三种开关模态的等效电路

电流 i_{L3} 由变压器 T_3 初级绕组上端流入，再经过变压器 T_4 初级绕组上端流出，最后通过开关 S_4 形成回路。该电流在变压器次级绕组的流经路径如下：由变压器 T_3 次级绕组上端流出，一部分通过 C_{31}、D_{41}、C_{41} 及 T_4 回到变压器 T_3 次级绕组下端；另一部分通过 C_{31}、C_{32}、D_{42}、C_{42}、C_{41} 及 T_4 回到变压器 T_3 次级绕组下端。该过程中电容 C_{41}、C_{42} 充电，电容 C_{31}、C_{32} 放电；输出电压 u_o 上升。到 t_2 时刻，开关 S_1、S_3 导通，此开关模态结束。

（3）开关模态 3 [t_3～t_4]。如图 7.5（c）所示，在此开关模态下，开关 S_1、S_3 导通，S_2、S_4 关断；二极管 D_{11}、D_{12}、D_{31}、D_{32} 导通，D_{21}、D_{22}、D_{41}、D_{42} 关断；电感电流 i_{L1}、i_{L3} 线性上升，i_{L2}、i_{L4} 线性下降，电流 i_{L2} 由变压器 T_2 初级绕组上端流入，再经过 T_3 初级绕组上端流出，最后通过开关 S_3 形成回路。该电流在变压器次级绕组的流经路径如

下：由变压器 T_2 次级绕组上端流出，一部分通过 C_{21}、D_{31}、C_{31} 及 T_3 回到变压器 T_2 次级绕组下端；另一部分通过 C_{21}、C_{22}、D_{32}、C_{32}、C_{31} 及 T_3 回到变压器 T_2 次级绕组下端。该过程中电容 C_{31}、C_{32} 充电，电容 C_{21}、C_{22} 放电。

电流 i_{L4} 由变压器 T_4 初级绕组上端流入，再经过 T_1 初级绕组上端流出，最后通过开关 S_1 形成回路。该电流在变压器次级绕组的流经路径如下：由变压器 T_4 次级绕组上端流出，一部分通过 D_{11}、C_{11} 及 T_1 回到变压器 T_4 次级绕组下端；另一部分通过 C_{41}、D_{12}、C_{12}、C_{11} 及 T_1 回到变压器 T_4 次级绕组下端。该过程中电容 C_{11}、C_{12} 充电，电容 C_{41} 放电；输出电压 u_o 下降。到 t_4 时刻，开关 S_2、S_4 导通，此开关模态结束，开始下一个开关周期的工作。

7.1.3　基本关系

根据 7.1.2 小节中对 4 相输入 2 个 BX-MIVM 基础单元的隔离型低应力高增益 DC/DC 变换器工作原理的分析，下面对其进行性能特点分析，并将分析结果推广到 m 相输入和 n 个 BX-MIVM 单元的变换器中，以便具体实际应用时可以根据输入输出参数进行优化选择设计，包括输入输出电压增益、开关器件电压应力和器件电流应力等。

1. 输入输出电压增益

根据上述工作状态中电感 L_1、L_2、L_3、L_4 的伏秒平衡可得

$$\begin{cases} L_1: u_{\text{in}}D = \left(\dfrac{u_{C21}-u_{C11}}{k} - u_{\text{in}}\right)(1-D) = \left(\dfrac{u_{C21}+u_{C22}-u_{C11}-u_{C12}}{k} - u_{\text{in}}\right)(1-D) \\ L_2: u_{\text{in}}D = \left(\dfrac{u_{C31}-u_{C21}}{k} - u_{\text{in}}\right)(1-D) = \left(\dfrac{u_{C31}+u_{C32}-u_{C21}-u_{C22}}{k} - u_{\text{in}}\right)(1-D) \\ L_3: u_{\text{in}}D = \left(\dfrac{u_{C41}-u_{C31}}{k} - u_{\text{in}}\right)(1-D) = \left(\dfrac{u_{C41}+u_{C42}-u_{C31}-u_{C32}}{k} - u_{\text{in}}\right)(1-D) \\ L_4: u_{\text{in}}D = \left(\dfrac{u_{C11}}{k} - u_{\text{in}}\right)(1-D) = \left(\dfrac{u_{C11}+u_{C12}-u_{C41}}{k} - u_{\text{in}}\right)(1-D) \end{cases} \tag{7.1}$$

其中 $k=n_2:n_1$。由式（7.1）可得

$$\begin{cases} u_{C11} = \dfrac{k\cdot u_{\text{in}}}{1-D} \\ u_{C21} = \dfrac{2k\cdot u_{\text{in}}}{1-D} \\ u_{C31} = \dfrac{3k\cdot u_{\text{in}}}{1-D} \\ u_{C41} = u_{C12} = u_{C22} = u_{C32} = u_{C42} = \dfrac{4k\cdot u_{\text{in}}}{1-D} \end{cases} \tag{7.2}$$

因此电压增益 M 为

$$M=\frac{u_{\mathrm{o}}}{u_{\mathrm{in}}}=\frac{8k}{1-D} \tag{7.3}$$

同理可得图 7.1 所示的 m 相 n 个 BX-MIVM 基础单元变换器的电压增益 M 为

$$M=\frac{mnk}{1-D} \tag{7.4}$$

由上述分析可知，经过输入相数、BX-MIVM 基础单元数和变压器匝数比 k 的调节，变换器的升压能力可大幅度提升且可调节。

2. 器件电压应力

根据模态分析的开关状态，可得 BX-MIVM 中二极管的电压应力均相等，为

$$u_{\mathrm{vpD}}=u_{\mathrm{o}}/4 \tag{7.5}$$

有源开关 S_1、S_2、S_3、S_4 的电压应力 u_{vpS1}、u_{vpS2}、u_{vpS3}、u_{vpS4} 为

$$u_{\mathrm{vpS1}}=u_{\mathrm{vpS2}}=u_{\mathrm{vpS3}}=u_{\mathrm{vpS4}}=\frac{u_{\mathrm{o}}}{8k} \tag{7.6}$$

同理可得 m 相 n 个 BX-MIVM 基础单元变换器中半导体器件的电压应力分别为

$$u_{\mathrm{vpS1}}=u_{\mathrm{vpS2}}=\cdots=u_{\mathrm{vpS}m}=\frac{u_{\mathrm{o}}}{mnk} \tag{7.7}$$

$$u_{\mathrm{vpD}}=\frac{2u_{\mathrm{o}}}{mn} \tag{7.8}$$

由上述分析可知，开关管的电压应力可通过调节 BX-MIVM 中基础单元使用数、输入相数和变压器匝数比进行优化设计，而二极管的电压应力则可以通过调节 BX-MIVM 中基础单元使用数和输入相数进行优化。

3. 器件电流应力

器件的电流应力分析常取其平均值作为参考指标，由电容 C_{11}、C_{21}、C_{31}、C_{41} 的安秒平衡可得

$$\begin{cases} C_{11}:k\cdot I_{L1}\cdot(1-D_{\mathrm{S1}})=k\cdot I_{L4}\cdot(1-D_{\mathrm{S4}}) \\ C_{21}:k\cdot I_{L2}\cdot(1-D_{\mathrm{S2}})=k\cdot I_{L1}\cdot(1-D_{\mathrm{S1}}) \\ C_{31}:k\cdot I_{L3}\cdot(1-D_{\mathrm{S3}})=k\cdot I_{L2}\cdot(1-D_{\mathrm{S2}}) \\ C_{41}:k\cdot I_{L4}\cdot(1-D_{\mathrm{S4}})=k\cdot I_{L3}\cdot(1-D_{\mathrm{S3}}) \end{cases} \tag{7.9}$$

其中 D_{S1}、D_{S2}、D_{S3}、D_{S4} 分别为开关 S_1、S_2、S_3、S_4 的占空比。显然，当满足

$$D_{\mathrm{S1}}=D_{\mathrm{S2}}=D_{\mathrm{S3}}=D_{\mathrm{S4}}=D \tag{7.10}$$

时，可得

$$I_{L1}=I_{L2}=I_{L3}=I_{L4}=I_{\mathrm{in}}/4 \tag{7.11}$$

开关导通时，流过开关管的电流平均值分别为

$$\begin{cases} I_{S1} = D_{S1} \cdot I_{L1} + (1-D_{S4})I_{L4} \\ I_{S2} = D_{S2} \cdot I_{L2} + (1-D_{S1})I_{L1} \\ I_{S3} = D_{S3} \cdot I_{L3} + (1-D_{S2})I_{L2} \\ I_{S4} = D_{S4} \cdot I_{L4} + (1-D_{S3})I_{L3} \end{cases} \tag{7.12}$$

当满足式（7.10）时，可得

$$I_{S1} = I_{S2} = I_{S3} = I_{S4} = I_{in}/4 \tag{7.13}$$

由 BX-MIVM 中各个电容的安秒平衡可得，流过各个二极管的平均电流与输出电流的平均值相等，若忽略变换器损耗，在输入输出功率平衡下可得

$$I_D = I_o = \frac{1}{8k} I_{in}(1-D) \tag{7.14}$$

由各个二极管的平均电流及变换器工作原理分析可进一步得到单位周期内单个方向流过各个电容中的电荷量为

$$Q_{C12} = Q_{C22} = Q_{C32} = I_o \cdot T_S = \frac{I_{in}(1-D)T_S}{8k} \tag{7.15}$$

$$Q_{C11} = Q_{C21} = Q_{C31} = 2I_o \cdot T_S = \frac{I_{in}(1-D)T_S}{4k} \tag{7.16}$$

值得注意的是，与负载直接相连的电容 C_{41}、C_{42}，因二极管 D_{41}、D_{42} 在导通时有部分电流会直接流入负载中，Q_{C41} 略小于 Q_{C11}，Q_{C42} 略小于 Q_{C12}。

同理可得 m 相 n 个 BX-MIVM 基础单元变换器拓扑电路中各相电感电流为

$$I_{L1} = I_{L2} = \cdots = I_{Lm} = \frac{I_{in}}{m} \tag{7.17}$$

开关器件电流应力为

$$I_{S1} = I_{S2} = \cdots = I_{Sm} = \frac{I_{in}}{m} \tag{7.18}$$

$$I_D = I_o = \frac{I_{in}}{mnk}(1-D) \tag{7.19}$$

若忽略 D_{m1}，D_{m2}，…，D_{mn} 导通时直接流入负载中的电流的影响，则单位开关周期内单个方向流过各个电容中的电荷量为

$$Q_{Cik} = (n-k+1) \cdot I_o \cdot T_S = \frac{(n-k+1)I_{in}(1-D)T_S}{8k} \tag{7.20}$$

其中 $i \in [1,\ m]$，$k \in [1,\ n]$。

显然，忽略变压器漏感后，如不考虑变压器变比带来的影响，图 7.1 所示基于 BX-MIVM 的隔离型低应力高增益 DC/DC 变换器，在工作原理、性能特点和控制方式上均与图 4.3 所示基于 BX-MIVM 构建的非隔离型低应力高增益直流变换器一致。

7.2 基于改进型 D-VM 的隔离型低应力高增益 DC/DC 变换器

图 7.6 所示为改进型 D-VM 与 L 式隔离型升压变换器组合的电路拓扑，其控制方式与 7.1 节中所介绍的基于 BX-MIVM 的隔离型低应力高增益 DC/DC 变换器一致。为简化分析过程，本节仍以 4 相输入 2 个改进型 D-VM 基础单元为例，如图 7.7 所示。

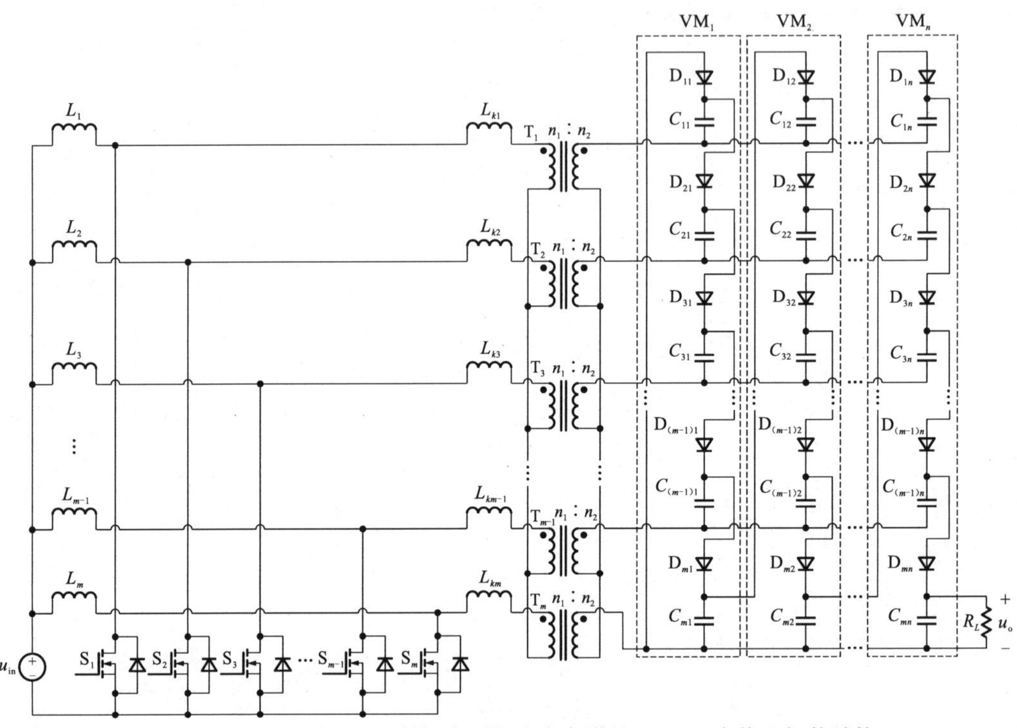

图 7.6 基于改进型 D-VM 的隔离型低应力高增益 DC/DC 变换器拓扑结构

7.2.1 工作原理

为简化分析过程进行如下假设。

（1）电感电流连续；

（2）电容容量足够大，忽略电容电压纹波的影响；

（3）忽略变压器漏感及元器件寄生参数的影响，变压器变比 $n_1:n_2=k$。

在开关占空比 $D>0.5$ 的情况下，开关管 S_1、S_2、S_3、S_4 使用 180° 交错并联控制，如图 7.2 所示。根据开关工况的不同，单位开关周期内含有三个工作模态，不同工作模态下的等效电路如图 7.8 所示。

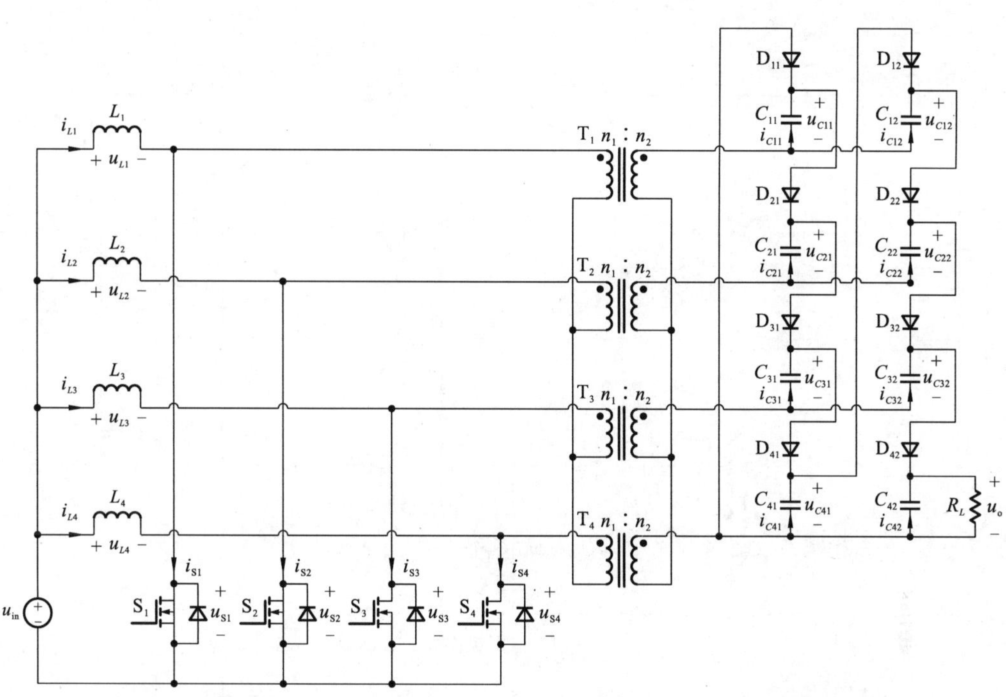

图 7.7　基于改进型 D-VM 的隔离型低应力高增益 DC/DC 变换器（4 相输入 2 基础增益单元）

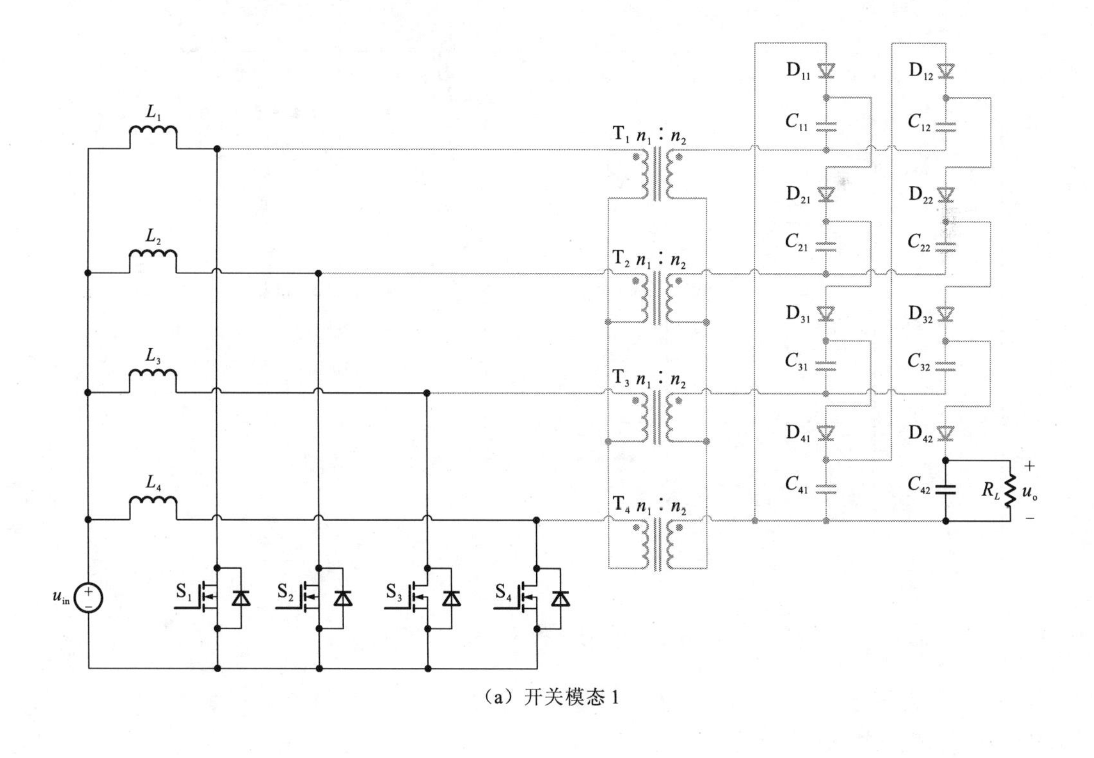

（a）开关模态 1

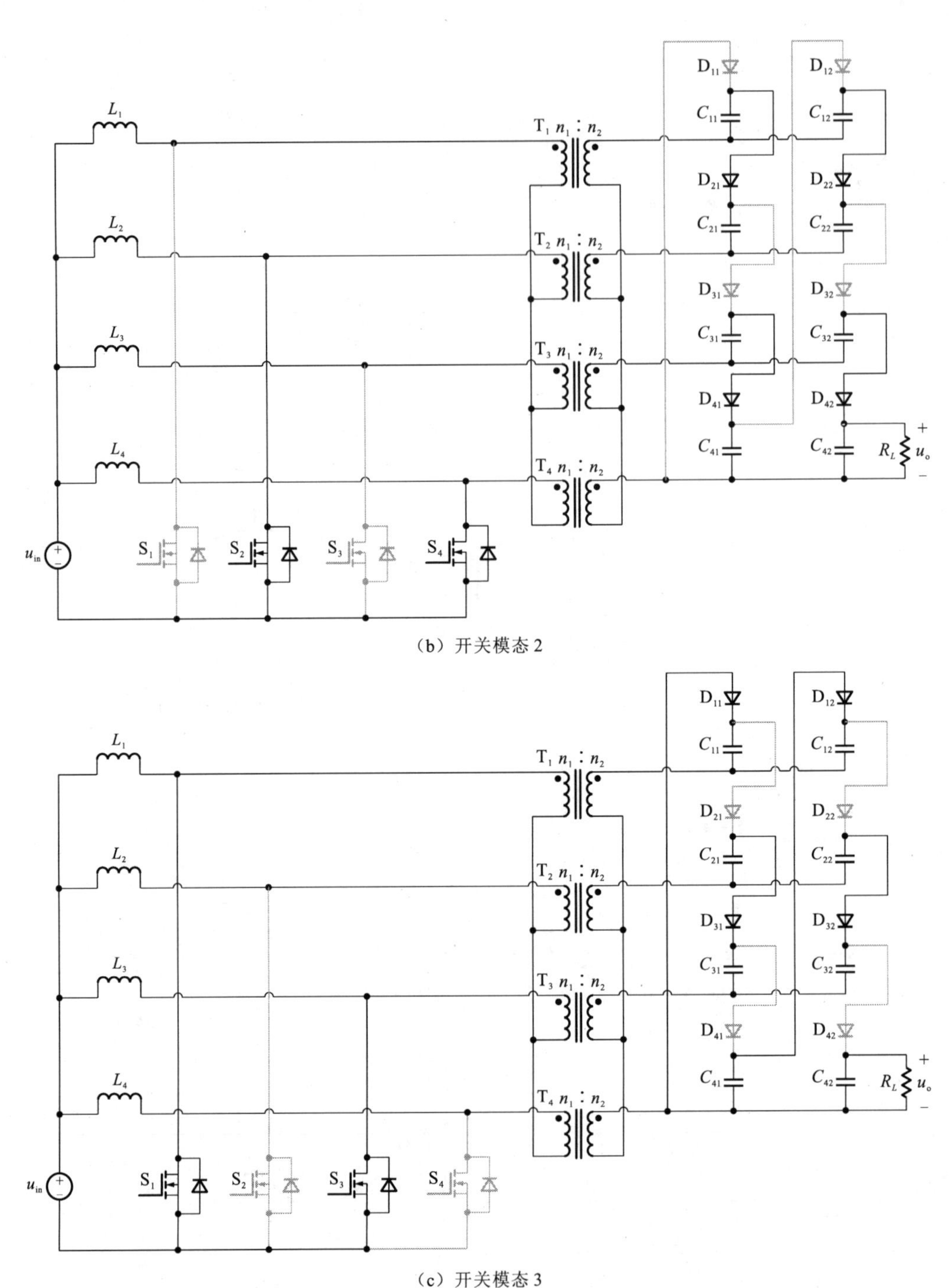

（b）开关模态 2

（c）开关模态 3

图 7.8　静态工作时三种开关模态的等效电路

（1）开关模态 1 [t_0～t_1，t_2～t_3]。如图 7.8（a）所示，在此开关模态下，所有开关均导通；二极管均关断；电感电流 i_{L1}、i_{L2}、i_{L3}、i_{L4} 均线性上升；电容 C_{42} 向负载供电；输出电压 u_o 下降，其他电容电压保持不变。到 t_1 时刻，开关 S_1、S_3 关断，此开关模态结束。

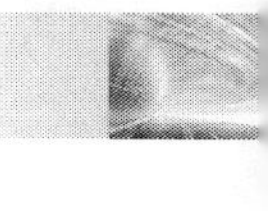

（2）开关模态 2［t_1～t_2］。如图 7.8（b）所示，在此开关模态下，开关 S_2、S_4 导通，S_1、S_3 关断；二极管 D_{21}、D_{22}、D_{41}、D_{42} 导通，D_{11}、D_{12}、D_{31}、D_{32} 关断；电感电流 i_{L2}、i_{L4} 线性上升，i_{L1}、i_{L3} 线性下降，电流 i_{L1} 由变压器 T_1 初级绕组上端流入，再经过 T_2 初级绕组上端流出，最后通过开关 S_2 形成回路。该电流在变压器次级绕组的流经路径如下：由变压器 T_1 次级绕组上端流出，一部分通过 C_{11}、D_{21}、C_{21} 及 T_2 回到变压器 T_1 次级绕组下端；另一部分通过 C_{12}、D_{22}、C_{22} 及 T_2 回到变压器 T_1 次级绕组下端。该过程中电容 C_{21}、C_{22} 充电，电容 C_{11}、C_{12} 放电。

电流 i_{L3} 由变压器 T_3 初级绕组上端流入，再经过 T_4 初级绕组上端流出，最后通过开关 S_4 形成回路，该电流在变压器次级绕组的流经路径如下：由变压器 T_3 次级绕组上端流出，一部分通过 C_{31}、D_{41}、C_{41} 及 T_4 回到变压器 T_3 次级绕组下端；另一部分通过 C_{32}、D_{42}、C_{42} 及 T_4 回到变压器 T_3 次级绕组下端。该过程中电容 C_{41}、C_{42} 充电，电容 C_{31}、C_{32} 放电；输出电压 u_o 上升。到 t_2 时刻，开关 S_1、S_3 导通，此开关模态结束。

（3）开关模态 3［t_3～t_4］。如图 7.8（c）所示，在此开关模态下，开关 S_1、S_3 导通，S_2、S_4 关断；二极管 D_{11}、D_{12}、D_{31}、D_{32} 导通，D_{21}、D_{22}、D_{41}、D_{42} 关断；电感电流 i_{L1}、i_{L3} 线性上升，i_{L2}、i_{L4} 线性下降，电流 i_{L2} 由变压器 T_2 初级绕组上端流入，再经过 T_3 初级绕组上端流出，最后通过开关 S_3 形成回路。该电流在变压器次级绕组的流经路径如下：由变压器 T_2 次级绕组上端流出，一部分通过 C_{21}、D_{31}、C_{31} 及 T_3 回到变压器 T_2 次级绕组下端；另一部分通过 C_{22}、D_{32}、C_{32} 及 T_3 回到变压器 T_2 次级绕组下端。该过程中电容 C_{31}、C_{32} 充电，电容 C_{21}、C_{22} 放电。

电流 i_{L4} 由变压器 T_4 初级绕组上端流入，再经过 T_1 初级绕组上端流出，最后通过开关 S_1 形成回路。该电流在变压器次级绕组的流经路径如下：由变压器 T_4 次级绕组上端流出，一部分通过 D_{11}、C_{11} 及 T_1 回到变压器 T_4 次级绕组下端；另一部分通过 C_{41}、D_{12}、C_{12} 及 T_1 回到变压器 T_4 次级绕组下端。该过程中电容 C_{11}、C_{12} 充电，电容 C_{41} 放电，电容 C_{42} 向负载供电，输出电压 u_o 下降。到 t_4 时刻，开关 S_2、S_4 导通，此开关模态结束，开始下一个开关周期的工作。

7.2.2　基本关系

根据 7.2.1 小节中对 4 相输入 2 个改进型 D-VM 基础单元的隔离型低应力高增益 DC/DC 变换器工作原理的分析，下面对其进行性能特点分析，并将分析结果推广到 m 相输入和 n 个改进型 D-VM 单元的变换器中。

1. 输入输出电压增益

根据上述工作状态中电感 L_1、L_2、L_3、L_4 的伏秒平衡可得

$$\begin{cases} L_1: u_{\text{in}}D = \left(\dfrac{u_{C21}-u_{C11}}{k}-u_{\text{in}}\right)(1-D) = \left(\dfrac{u_{C22}-u_{C12}}{k}-u_{\text{in}}\right)(1-D) \\ L_2: u_{\text{in}}D = \left(\dfrac{u_{C31}-u_{C21}}{k}-u_{\text{in}}\right)(1-D) = \left(\dfrac{u_{C32}-u_{C22}}{k}-u_{\text{in}}\right)(1-D) \\ L_3: u_{\text{in}}D = \left(\dfrac{u_{C41}-u_{C31}}{k}-u_{\text{in}}\right)(1-D) = \left(\dfrac{u_{C42}-u_{C32}}{k}-u_{\text{in}}\right)(1-D) \\ L_4: u_{\text{in}}D = \left(\dfrac{u_{C11}}{k}-u_{\text{in}}\right)(1-D) = \left(\dfrac{u_{C12}-u_{C41}}{k}-u_{\text{in}}\right)(1-D) \end{cases} \tag{7.21}$$

由式（7.21）可得

$$\begin{cases} u_{C11} = \dfrac{k\cdot u_{\text{in}}}{1-D} \\ u_{C21} = \dfrac{2k\cdot u_{\text{in}}}{1-D} \\ u_{C31} = \dfrac{3k\cdot u_{\text{in}}}{1-D} \\ u_{C41} = \dfrac{4k\cdot u_{\text{in}}}{1-D} \\ u_{C12} = \dfrac{5k\cdot u_{\text{in}}}{1-D} \\ u_{C22} = \dfrac{6k\cdot u_{\text{in}}}{1-D} \\ u_{C32} = \dfrac{7k\cdot u_{\text{in}}}{1-D} \\ u_{C42} = \dfrac{8k\cdot u_{\text{in}}}{1-D} \end{cases} \tag{7.22}$$

因此电压增益 M 为

$$M = \frac{u_{\text{o}}}{u_{\text{in}}} = \frac{8k}{1-D} \tag{7.23}$$

同理可得图 7.6 所示的 m 相 n 个改进型 D-VM 基础单元变换器的电压增益 M 为

$$M = \frac{mnk}{1-D} \tag{7.24}$$

由上述分析可知，经过输入相数、改进型 D-VM 基础单元数和变压器匝数比 k 的调节，变换器的升压能力可大幅度提升且可调节。

2. 器件电压应力

根据模态分析的开关状态，可得改进型 D-VM 中二极管的电压应力均相等，为

$$u_{\text{vpD}} = u_{\text{o}}/4 \tag{7.25}$$

有源开关 S_1、S_2、S_3、S_4 的电压应力 u_{vpS1}、u_{vpS2}、u_{vpS3}、u_{vpS4} 为

$$u_{\mathrm{vpS1}}=u_{\mathrm{vpS2}}=u_{\mathrm{vpS3}}=u_{\mathrm{vpS4}}=\frac{u_{\mathrm{o}}}{8k} \tag{7.26}$$

同理可得 m 相 n 个改进型D-VM基础单元变换器中半导体器件的电压应力分别为

$$u_{\mathrm{vpS1}}=u_{\mathrm{vpS2}}=\cdots=u_{\mathrm{vpS}m}=\frac{u_{\mathrm{o}}}{mnk} \tag{7.27}$$

$$u_{\mathrm{vpD}}=\frac{2u_{\mathrm{o}}}{mn} \tag{7.28}$$

由上述分析可知，开关管的电压应力可通过调节改进型D-VM中基础单元使用数、输入相数和变压器匝数比进行优化设计，而二极管的电压应力则可以通过调节改进型D-VM中基础单元使用数和输入相数进行优化。

3. 器件电流应力

器件的电流应力分析常取其平均值作为参考指标，由电容 C_{11}、C_{21}、C_{31}、C_{41} 的安秒平衡可得

$$\begin{cases}C_{11}:k\cdot I_{L1}\cdot(1-D_{\mathrm{S1}})=k\cdot I_{L4}\cdot(1-D_{\mathrm{S4}})\\C_{21}:k\cdot I_{L2}\cdot(1-D_{\mathrm{S2}})=k\cdot I_{L1}\cdot(1-D_{\mathrm{S1}})\\C_{31}:k\cdot I_{L3}\cdot(1-D_{\mathrm{S3}})=k\cdot I_{L2}\cdot(1-D_{\mathrm{S2}})\\C_{41}:k\cdot I_{L4}\cdot(1-D_{\mathrm{S4}})=k\cdot I_{L3}\cdot(1-D_{\mathrm{S3}})\end{cases} \tag{7.29}$$

其中 D_{S1}、D_{S2}、D_{S3}、D_{S4} 分别为开关 S_1、S_2、S_3、S_4 的占空比。显然，当满足

$$D_{\mathrm{S1}}=D_{\mathrm{S2}}=D_{\mathrm{S3}}=D_{\mathrm{S4}}=D \tag{7.30}$$

时，可得

$$I_{L1}=I_{L2}=I_{L3}=I_{L4}=I_{\mathrm{in}}/4 \tag{7.31}$$

开关导通时，流过开关管的电流平均值分别为

$$\begin{cases}I_{\mathrm{S1}}=D_{\mathrm{S1}}\cdot I_{L1}+(1-D_{\mathrm{S4}})I_{L4}\\I_{\mathrm{S2}}=D_{\mathrm{S2}}\cdot I_{L2}+(1-D_{\mathrm{S1}})I_{L1}\\I_{\mathrm{S3}}=D_{\mathrm{S3}}\cdot I_{L3}+(1-D_{\mathrm{S2}})I_{L2}\\I_{\mathrm{S4}}=D_{\mathrm{S4}}\cdot I_{L4}+(1-D_{\mathrm{S3}})I_{L3}\end{cases} \tag{7.32}$$

当满足式（7.30）时，可得

$$I_{\mathrm{S1}}=I_{\mathrm{S2}}=I_{\mathrm{S3}}=I_{\mathrm{S4}}=I_{\mathrm{in}}/4 \tag{7.33}$$

由改进型D-VM中各个电容的安秒平衡可得，流过各个二极管的平均电流与输出电流的平均值相等，若忽略变换器损耗，在输入输出功率平衡下可得

$$I_{\mathrm{D}}=I_{\mathrm{o}}=\frac{I_{\mathrm{in}}}{8k}(1-D) \tag{7.34}$$

由各个二极管的平均电流及变换器工作原理分析可进一步得到单位周期内单个方向流过各个电容中的电荷量为

$$Q_{C11}=Q_{C21}=Q_{C31}=Q_{C41}=Q_{C12}=Q_{C22}=Q_{C32}=I_{\mathrm{o}}\cdot T_{\mathrm{S}}=\frac{I_{\mathrm{in}}(1-D)T_{\mathrm{S}}}{8k} \tag{7.35}$$

值得注意的是，与负载直接相连的电容 C_{42} 因二极管 D_{42} 在导通时，有部分电流会直接流入负载中，因而 Q_{C42} 略小于其他电容中单位周期内单个方向流过的电荷量。

同理可得 m 相 n 个改进型 D-VM 基础单元变换器拓扑电路中各相电感电流为

$$I_{L1} = I_{L2} = \cdots I_{Lm} = \frac{I_{\text{in}}}{m} \tag{7.36}$$

开关器件电流应力为

$$I_{\text{S1}} = I_{\text{S2}} = \cdots = I_{\text{S}m} = \frac{I_{\text{in}}}{m} \tag{7.37}$$

$$I_{\text{D}} = I_{\text{o}} = \frac{I_{\text{in}}}{mnk}(1-D) \tag{7.38}$$

若忽略 D_{mn} 导通时直接流入负载中的电流的影响，则在单位开关周期内单个方向流过各个电容中的电荷量均相等，为

$$Q_{Cik} = I_{\text{o}} \cdot T_{\text{S}} = \frac{I_{\text{in}}(1-D)T_{\text{S}}}{8k} \tag{7.39}$$

其中 $i \in [1, m]$，$k \in [1, n]$。

显然忽略变压器漏感后，如不考虑变压器变比带来的影响，图 7.6 所示基于改进型 D-VM 的隔离型低应力高增益 DC/DC 变换器在工作原理、性能特点及控制方式上均与图 4.8 所示基于改进型 D-VM 构建的非隔离型低应力高增益直流变换器一致。与 7.1 节基于 BX-MIVM 构建的隔离型低应力高增益 DC/DC 变换器相比，其差异性主要体现在电容的电压应力和电流应力上，前者电压应力低且相对统一，而后者电流应力低且统一。

7.3 基于 Buck 变换器的变压器漏感能量无损缓冲电路

第 6 章介绍了常见隔离型升压变换器解决变压器漏感能量的方案，这些方案中不管是无源型还是有源型，当面对多相输入时均存在器件数量多，系统结构复杂的问题。本节将提出一种基于 Buck 变换器构建的各相共用型变压器漏感能量解决方案，以 7.1 节所提基于 BX-MIVM 构建的隔离型低应力高增益 DC/DC 变换器为例，其拓扑电路如图 7.9 所示，通过辅助二极管 D_{a1}，D_{a2}，…，D_{am} 将各个变压器漏感与公用的辅助 Buck 电路相连接。下面就该方案的具体工作原理进行介绍。

7.3.1 工作原理

本小节同样以 4 相输入 2 个 BX-MIVM 基础单元为例，如图 7.10 所示，对基于 Buck 变换器构建的新型变压器漏感能量解决方案的工作原理进行分析。

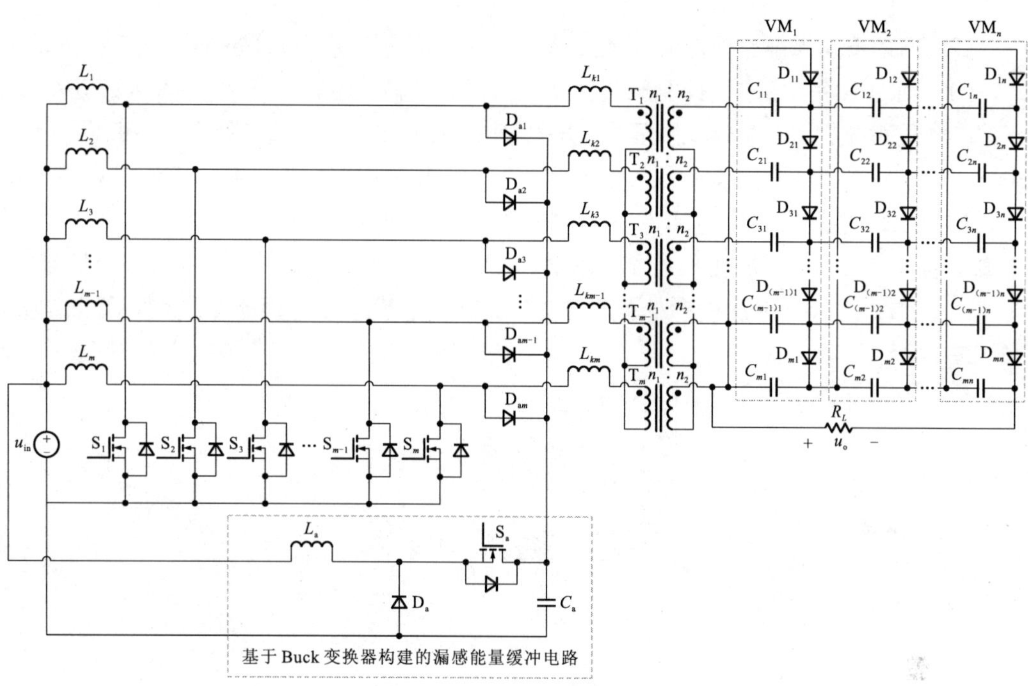

图 7.9　基于 Buck 变换器构建的变压器漏感能量无损缓冲方案

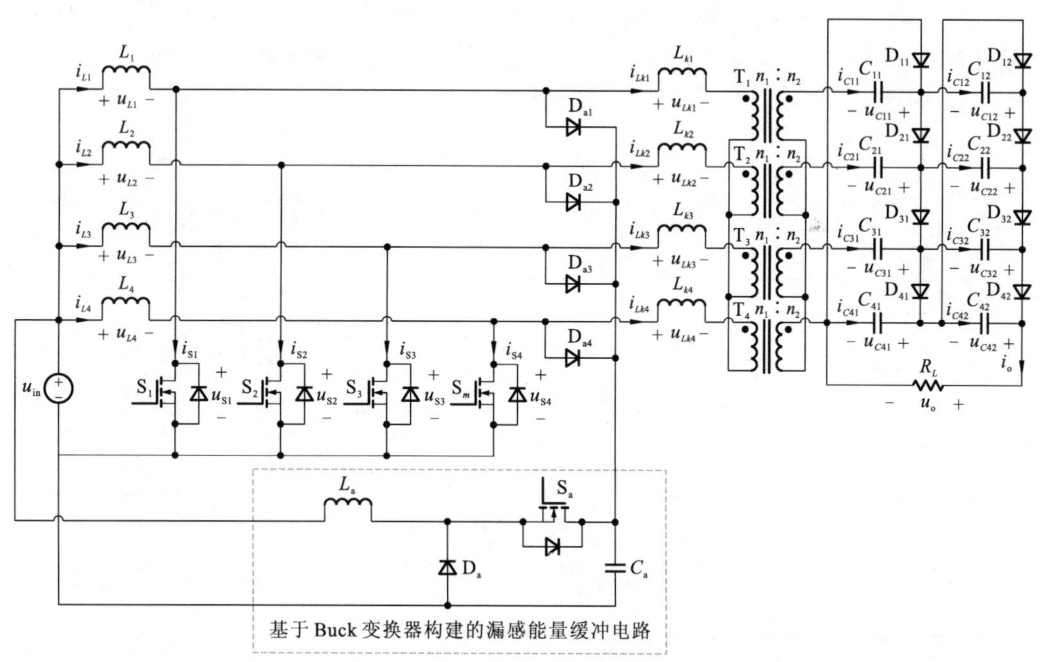

图 7.10　含有 4 相输入 2 个 BX-MIVM 基础单元基于 Buck 变换器构建的变压器漏感能量无损缓冲方案

为简化分析过程进行如下假设。

（1）主功率电路中电感电流连续，BX-MIVM 中电容和辅助电路中电容容量均足够大，忽略电容电压纹波的影响；

（2）考虑变压器漏感但忽略其他元器件寄生参数的影响，变压器变比 $n_1:n_2=k$；

（3）辅助电路与主电路控制策略独立，近似认为辅助电容 C_a 上电压为恒定值 U_a。

在开关占空比 $D>0.5$ 的情况下，开关管 S_1、S_2、S_3、S_4 使用 180° 交错并联控制。相比于 7.1 节的分析，在考虑漏感影响后，在单位开关周期内，变换器工作模态多了 4 个，如图 7.11 所示，其中附加模态 1 位于 7.2.1 小节所述模态 1 与模态 2 之间，附加模态 2 位于 7.2.1 小节所述模态 2 与模态 1 之间，附加模态 3 位于 7.2.1 小节所述模态 1 与模态 3 之间，附加模态 4 位于 7.2.1 小节所述模态 3 与模态 1 之间，等效电路如图 7.12 所示。

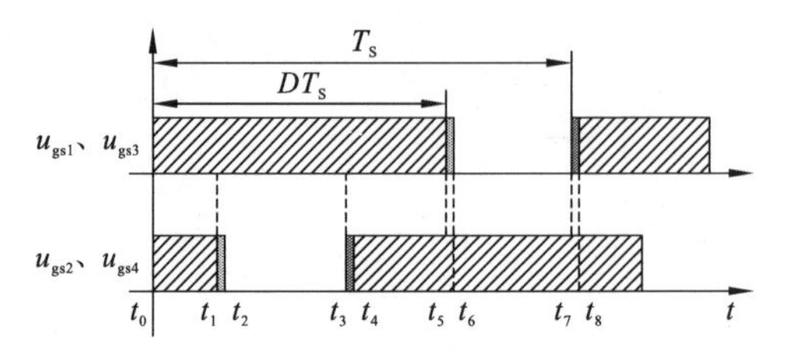

图 7.11　控制信号及模态划分

（1）附加模态 1 $[t_1 \sim t_2]$。如图 7.12（a）所示，在此开关模态下，开关 S_2、S_4 导通，S_1、S_3 关断；二极管 D_{21}、D_{22}、D_{41}、D_{42}、D_{a1}、D_{a3} 导通，D_{11}、D_{12}、D_{31}、D_{32}、D_{a2}、D_{a4} 关断；电感电流 i_{L2}、i_{L4} 线性上升，i_{L1}、i_{L3} 线性下降，漏感电流 i_{Lk1}、i_{Lk3} 线性上升，i_{Lk2}、i_{Lk4} 线性下降。该过程中各个电感端电压关系为

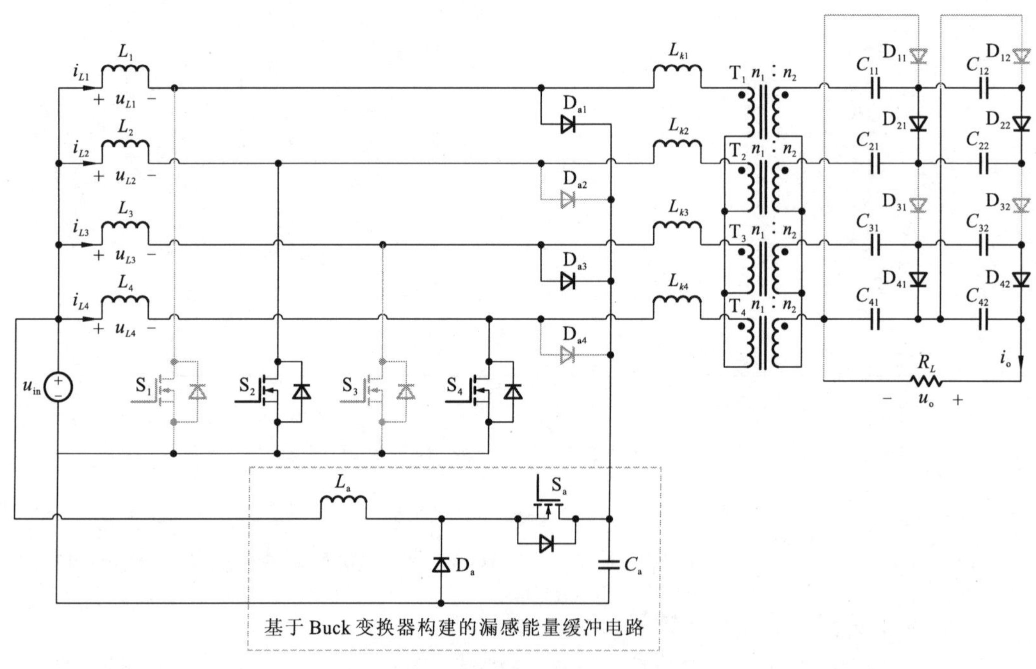

（a）附加模态 1

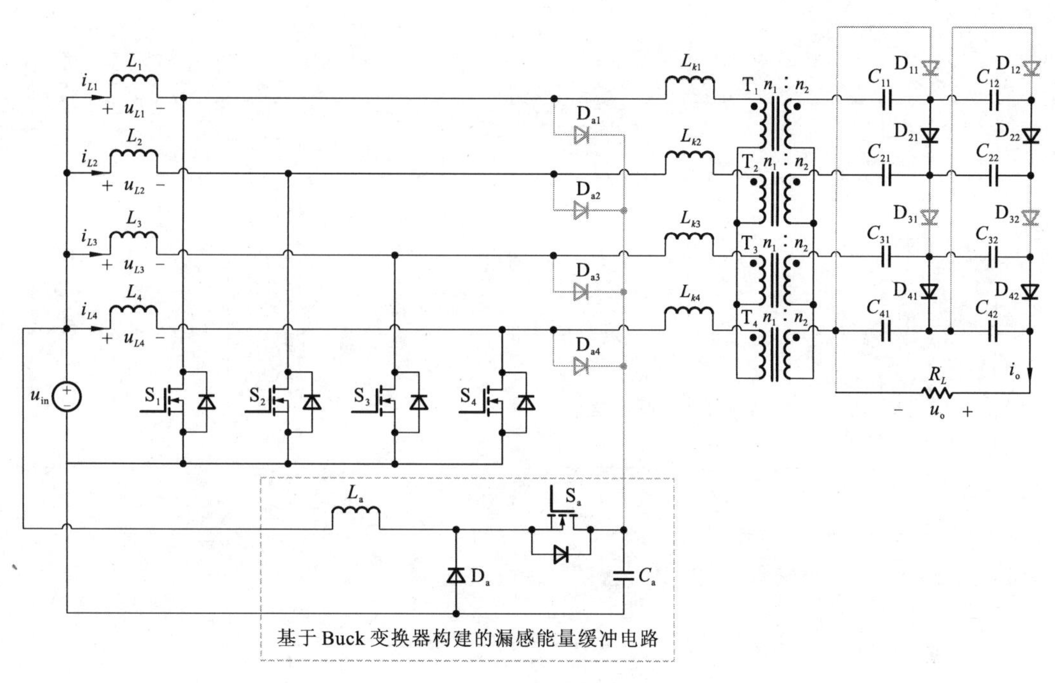

（b）附加模态 2

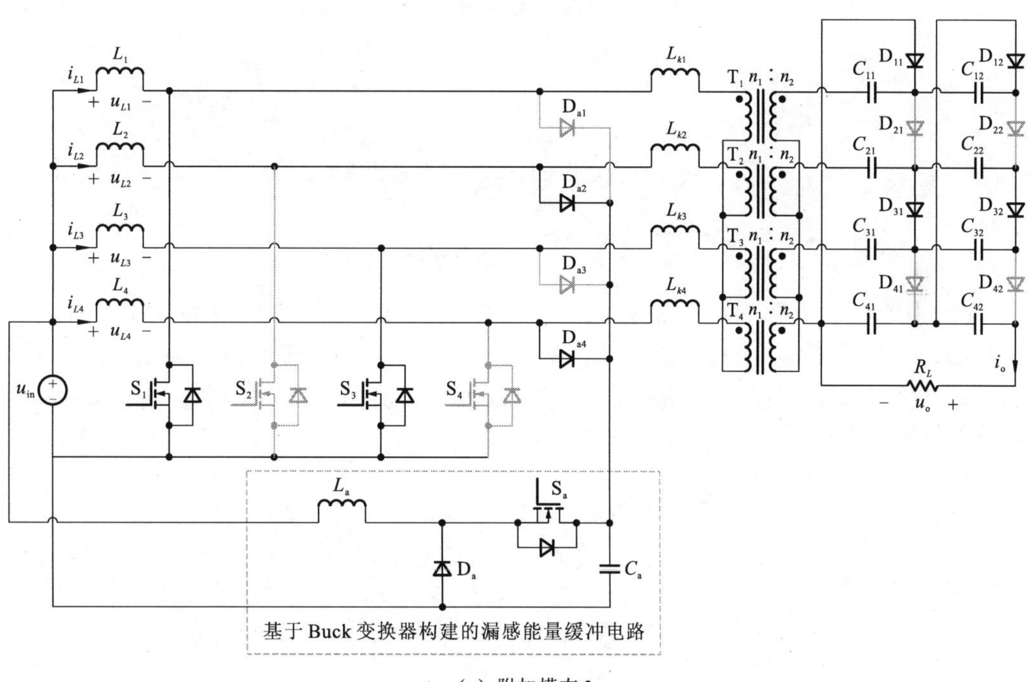

（c）附加模态 3

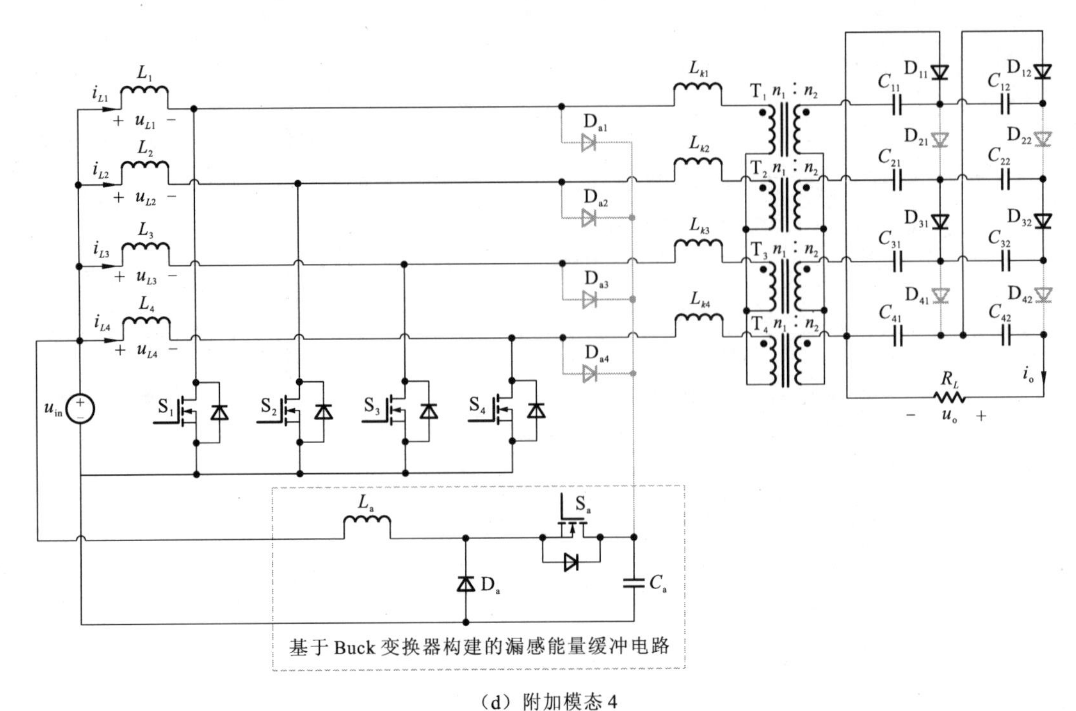

（d）附加模态4

图7.12　考虑变压器漏感后的附加模态

$$\begin{cases} u_{L1}=u_{L3}=u_{\text{in}}-u_{\text{Ca}} \\ u_{L2}=u_{L4}=u_{\text{in}} \\ u_{Lk1}-u_{Lk2}=u_{\text{Ca}}-\dfrac{u_{C21}-u_{C11}}{k}=u_{\text{Ca}}-\dfrac{u_{C21}+u_{C22}-u_{C11}-u_{C12}}{k} \\ u_{Lk3}-u_{Lk4}=u_{\text{Ca}}-\dfrac{u_{C41}-u_{C31}}{k}=u_{\text{Ca}}-\dfrac{u_{C41}+u_{C42}-u_{C32}-u_{C31}}{k} \end{cases} \tag{7.40}$$

（2）附加模态2 $[t_3\sim t_4]$。如图7.12（b）所示，在此开关模态下，开关S_1、S_2、S_3、S_4均导通；二极管D_{21}、D_{22}、D_{41}、D_{42}导通，D_{11}、D_{12}、D_{31}、D_{32}、D_{a1}、D_{a2}、D_{a3}、D_{a4}关断；电感电流i_{L1}、i_{L2}、i_{L3}、i_{L4}线性上升，漏感电流i_{Lk1}、i_{Lk3}线性下降，i_{Lk2}、i_{Lk4}线性上升。该过程中各个电感端电压关系为

$$\begin{cases} u_{L1}=u_{L2}=u_{L3}=u_{L4}=u_{\text{in}} \\ u_{Lk1}-u_{Lk2}=-\dfrac{u_{C21}-u_{C11}}{k}=-\dfrac{u_{C21}+u_{C22}-u_{C11}-u_{C12}}{k} \\ u_{Lk3}-u_{Lk4}=-\dfrac{u_{C41}-u_{C31}}{k}=-\dfrac{u_{C41}+u_{C42}-u_{C32}-u_{C31}}{k} \end{cases} \tag{7.41}$$

（3）附加模态3 $[t_5\sim t_6]$。如图7.12（c）所示，在此开关模态下，开关S_1、S_3导通，S_2、S_4关断；二极管D_{11}、D_{12}、D_{31}、D_{32}、D_{a2}、D_{a4}导通，D_{21}、D_{22}、D_{41}、D_{42}、D_{a1}、D_{a3}关断；电感电流i_{L1}、i_{L3}线性上升，i_{L2}、i_{L4}线性下降，漏感电流i_{Lk2}、i_{Lk4}线性上升，i_{Lk1}、i_{Lk3}线性下降。该过程中各个电感端电压关系为

$$\begin{cases} u_{L2}=u_{L4}=u_{\text{in}}-u_{\text{Ca}} \\ u_{L1}=u_{L3}=u_{\text{in}} \\ u_{Lk2}-u_{Lk3}=u_{\text{Ca}}-\dfrac{u_{C31}-u_{C21}}{k}=u_{\text{Ca}}-\dfrac{u_{C31}+u_{C32}-u_{C21}-u_{C22}}{k} \\ u_{Lk4}-u_{Lk1}=u_{\text{Ca}}-\dfrac{u_{C11}}{k}=u_{\text{Ca}}-\dfrac{u_{C11}+u_{C12}-u_{C41}}{k} \end{cases} \tag{7.42}$$

（4）附加模态4［t_7～t_8］。如图7.12（d）所示，在此开关模态下，开关S_1、S_2、S_3、S_4均导通，二极管D_{11}、D_{12}、D_{31}、D_{32}导通，D_{21}、D_{22}、D_{41}、D_{42}、D_{a1}、D_{a2}、D_{a3}、D_{a4}关断，电感电流i_{L1}、i_{L2}、i_{L3}、i_{L4}线性上升，漏感电流i_{Lk2}、i_{Lk4}线性下降，i_{Lk1}、i_{Lk3}线性上升，该过程中各个电感端电压关系为

$$\begin{cases} u_{L1}=u_{L2}=u_{L3}=u_{L4}=u_{\text{in}} \\ u_{Lk2}-u_{Lk3}=-\dfrac{u_{C31}-u_{C21}}{k}=-\dfrac{u_{C31}+u_{C32}-u_{C21}-u_{C22}}{k} \\ u_{Lk4}-u_{Lk1}=-\dfrac{u_{C11}}{k}=-\dfrac{u_{C11}+u_{C12}-u_{C41}}{k} \end{cases} \tag{7.43}$$

7.3.2　漏感对输出电压的影响

在箝位电容C_a足够大、纹波可忽略的前提下，结合7.1节中BX-MIVM单元电容上电压的分析结果可近似认为附加模态1和3的时间一致，设定其在单位开关周期内所占据时间比为D_a，根据电感L_1、L_2、L_3、L_4的伏秒平衡，可得

$$\begin{cases} L_1: u_{\text{in}}\cdot D=\left(\dfrac{u_{C21}-u_{C11}}{k}-u_{\text{in}}\right)(1-D-D_{\text{a}})+(u_{\text{Ca}}-u_{\text{in}})D_{\text{a}} \\ \qquad =\left(\dfrac{u_{C21}+u_{C22}-u_{C11}-u_{C12}}{k}-u_{\text{in}}\right)(1-D-D_{\text{a}})+(u_{\text{Ca}}-u_{\text{in}})D_{\text{a}} \\ L_2: u_{\text{in}}\cdot D=\left(\dfrac{u_{C31}-u_{C21}}{k}-u_{\text{in}}\right)(1-D-D_{\text{a}})+(u_{\text{Ca}}-u_{\text{in}})D_{\text{a}} \\ \qquad =\left(\dfrac{u_{C31}+u_{C32}-u_{C21}-u_{C22}}{k}-u_{\text{in}}\right)(1-D-D_{\text{a}})+(u_{\text{Ca}}-u_{\text{in}})D_{\text{a}} \\ L_3: u_{\text{in}}\cdot D=(\dfrac{u_{C41}-u_{C31}}{k}-u_{\text{in}})(1-D-D_{\text{a}})+(u_{\text{Ca}}-u_{\text{in}})D_{\text{a}} \\ \qquad =\left(\dfrac{u_{C41}+u_{C42}-u_{C31}-u_{C32}}{k}-u_{\text{in}}\right)(1-D-D_{\text{a}})+(u_{\text{Ca}}-u_{\text{in}})D_{\text{a}} \\ L_4: u_{\text{in}}\cdot D=\left(\dfrac{u_{C11}}{k}-u_{\text{in}}\right)(1-D-D_{\text{a}})+(u_{\text{Ca}}-u_{\text{in}})D_{\text{a}} \\ \qquad =\left(\dfrac{u_{C11}+u_{C12}-u_{C41}}{k}-u_{\text{in}}\right)(1-D-D_{\text{a}})+(u_{\text{Ca}}-u_{\text{in}})D_{\text{a}} \end{cases} \tag{7.44}$$

由式（7.44）可得

$$\begin{cases} u_{C11} = k \cdot \dfrac{u_{\text{in}} - u_{\text{Ca}} \cdot D_{\text{a}}}{1 - D - D_{\text{a}}} \\ u_{C21} = 2k \cdot \dfrac{u_{\text{in}} - u_{\text{Ca}} \cdot D_{\text{a}}}{1 - D - D_{\text{a}}} \\ u_{C31} = 3k \cdot \dfrac{u_{\text{in}} - u_{\text{Ca}} \cdot D_{\text{a}}}{1 - D - D_{\text{a}}} \\ u_{C41} = u_{C12} = u_{C22} = u_{C32} = u_{C42} = 4k \cdot \dfrac{u_{\text{in}} - u_{\text{Ca}} \cdot D_{\text{a}}}{1 - D - D_{\text{a}}} \end{cases} \tag{7.45}$$

因此输出电压为

$$u_{\text{o}} = 8k \cdot \frac{u_{\text{in}} - u_{\text{Ca}} \cdot D_{\text{a}}}{1 - D - D_{\text{a}}} \tag{7.46}$$

同理可得图 7.1 所示的 m 相 n 个 BX-MIVM 基础单元变换器的输出电压为

$$u_{\text{o}} = mnk \cdot \frac{u_{\text{in}} - u_{\text{Ca}} \cdot D_{\text{a}}}{1 - D - D_{\text{a}}} = mnk \left\{ \frac{u_{\text{in}}}{1 - D} - \frac{D_{\text{a}}[u_{\text{Ca}}(1 - D) - u_{\text{in}}]}{(1 - D - D_{\text{a}})(1 - D)} \right\} \tag{7.47}$$

由式（7.47）难以直接判断漏感对输出电压的影响，令所有漏感值均相等，即

$$L_{k1} = L_{k2} = \cdots = L_{km} = L_k \tag{7.48}$$

忽略电感上的电流纹波，即

$$i_{L1} = i_{L2} = \cdots = i_{Lm} = I_L \tag{7.49}$$

可得

$$D_{\text{a}} = \frac{2I_L \cdot L_k}{\left(u_{\text{Ca}} - \dfrac{u_{\text{in}} - u_{\text{Ca}} \cdot D_{\text{a}}}{1 - D - D_{\text{a}}} \right) T_{\text{S}}} = \frac{2I_L \cdot L_k \cdot (1 - D - D_{\text{a}})}{[u_{\text{Ca}}(1 - D) - u_{\text{in}}] T_{\text{S}}} \tag{7.50}$$

将式（7.50）代入式（7.47）中，可得

$$u_{\text{o}} = mnk \left[\frac{u_{\text{in}}}{1 - D} - \frac{2I_L \cdot L_k}{(1 - D) T_{\text{S}}} \right] \tag{7.51}$$

由上述分析可知，在考虑漏感后，输出电压会受漏感值、各相输入电流和开关频率等影响，但不会受箝位电容值及其端电压大小的影响。值得注意的是，箝位电容端电压 u_{Ca} 会直接影响 D_{a} 的大小，在设计时需要满足 $1-D > D_{\text{a}}$，并考虑留有一定的裕量。

7.4 仿真及实验验证

本节基于 4 相输入和 2 个基础增益单元的变换器拓扑搭建了额定输出功率为 300 W 的实验样机，主要实验参数如表 7.1 所示，主要实验波形如图 7.13～7.23 所示。图 7.13 为开关 S_1 和 S_3 的驱动波形、开关 S_2 和 S_4 的驱动波形、输入电压和输出电压波形，可以看出其控制方式为 180°交错并联控制，理论分析中主开关占空比约为 0.6。由图 7.13 可知，实际工作时主开关占空比约为 0.7，当输入电压 u_{in} 为 15V 时，输出电压 u_{o} 约为 600 V，

与理论分析一致。图 7.14 和 7.15 为电容电压波形，电容 C_{11}、C_{21}、C_{31}、C_{41} 的电压从 75 V 逐级递增到 300 V，而电容 C_{12}、C_{22}、C_{32}、C_{42} 的电压均为 300V。图 7.16～ 7.19 为增益单元中二极管的电压电流波形，所有二极管的电压应力均相等，为 150 V。图 7.20 为电感 L_1、L_2、L_3、L_4 的电流波形，可以看出 4 个电感电流平均值均相等，约为 5 A，实现了 4 相输入自动均流。图 7.21 为开关管电流波形。

表 7.1　仿真及实验参数

仿真及实验参数	参数设计	仿真及实验参数	参数设计
功率等级 P_o	300 W	箝位电容 C_{Ca}	10 μF
输入电压 u_{in}	15 V	增益单元电容 C_{11}、C_{21}、C_{31}、C_{12}、C_{22}、C_{32}	5 μF
输出电压 u_o	600 V	增益单元电容 C_{41}、C_{42}	50 μF
主电路开关频率 f_S	30 kHz	输入电感 L_1、L_2、L_3、L_4	400 μH
辅助电路开关频率 f_a	10 kHz	实测漏感值 L_k	3.32 μH
主电路开关 S_1、S_2、S_3、S_4	GP4055D	辅助电路电感 L_a	430 μH
辅助电路开关 S_a	STWA88N65M5	变压器变比 N（n_1 : n_2）	1 : 2
二极管	D12S60C	负载 R_L	1 200 Ω

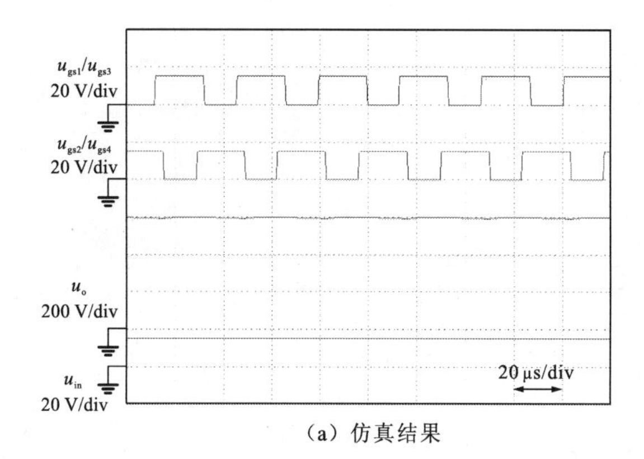

（a）仿真结果

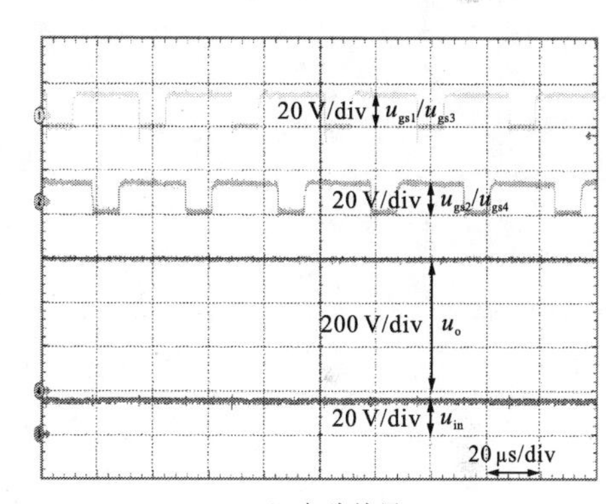

（b）实验结果

图 7.13　主开关 S_1、S_2、S_3、S_4 的门极驱动信号及输入电压 u_{in}、输出电压 u_o 的波形

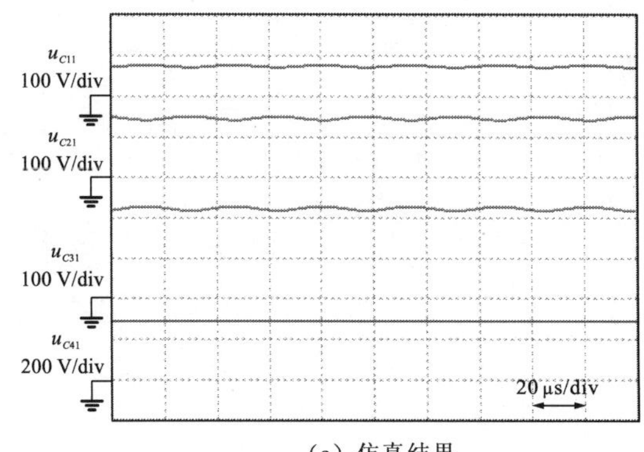

（a）仿真结果

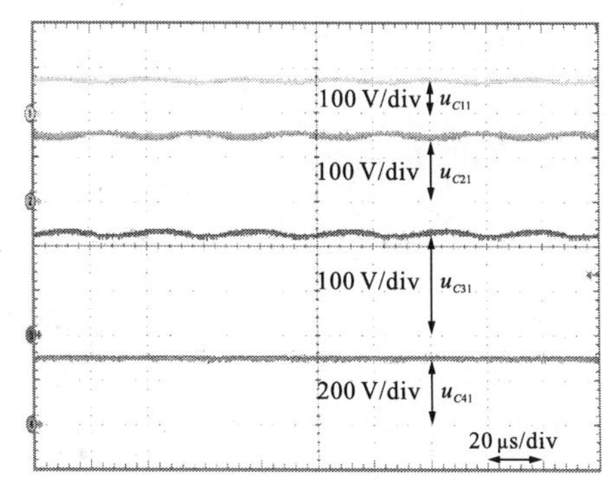

（b）实验结果

图 7.14　电容 C_{11}、C_{21}、C_{31}、C_{41} 的端电压波形

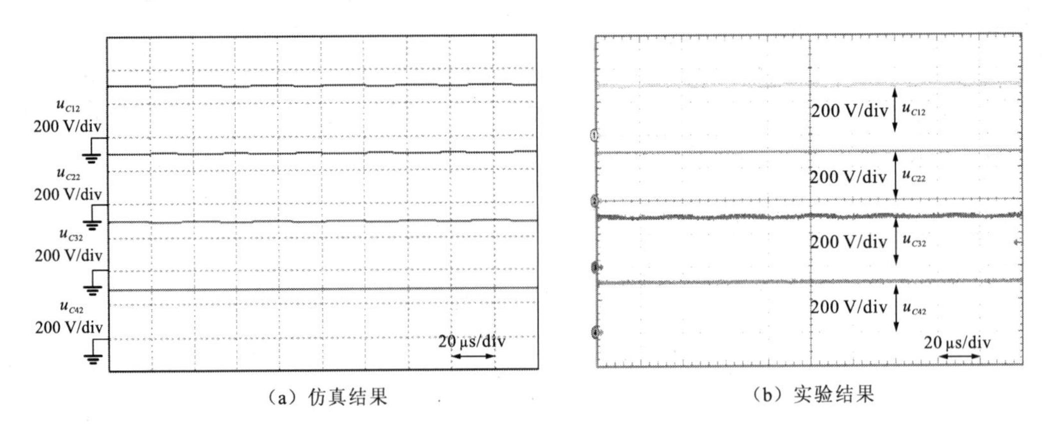

图 7.15　电容 C_{12}、C_{22}、C_{32}、C_{42} 的端电压波形

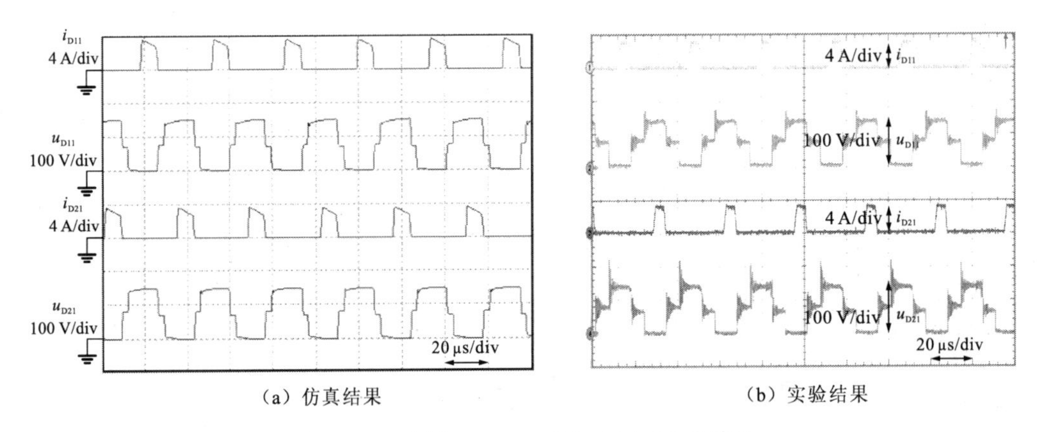

图 7.16　二极管 D_{11}、D_{21} 的端电压和电流波形

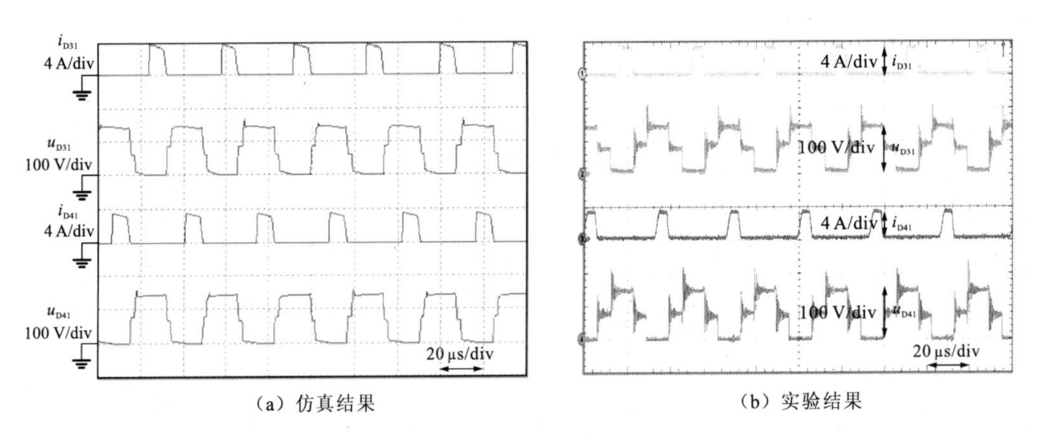

图 7.17　二极管 D_{31}、D_{41} 的端电压和电流波形

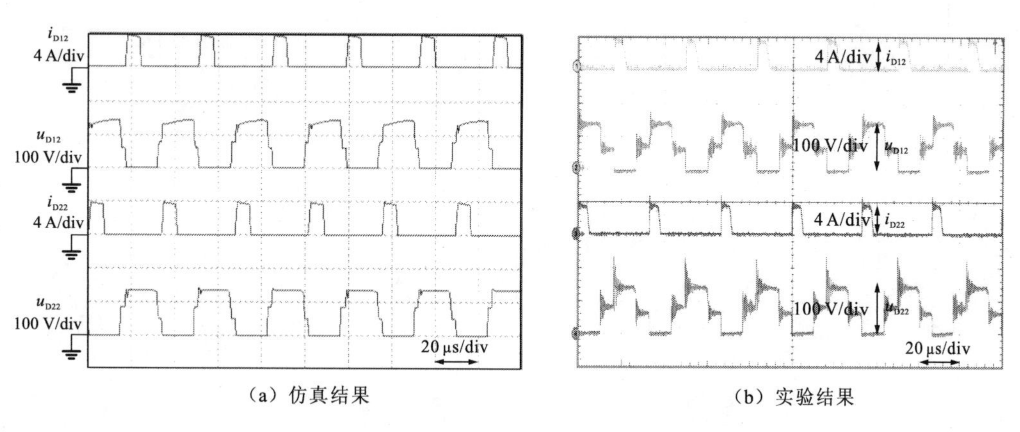

（a）仿真结果　　（b）实验结果

图 7.18　二极管 D_{12}、D_{22} 的端电压和电流波形

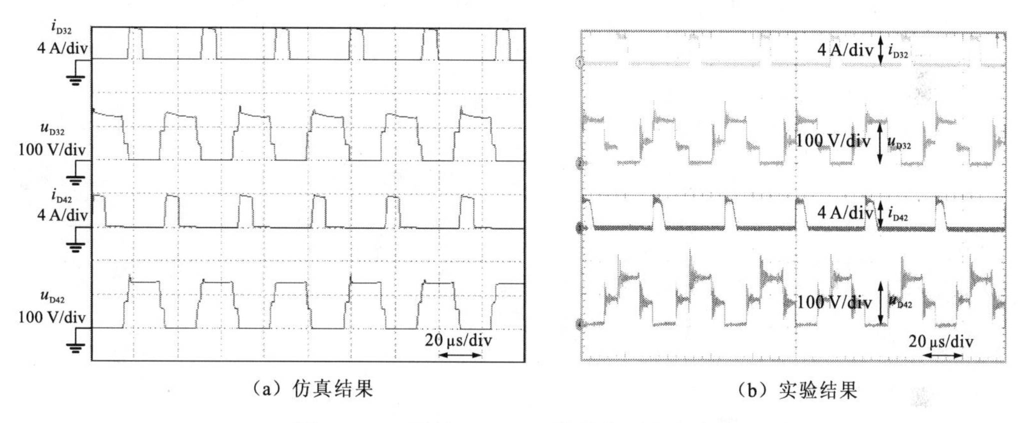

（a）仿真结果　　（b）实验结果

图 7.19　二极管 D_{32}、D_{42} 的端电压和电流波形

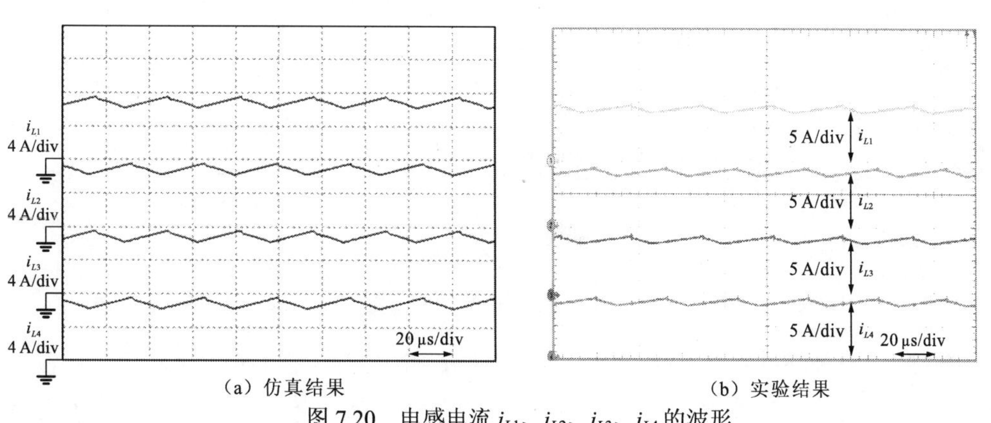

（a）仿真结果　　（b）实验结果

图 7.20　电感电流 i_{L1}、i_{L2}、i_{L3}、i_{L4} 的波形

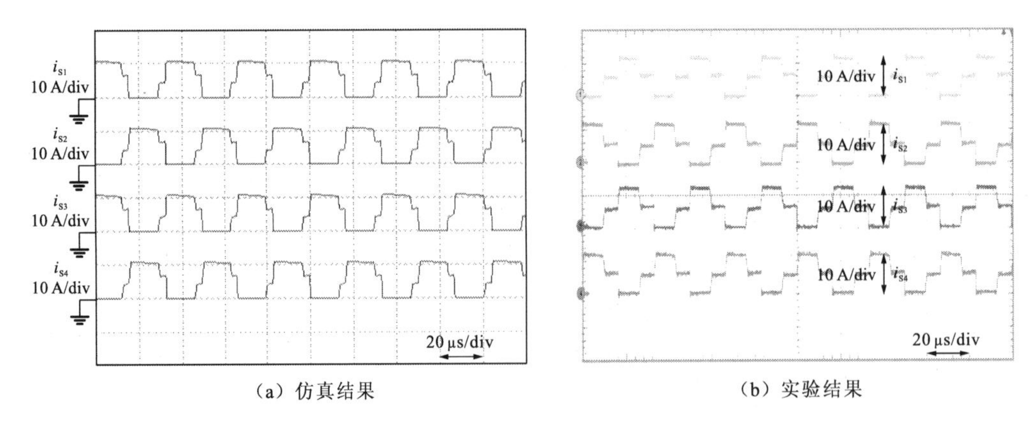

(a) 仿真结果　　(b) 实验结果

图 7.21　主开关 S_1、S_2、S_3、S_4 的电流波形

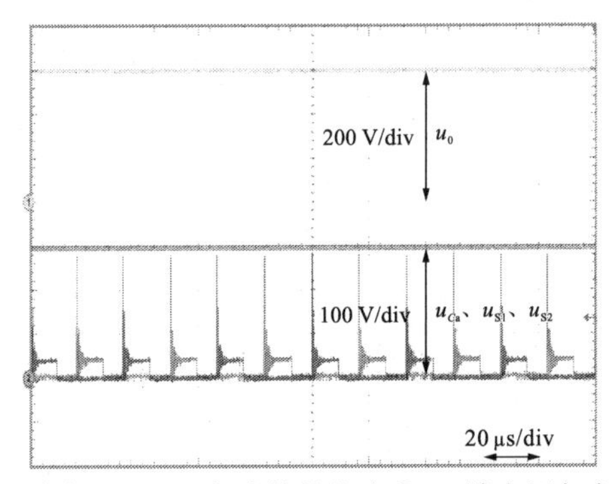

图 7.22　未加入 Buck 电路的箝位电容 C_a 端电压与主开关 S_1、S_2 电压和输出电压 u_o 的对比波形

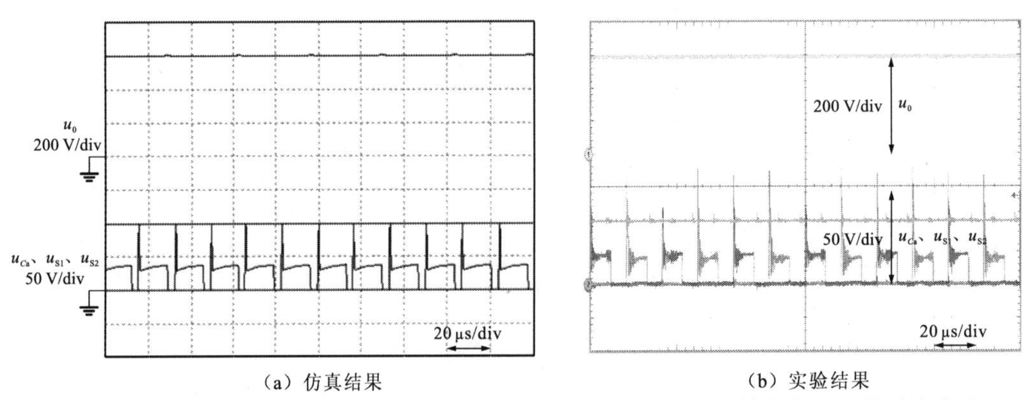

(a) 仿真结果　　(b) 实验结果

图 7.23 加入 Buck 电路的箝位电容 C_a 端电压与主开关 S_1、S_2 电压和输出电压 u_o 的对比波形

图 7.22 为未加入 Buck 辅助电路的箝位电容 C_a 端电压与主开关 S_1、S_2 电压和输出电压 u_o 的对比波形，图 7.23 为加入 Buck 辅助电路的箝位电容 C_a 端电压与主开关 S_1、S_2 电压和输出电压 u_o 的对比波形。可以看出，该变换器未加入 Buck 辅助电路时，开关电压应力随箝位电容电压持续上升，当输入电压 u_{in} 为 15 V 时，箝位电容两端电压为 300 V。

加入 Buck 辅助电路后，箝位电容两端电压控制在 100 V 左右，当主开关关断时，由于辅助电路二极管 D_{a1}、D_{a2}、D_{a3}、D_{a4} 导通需要一定的时间，主开关两端电压存在短暂的尖峰后，被箝位在箝位电容电压附近。显然，在加入 Buck 辅助电路后，开关管的电压应力可以得到较好的控制。

7.5　本章小结

本章详细分析了 BX-MIVM、改进型 D-VM 与传统 L 式隔离型升压变换器相结合所构建的隔离型低应力高增益 DC/DC 变换器，并提出了一种可吸收隔离型升压变换器中变压器漏感能量的无损缓冲电路，理论分析、仿真及实验结果表明，所提缓冲电路相比于有源箝位方案具有开关数量少、控制方案简单等优点。

第8章

单开关低电压应力高增益直流变换器

DC-DC 变换器在大量工业或民用场合中得到了广泛的应用，常见的基本拓扑电路包括 Buck、Boost、Buck-boost、Cuk、Sepic 和 Zeta 变换器。理想情况下，通过开关占空比的调节，上述变换器可以实现输入输出电压增益的任意调节，但在考虑电路寄生参数、开关器件管压降等影响后，变换器的输入输出电压增益将会发生变化。图 8.1 所示为考虑了电感铜耗时 Cuk 变换器的输入输出电压增益变化，由图可以看出，变换器的降压能力所受影响较小，而变换器的升压能力却受到了较大的限制，这一结论在其他具备升压能力的基本 DC-DC 变换器中同样适用，在开关占空比超过某一值之后，变换器输入输出电压增益反而会出现下降的现象。这也导致基本 DC-DC 变换器难以在输入输出电压增益高或变化范围大的场合中应用。

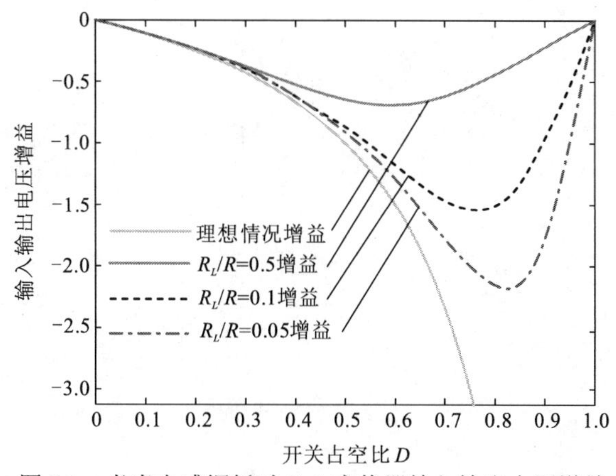

图 8.1　考虑电感铜耗时 Cuk 变换器输入输出电压增益

在前述章节中，基于传统 VM、BX-MIVM 与 Boost 变换器的结合构建了多种具备高增益升压能力的直流升压变换器拓扑。由这些变换器工作原理及性能特点可知，它们存在几个共同的问题：①开关占空比受限，均需大于 0.5，这会导致变换器输入输出电压增益可调节的范围受到限制，难以适用于输入输出电压增益变化范围大的应用场合；②至少需要 2 个有源开关，在小功率应用场合下经济性受到了影响。本章将针对 Boost、Buck-boost、Cuk、Sepic 和 Zeta 变换器等基本 DC-DC 变换器，针对性地提出与这些基本 DC-DC 变换器相适应的“外衣”[102]。通过所提“外衣”电路的作用，一方面可以增加原变换器的输入输出电压增益，另一方面可以降低开关器件的电压应力。此外，虽然针对不同变换器的“外衣”电路结构有所区别，但也有一些共同的特点：①“外衣”电路均由个数可任意拓展的基本单元组成，且每一个基本单元均由 2 个电容、1 个电感和 1 个二极管所构成；②“外衣”电路不影响开关占空比，因此开关占空比可调节范围不受限，与原变换器一致，且开关管数量也与原变换器一致，控制及驱动电路简单。下面将针对这些变换器进行详细的分析。

8.1 适用于Boost变换器的“外衣”电路

变换器拓扑电路如图 8.2（a）所示，它由基本 Boost 变换器和 n 个“外衣”电路基础单元构成。

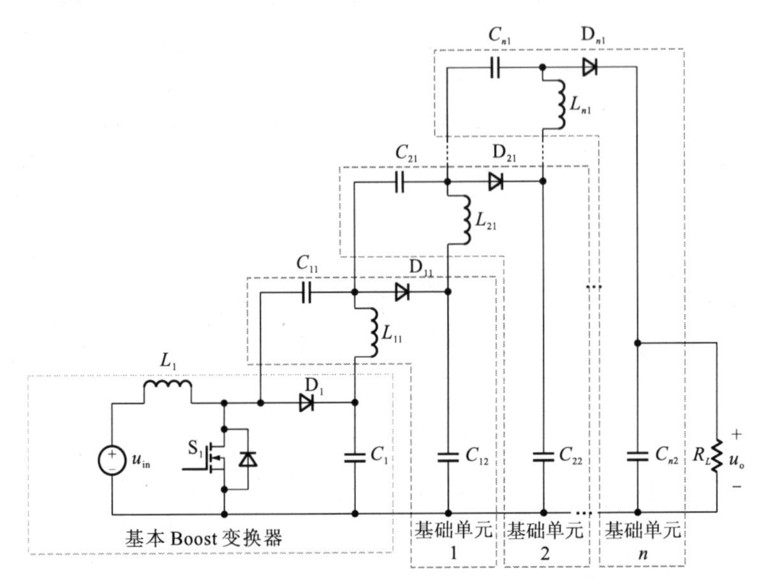

（a）通用拓扑

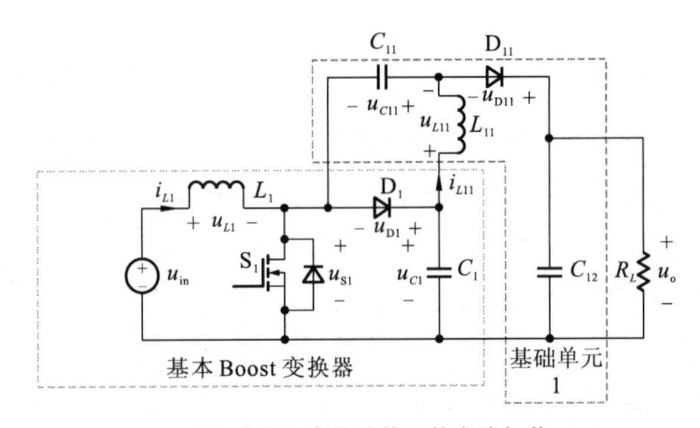

（b）含有 1 个基础单元的电路拓扑

图 8.2　适用于 Boost 变换器的“外衣”电路拓扑

8.1.1 工作原理

为了简化分析过程，下面以含有 1 个“外衣”电路基础单元的 Boost 变换器为例，对其工作原理进行分析，拓扑电路如图 8.2（b）所示，并进行如下假设。

（1）所有器件均为理想器件，忽略电路及器件寄生参数的影响；

（2）电容值足够大，忽略电容上电压纹波的影响。

基本 DC-DC 变换器根据电感电流是否连续可以分为连续导通模式和断续导通模式。通常情况下，当变换器工作于额定工况时电感电流连续导通，而当轻载时有可能进入电感电流断续导通模式。由于“外衣”电路的引入，额定工况时变换器工作原理分析与基本 DC-DC 变换器的电感电流连续导通模式基本一致；但在轻载时，其工况与基本 DC-DC 变换器有较明显的差异。下面分析额定工况时变换器的工作原理。图 8.3 所示为额定工况时单位开关周期内变换器的主要波形，详细工作过程如下。

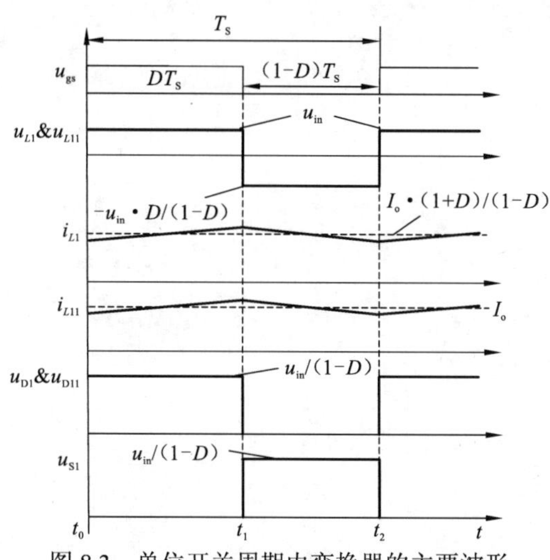

图 8.3　单位开关周期内变换器的主要波形

（1）模态 1（开关 S_1 导通）。如图 8.4（a）所示，电感 L_1 的电流在输入电源 u_{in} 的激励下线性增大，电感 L_{11} 的电流在电容 C_1 的激励下线性增大；二极管 D_1、D_{11} 均反向截止；电容 C_{11} 上的电压上升，电容 C_1 上的电压下降，电容 C_{12} 向负载供电；输出电压 u_o 下降。该模态下，满足

$$\begin{cases} L_1\cdot\dfrac{di_{L1}}{dt}=u_{in} \\ L_{11}\cdot\dfrac{di_{L11}}{dt}=u_{C1}-u_{C11} \end{cases} \tag{8.1}$$

（2）模态 2（开关 S_1 关断）。如图 8.4（b）所示，电感 L_1 的电流 i_{L1} 流过的流通路径有三条：一部分通过二极管 D_1 向电容 C_1 充电；另一部分通过二极管 D_1、电感 L_{11} 和二极管 D_{11} 向电容 C_{12} 及负载供电；最后一部分通过电容 C_{11} 和二极管 D_{11} 向电容 C_{12} 及负载供电。该模态下，电感 L_1、L_{11} 和电容 C_{11} 放电，电容 C_1、C_{12} 充电，满足

$$\begin{cases} L_1\cdot\dfrac{di_{L1}}{dt}=u_{in}-u_{C1}=u_{in}+u_{C11}-u_{C12} \\ L_{11}\cdot\dfrac{di_{L11}}{dt}=-u_{C11}=u_{C1}-u_{C12} \end{cases} \tag{8.2}$$

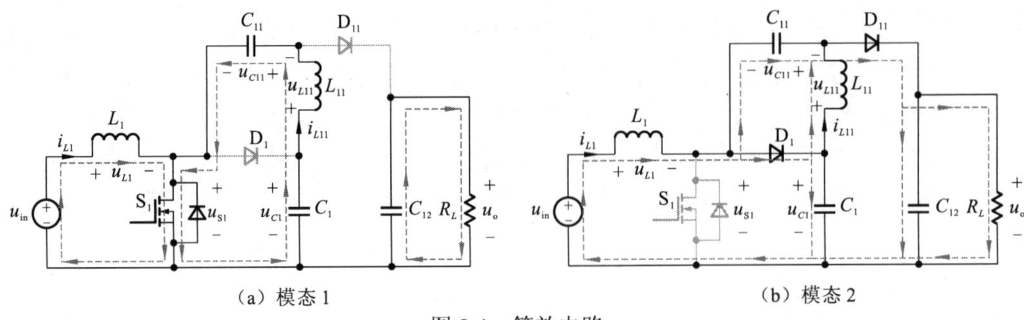

（a）模态 1　　　　（b）模态 2

图 8.4　等效电路

8.1.2　性能特点

1. 输入输出电压增益

由电感 L_1、L_{11} 的伏秒平衡可得

$$
\begin{cases}
u_{C1}=\dfrac{u_{in}}{1-D} \\
u_{C11}=\dfrac{u_{in}\cdot D}{1-D} \\
u_o=u_{C12}=\dfrac{u_{in}}{1-D}+\dfrac{u_{in}\cdot D}{1-D}
\end{cases}
\tag{8.3}
$$

进而可得变换器输入输出电压增益 M 为

$$
M=\frac{u_o}{u_{in}}=\frac{1+D}{1-D}
\tag{8.4}
$$

推广到含有 n 个基础单元的“外衣”电路可得

$$
\begin{cases}
u_{C1}=\dfrac{u_{in}}{1-D} \\
u_{C11}=u_{C21}=\cdots=u_{Cn1}=\dfrac{u_{in}\cdot D}{1-D} \\
u_{Cn2}=\dfrac{u_{in}}{1-D}+\dfrac{u_{in}\cdot nD}{1-D} \\
u_o=u_{Cn2}=\dfrac{u_{in}}{1-D}+\dfrac{u_{in}\cdot nD}{1-D}
\end{cases}
\tag{8.5}
$$

$$
M=\frac{u_o}{u_{in}}=\frac{1+nD}{1-D}
\tag{8.6}
$$

2. 器件电压电流应力

如图 8.2（b）所示，将开关 S_1 和二极管 D_1、D_{11} 的电压应力分别记为 u_{S1} 和 u_{D1}、

u_{D11}，根据式（8.3）可得

$$\begin{cases} u_{S1} = u_{D1} = u_{C1} = \dfrac{u_{in}}{1-D} \\ u_{D11} = u_{C12} - u_{C11} = \dfrac{u_{in}}{1-D} \end{cases} \tag{8.7}$$

根据式（8.5），推广到含有 n 个基础单元的“外衣”电路可得

$$u_{D11} = u_{D21} = \cdots = u_{Dn1} = \frac{u_{in}}{1-D} \tag{8.8}$$

为了简化电流应力分析，忽略电感 L_1、L_{11} 和输出电流 i_o 的纹波，并将其平均值记为 I_{L1}、I_{L11} 和 I_o。根据电容 C_1、C_{11}、C_{12} 的安秒平衡，二极管 D_1、D_{11} 和电感 L_{11} 的平均电流均与输出电流平均值 I_o 相等，即

$$I_{D1} = I_{D11} = I_{L11} = I_o \tag{8.9}$$

若忽略变换器损耗，假定其输入输出功率相等，则可通过式（8.4）得到输入输出电流关系为

$$I_{L1} = I_o \cdot \frac{1+D}{1-D} \tag{8.10}$$

由图 8.4（a）可得流过开关 S_1 的电流平均值为

$$I_{S1} = (I_{L1} + I_{L11}) \cdot D = \left(I_o \cdot \frac{1+D}{1-D} + I_o \right) D = I_o \cdot \frac{2D}{1-D} \tag{8.11}$$

将上述电流应力分析推广到含有 n 个基础单元“外衣”电路的一般情况，可得

$$\begin{cases} I_{D1} = I_{D11} = I_{D21} = \cdots = I_{Dn1} = I_o \\ I_{L11} = I_{L21} = \cdots = I_{Ln1} = I_o \\ I_{L1} = I_o \cdot \dfrac{1+nD}{1-D} \\ I_{S1} = I_o \cdot \dfrac{(n+1)D}{1-D} \end{cases} \tag{8.12}$$

8.1.3　电流断续模式分析

当输入输出电压保持不变而负载功率降低（输出电流下降）时，由式（8.9）和（8.10）可知，电感 L_1 与 L_{11} 的电流平均值会随之下降，但纹波电流会保持不变，如图 8.3 所示。当输出电流下降到某一关键值之后，在每个开关周期内会出现部分时间开关管和二极管均不导通的工况，即变换器进入电流断续模式（discontinues conduction mode，DCM）工作。

1. 工作原理

为简化分析过程，假定 L_1 和 L_{11} 的电感值相等，即 $L_1 = L_{11} = L$。此时电感 L_1 和 L_{11} 的电流纹波峰峰值相等，即

$$\Delta i_{L1} = \Delta i_{L11} = \Delta i_L = \frac{u_{in} \cdot DT_S}{L} \tag{8.13}$$

DCM 工况下单位开关周期内变换器的主要波形如图 8.5 所示，电感 L_{11} 的电流 i_{L11} 在 t_2 时刻下降到零，之后反向，等效电路如图 8.6（a）所示。在 t_2～t_3 时段，i_{L1} 下降，i_{L11} 反向上升，在 t_3 时刻两者幅值相等，记为 I_M。在 t_3～t_4 时段，二极管 D_1、D_{11} 关断，由于输入电压与电容 C_{11} 端电压之和同电容 C_1 端电压相等，i_{L1}、i_{L11} 在该模态下保持不变，其等效电路如图 8.6（b）所示。

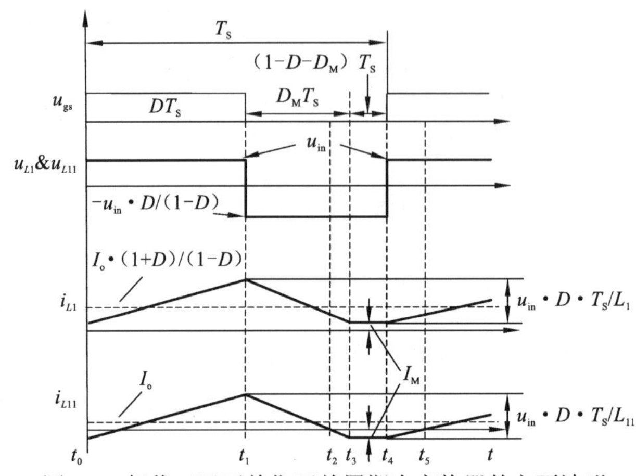

图 8.5　轻载工况下单位开关周期内变换器的主要波形

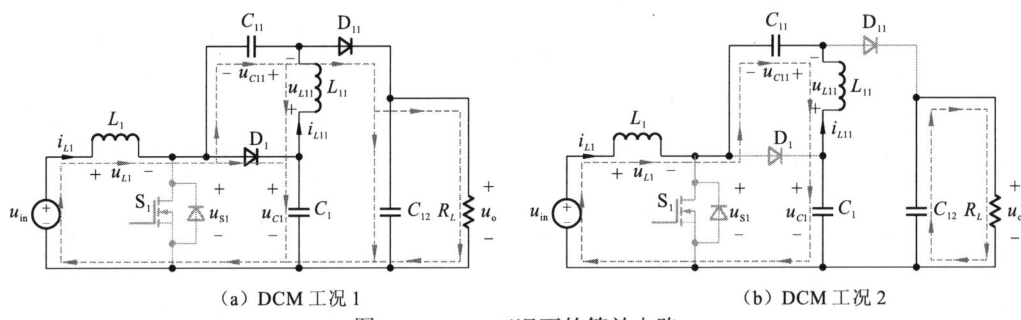

（a）DCM 工况 1　　（b）DCM 工况 2

图 8.6　DCM 工况下的等效电路

2. 性能特点

由电感 L_1、L_{11} 的伏秒平衡可得

$$\begin{cases} u_{C1} = u_{in} \cdot \dfrac{D + D_M}{D_M} \\ u_{C11} = \dfrac{u_{C1} \cdot D}{D + D_M} \\ u_o = u_{C12} = u_{in} \cdot \dfrac{2D + D_M}{D_M} \end{cases} \tag{8.14}$$

进而可得变换器输入输出电压增益为

$$M=\frac{u_{\text{o}}}{u_{\text{in}}}=\frac{2D+D_{\text{M}}}{D_{\text{M}}} \tag{8.15}$$

开关占空比 D 为变换器的可控量，可以认为是已知的，但 D_{M} 是未知的，因此必须寻找其他方程来消除 D_{M} 得到变换器在轻载工况下的输入输出电压增益。根据电容 C_{11}、C_{12} 的安秒平衡，L_{11} 的电流平均值与输出电流的平均值相等，结合输入输出功率平衡可得

$$\begin{cases}I_{L11}=I_{\text{o}}=\dfrac{u_{\text{o}}}{R_L}\\I_{L1}=\dfrac{{u_{\text{o}}}^2}{R_L\cdot u_{\text{in}}}\end{cases} \tag{8.16}$$

此处，由图 8.5 可得

$$\begin{cases}I_{L11}=\dfrac{u_{\text{in}}\cdot D\cdot T_{\text{S}}}{2L}\cdot(D+D_{\text{M}})-I_{\text{M}}\\I_{L1}=\dfrac{u_{\text{in}}\cdot D\cdot T_{\text{S}}}{2L}\cdot(D+D_{\text{M}})+I_{\text{M}}\end{cases} \tag{8.17}$$

由式（8.15）～（8.17）可得变换器在 DCM 工况下的输入输出电压增益为

$$M=\frac{u_{\text{o}}}{u_{\text{in}}}=\frac{1+\sqrt{1+\dfrac{4D^2\cdot T_{\text{S}}\cdot R_L}{L}}}{2} \tag{8.18}$$

在正常工况和 DCM 工况临界处，变换器的输入输出电压增益相等，因此可得 DCM 工况发生的临界条件为

$$\alpha=\frac{(1-D)^2\cdot D\cdot T_{\text{S}}\cdot R_L}{2L(1+D)} \tag{8.19}$$

其中 α 为临界因子，当 α 小于 1 时，变换器工作处于正常工况；当 α 大于 1 时，变换器工作处于 DCM 工况。

8.1.4　实验验证

为了验证理论分析的正确性，建立一个含有 3 个“外衣”电路基础单元的实验样机，其具体实验参数如表 8.1 所示。

表 8.1　实验参数

实验参数	参数设计	实验参数	参数设计
输入电压	20～100 V	开关管	IPP200N25N
输出电压	200 V	二极管	CSD20030
输出功率	200 W	电容	C_1、C_{12}、C_{22}、C_{31}：10 μF，C_{11}、C_{21}：30 μF，C_{32}：60 μF
开关频率	50 kHz	电感	L_{11}，L_{21}，L_{31}：1.5 mH，L_1：200 μH

实验波形如图 8.7 所示，其中图 8.7（a）为 u_{gs}、u_{in}、u_o、u_{S1}，当输入输出电压增益为 10 时，开关占空比约为 0.7，与式（8.6）分析一致。二极管 D_1、D_{11}、D_{21}、D_{31} 的端电压波形如图 8.7（b）所示，显然，二极管与开关管的电压应力均在 65 V 左右，与式（8.7）一致。图 8.7（c）和（d）所示为各个电容上的端电压，其中 u_{C1} 约为 65 V，u_{C12} 约为 110 V，u_{C22} 约为 155 V，u_{C11}、u_{C21}、u_{C31} 均约为 45 V，上述结果与式（8.5）一致。图 8.7（e）所示为各个电感的电流波形，其中电感 L_1 的电流平均值约为 10 A，其余电感的电流平均值均约为 1 A，与理论分析一致。

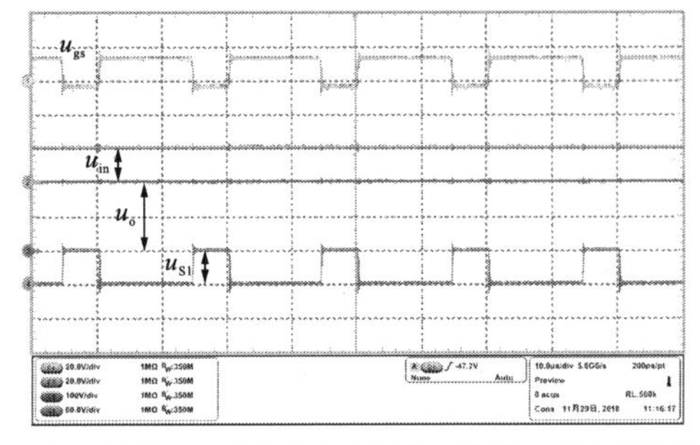

（a）开关驱动、输入输出电压及开关管 S_1 端电压波形

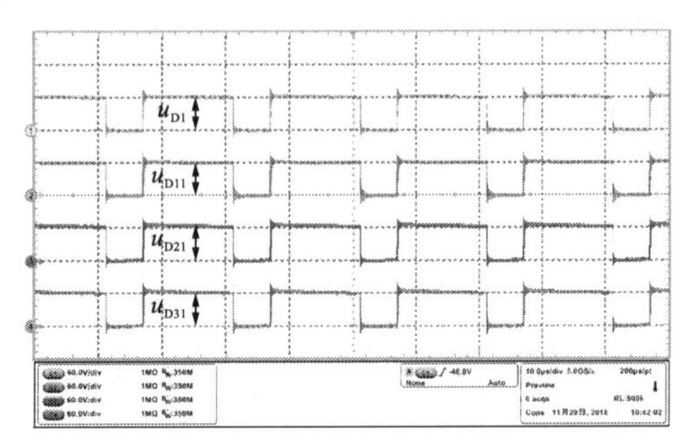

（b）二极管 D_1、D_{11}、D_{21}、D_{31} 端电压波形

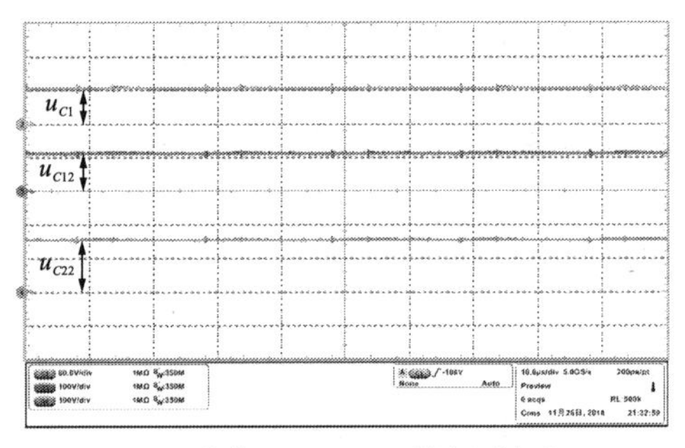

（c）电容 C_1、C_{12}、C_{22} 端电压波形

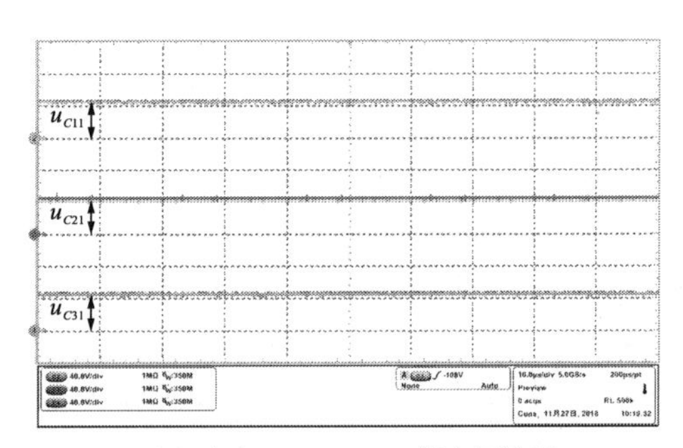

（d）电容 C_{11}、C_{21}、C_{31} 端电压波形

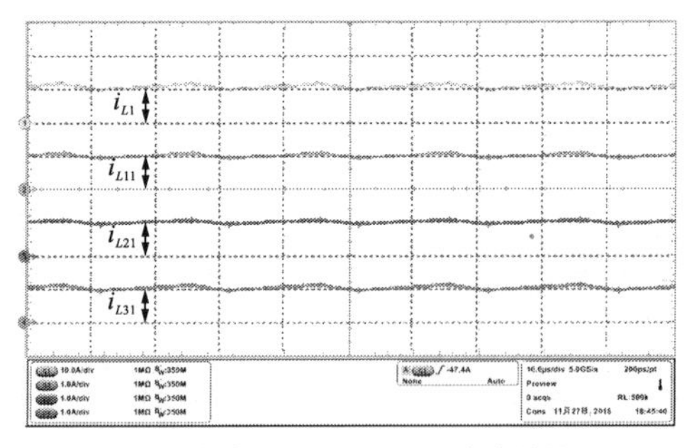

（e）电感 L_1、L_{11}、L_{21}、L_{31} 电流波形

图 8.7　输入电压为 20 V 时的实验波形

在不同输入电压下对变换器的效率进行测试，结果如图 8.8 所示。图中所示输出功率为 200 W 时，不同输入电压时的样机效率曲线，显示此时样机效率随着输入电压的增加而增加。

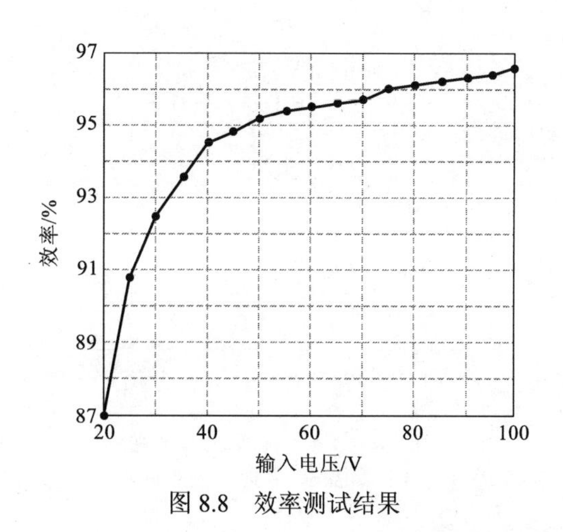

图 8.8　效率测试结果

8.2　适用于 Buck-Boost 变换器的“外衣”电路

电路拓扑如图 8.9（a）所示，由基本 Buck-Boost 变换器和 n 个“外衣”电路基础单元构成。

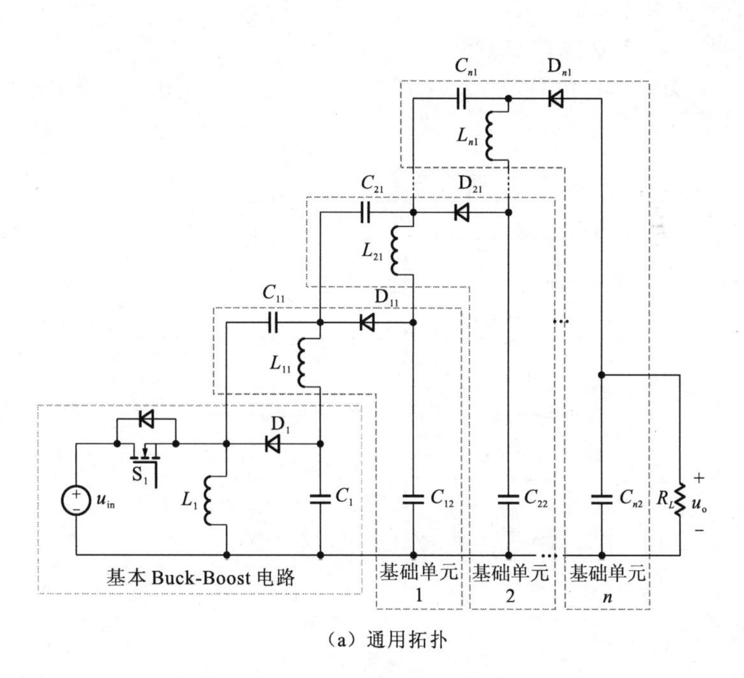

（a）通用拓扑

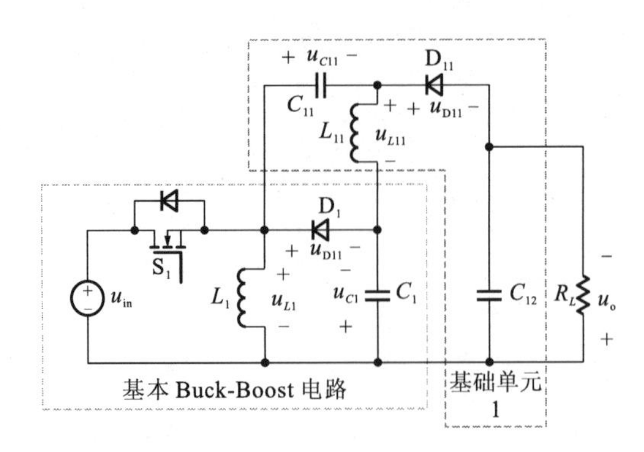

（b）含有1个基础单元的电路拓扑

图 8.9　适用于 Buck-Boost 变换器的“外衣”电路拓扑

8.2.1　工作原理

为了简化分析过程，下面以含有 1 个“外衣”电路基础单元的 Buck-Boost 变换器为例，对其工作原理进行分析，拓扑电路如图 8.9（b）所示，并进行如下假设。

（1）所有器件均为理想器件，忽略电路及器件寄生参数的影响；

（2）电容值足够大，忽略电容上电压纹波的影响；

（3）变换器工作于 CCM 工况下。

图 8.10 所示为额定工况时单位开关周期内变换器的主要波形，详细工作过程如下。

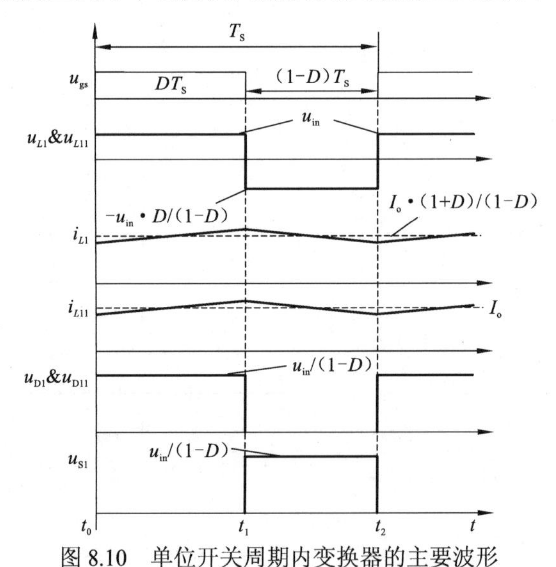

图 8.10　单位开关周期内变换器的主要波形

（1）模态 1（开关 S_1 导通）。如图 8.11（a）所示，电感 L_1 的电流在输入电源 u_{in} 的激励下线性增大，电感 L_{11} 的电流在电容 C_1 的激励下线性增大；二极管 D_1、D_{11} 均反向截止；电容 C_{11} 上的电压上升，电容 C_1 上的电压下降，电容 C_{12} 向负载供电；输出电压 u_o 下降。该模态下，满足

$$\begin{cases} u_{L1} = u_{\text{in}} \\ u_{L11} = u_{\text{in}} + u_{C1} - u_{C11} \end{cases} \tag{8.20}$$

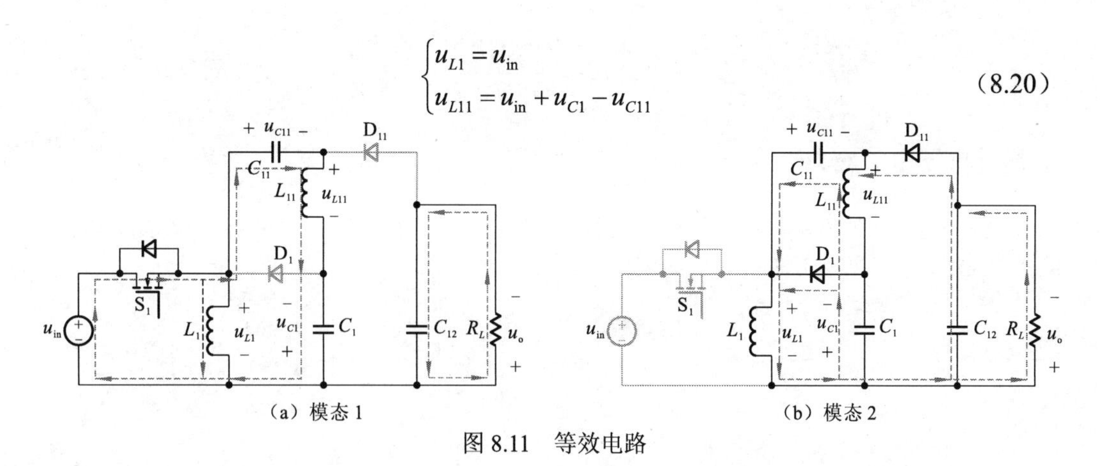

（a）模态 1　　　（b）模态 2

图 8.11　等效电路

（2）模态 2（开关 S_1 关断）。如图 8.11（b）所示，此时电感 L_1、L_{11} 和电容 C_{11} 放电，电容 C_1、C_{12} 充电；电感 L_1、L_{11} 端电压为

$$\begin{cases} u_{L1} = -u_{C1} \\ u_{L11} = u_{C1} - u_o = -u_{C11} \end{cases} \tag{8.21}$$

8.2.2　性能特点

1. 输入输出电压增益

由电感 L_1、L_{11} 的伏秒平衡可得

$$\begin{cases} u_{C1} = \dfrac{u_{\text{in}} \cdot D}{1-D} \\ u_{C11} = \dfrac{u_{\text{in}}}{1-D} \\ u_o = u_{C12} = \dfrac{u_{\text{in}} \cdot 2D}{1-D} \end{cases} \tag{8.22}$$

进而可得变换器输入输出电压增益为

$$M = \frac{u_o}{u_{\text{in}}} = \frac{2D}{1-D} \tag{8.23}$$

推广到含有 n 个基础单元的“外衣”电路可得

$$\begin{cases} u_{C1} = u_{C11} = u_{C21} = \cdots = u_{Cn1} = \dfrac{u_{\text{in}} \cdot D}{1-D} \\ u_{Ci2} = \dfrac{u_{i2}(i+1)D}{1-D} \\ u_o = u_{Cn2} = \dfrac{u_{\text{in}}(n+1)D}{1-D} \end{cases} \tag{8.24}$$

因此电压增益 M 为

$$M=\frac{(n+1)D}{1-D} \tag{8.25}$$

2. 器件电压电流应力

如图 8.11（b）所示，将开关管 S_1 和二极管 D_1、D_{11} 的电压应力分别记为 u_{S1} 和 u_{D1}、u_{D11}，根据式（8.22）可得

$$\begin{cases} u_{S1}=u_{D1}=u_{in}-u_{C1}=\dfrac{u_{in}}{1-D} \\ u_{D11}=u_o-u_{C11}+u_{in}=\dfrac{u_{in}}{1-D} \end{cases} \tag{8.26}$$

根据式（8.26）推广到含有 n 个基础单元的"外衣"电路可得

$$u_{D11}=u_{D21}=\cdots=u_{Dn1}=\frac{u_{in}}{1-D} \tag{8.27}$$

为了简化电流应力分析，忽略电感 L_1、L_{11} 和输出电流 i_o 的纹波，并将其平均值记为 I_{L1}、I_{L11} 和 I_o。根据电容 C_1、C_{11}、C_{12} 的安秒平衡，二极管 D_1、D_{11} 和电感 L_{11} 的平均电流均与输出电流平均值 I_o 相等，即

$$I_{D1}=I_{D11}=I_{L11}=I_o \tag{8.28}$$

若忽略变换器损耗，假定其输入输出功率相等，则可通过式（8.23）得到输入输出电流关系为

$$I_{L1}=I_o\cdot\frac{1+D}{1-D} \tag{8.29}$$

由图 8.11（a）可得流过开关 S_1 的电流平均值为

$$I_{S1}=(I_{L1}+I_{L11})\cdot D=\left(I_o\cdot\frac{1+D}{1-D}+I_o\right)D=I_o\cdot\frac{2D}{1-D} \tag{8.30}$$

将上述电流应力分析推广到含有 n 个基础单元"外衣"电路的一般情况，可得

$$\begin{cases} I_{D1}=I_{D11}=I_{D21}=\cdots=I_{Dn1}=I_o \\ I_{L11}=I_{L21}=\cdots=I_{Ln1}=I_o \\ I_{L1}=I_o\cdot\dfrac{1+nD}{1-D} \\ I_{S1}=I_o\cdot\dfrac{(n+1)D}{1-D} \end{cases} \tag{8.31}$$

8.2.3 电流断续模式分析

1. 工作原理

为简化分析过程，假定 L_1 和 L_{11} 的电感值相等，即 $L_1=L_{11}=L$。此时电感 L_1 与 L_{11} 的电流纹波峰峰值相等，即

$$\Delta i_{L1}=\Delta i_{L11}=\Delta i_L=\frac{u_{in}\cdot DT_S}{L} \tag{8.32}$$

DCM 工况下单位开关周期内变换器的主要波形如图 8.12 所示，电感 L_{11} 的电流 i_{L11} 在 t_2 时刻下降到零，之后反向，等效电路如图 8.13（a）所示。在 t_2～t_3 时段，i_{L1} 下降，i_{L11} 反向上升，在 t_3 时刻两者幅值相等，记为 I_M。在 t_3～t_4 时段，二极管 D_1、D_{11} 关断，因电容 C_{11} 端电压与电容 C_1 端电压相等，i_{L1}、i_{L11} 在该模态下保持不变，其等效电路如图 8.13（b）所示。

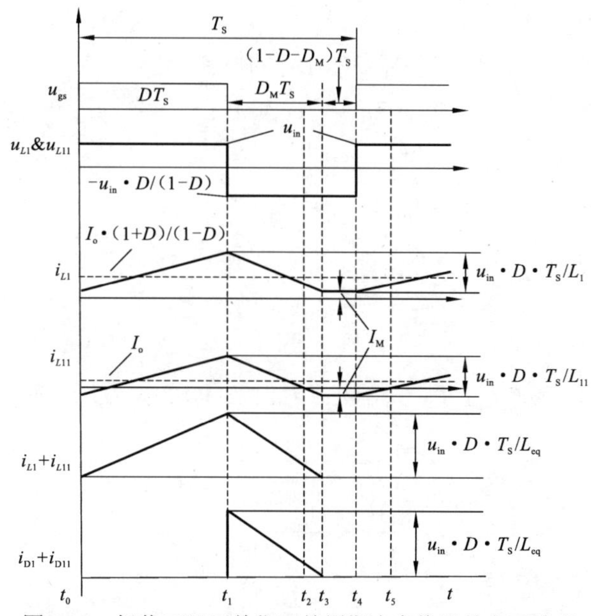

图 8.12　轻载工况下单位开关周期内变换器的主要波形

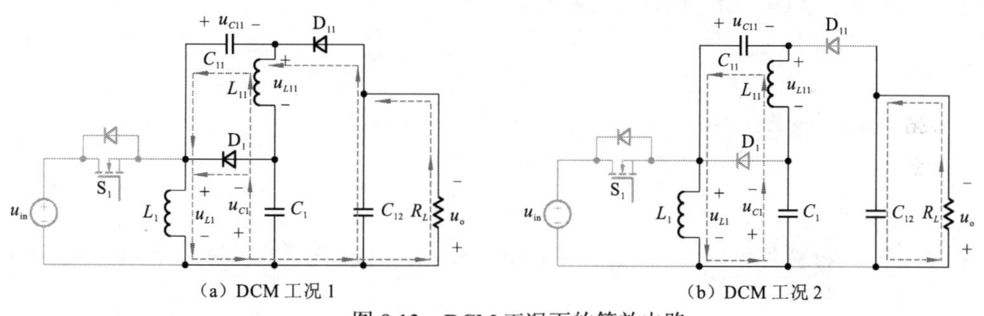

图 8.13　DCM 工况下的等效电路

2. 性能特点

由电感 L_1、L_{11} 的伏秒平衡可得

$$
\begin{cases}
u_{C1}=u_{in}\cdot\dfrac{D}{D_M}\\
u_{C11}=u_{in}\cdot\dfrac{D}{D_M}\\
u_o=u_{C12}=u_{in}\cdot\dfrac{2D}{D_M}
\end{cases}
\tag{8.33}
$$

进而可得变换器输入输出电压增益为

$$M=\frac{2D}{D_{\mathrm{M}}} \tag{8.34}$$

开关占空比 D 为变换器的可控量，可以认为是已知的，但 D_{M} 是未知的，因此必须寻找其他方程来消除 D_{M} 得到变换器在轻载工况下的输入输出电压增益。根据电容 C_1、C_{11}、C_{12} 安秒平衡，二极管 D_1、D_{11} 和电感 L_{11} 的平均电流均与输出电流平均值 I_o 相等。

在二极管导通期间，流过二极管 D_1、D_{11} 的电流分别为

$$\begin{cases} I_{\mathrm{D1}}=I_{L1}-I_{C11} \\ I_{\mathrm{D11}}=I_{C11}+I_{L11} \end{cases} \tag{8.35}$$

可得

$$I_{\mathrm{D1}}+I_{\mathrm{D11}}=I_{L1}+I_{L11}=2I_{\mathrm{o}}=\frac{2u_{\mathrm{o}}}{R_L} \tag{8.36}$$

因此二极管 D_1 与 D_{11} 平均电流之和为

$$I_{\mathrm{D}}=I_{\mathrm{D1}}+I_{\mathrm{D11}}=\frac{2u_{\mathrm{o}}}{R_L} \tag{8.37}$$

根据图 8.12 可得电感 L_1、L_2、L_{11} 电流峰值之和 $i_{L\text{-peak}}$ 为

$$i_{\mathrm{D\text{-}peak}}=i_{L\text{-peak}}=i_{L1\text{-peak}}+i_{L11\text{-peak}}=\frac{u_{\mathrm{in}}\cdot D\cdot T_{\mathrm{S}}}{L_{\mathrm{eq}}} \tag{8.38}$$

其中

$$\frac{1}{L_{\mathrm{eq}}}=\frac{1}{L_1}+\frac{1}{L_{11}}=\frac{2}{L} \tag{8.39}$$

因此

$$L_{\mathrm{eq}}=L/2 \tag{8.40}$$

同样可得 D_1 与 D_{11} 电流平均值之和 I_{D} 为

$$I_{\mathrm{D}}=I_{\mathrm{D1}}+I_{\mathrm{D11}}=\frac{1}{2}\times D_{\mathrm{M}}\times i_{\mathrm{D\text{-}peak}}=\frac{u_{\mathrm{in}}\cdot D_{\mathrm{M}}\cdot D\cdot T_{\mathrm{S}}}{2L_{\mathrm{eq}}} \tag{8.41}$$

综上可得变换器在 DCM 工况下的输入输出电压增益为

$$M=\frac{u_{\mathrm{o}}}{u_{\mathrm{in}}}=\sqrt{\frac{R_L\cdot D^2\cdot T_{\mathrm{S}}}{L}} \tag{8.42}$$

在正常工况和 DCM 工况临界处，变换器的输入输出电压增益相等，因此可得 DCM 工况发生的临界条件为

$$\alpha=\frac{(1-D)^2\cdot T_{\mathrm{S}}\cdot R_L}{4L} \tag{8.43}$$

其中 α 为临界因子，当 α 小于 1 时，变换器工作于正常工况；当 α 大于 1 时，变换器工作于 DCM 工况。

推广到含有 n 个基础单元的一般情况可得

$$M=\frac{u_{\mathrm{o}}}{u_{\mathrm{in}}}=\sqrt{\frac{D^2(n+1)\cdot R_L\cdot T_{\mathrm{S}}}{2L}} \tag{8.44}$$

$$\alpha=\frac{(1-D)^2\cdot T_{\mathrm{S}}\cdot R_L}{2L(n+1)} \tag{8.45}$$

8.2.4　实验验证

为了验证理论分析的正确性，建立一个含有 2 个“外衣”电路基础单元的实验样机，其具体实验参数如表 8.2 所示。

表 8.2　实验参数

实验参数	参数设计	实验参数	参数设计
输入电压	48 V	开关管	IRFB4332
输出电压	400 V	二极管	idt12s60C
输出功率	300 W	电容	C_1、C_{11}、C_{21}、C_{12}、C_{22}、C_2：4 μF
开关频率	100 kHz	电感	L_1：300 μH，L_2、L_{11}、L_{21}：950 μH

实验波形如图 8.14 所示，其中图 8.14（a）为 u_{gs}、u_{in}、u_{S1}、u_o，当输入输出电压增益为 8.3 时，开关占空比约为 0.735，与式（8.24）和（8.25）分析一致。二极管 D_1、D_{11}、D_{21} 的端电压波形如图 8.14（b）所示，显然二极管与开关管的电压应力均在 181 V 左右，与式（8.26）一致。图 8.14（c）和（d）所示为各个电容上的端电压，其中 u_{C1} 约为 133 V，u_{C12} 约为 266 V，u_{C22} 为 400 V，u_{C11} 和 u_{C21} 均约为 133 V，上述结果均与式（8.24）一致。图 8.14（e）所示为各个电感的电流波形，其中电感 L_1 的电流平均值约为 6.99 A，其余电感的电流平均值均约为 0.75 A，与理论分析一致。

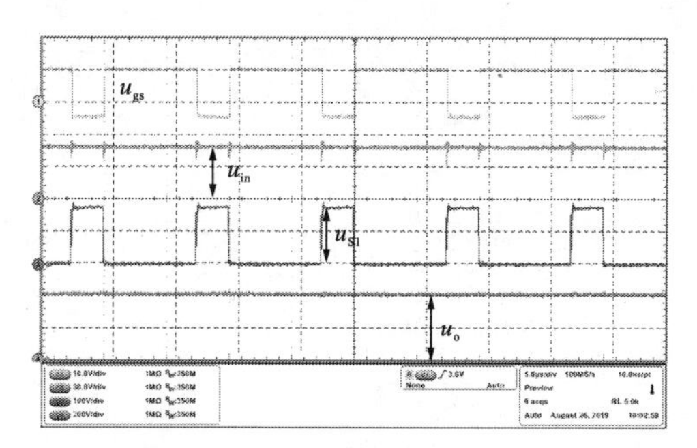

（a）开关驱动、输入输出电压及开关管 S_1 端电压波形

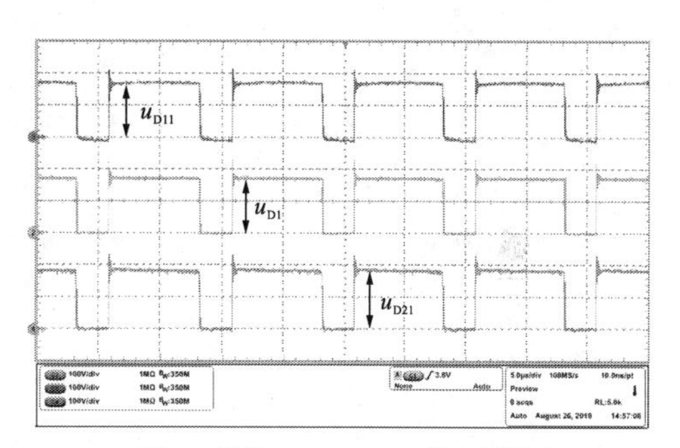

（b）二极管 D_1、D_{11}、D_{21} 端电压波形

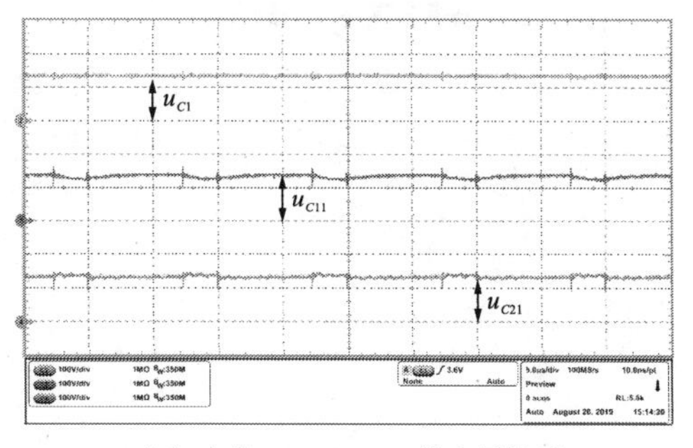

（c）电容 C_1、C_{11}、C_{21} 端电压波形

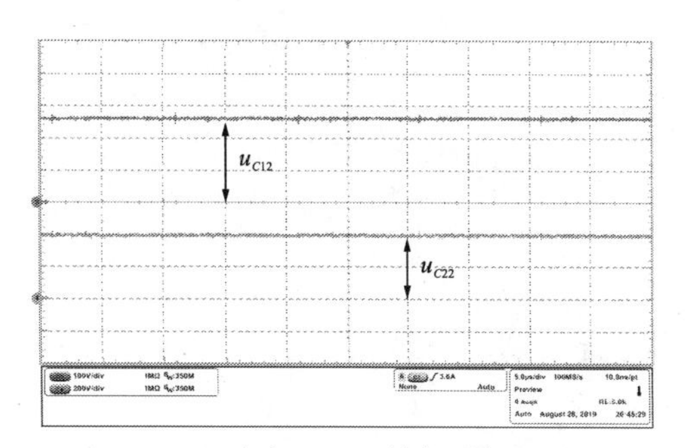

（d）电容 C_{12}、C_{22} 端电压波形

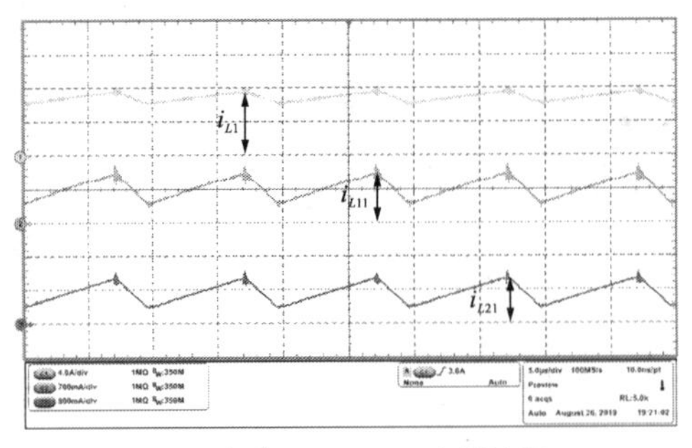

（e）电感 L_1、L_{11}、L_{21} 电流波形

图 8.14　输入电压为 48 V 时的实验波形

在不同输入电压和负载条件下对变换器的效率进行测试，结果如图 8.15 所示。其中图 8.15（a）所示为输入电压为 48 V 时，改变开关占空比得到不同输出电压时的样机效率曲线，显然此时样机效率随着开关占空比的增加呈现出先上升后下降的趋势，当开关占空比为 0.661、输出电压为 280 V 时，效率最大值为 94.8%。图 8.15（b）所示为改变负载电阻大小时，输出功率在 30～360 W 下的样机效率曲线，样机效率同样随着负载电阻的增加而呈现出先上升后下降的趋势，当输出功率为 240 W 时，效率最大值为 94.3%。

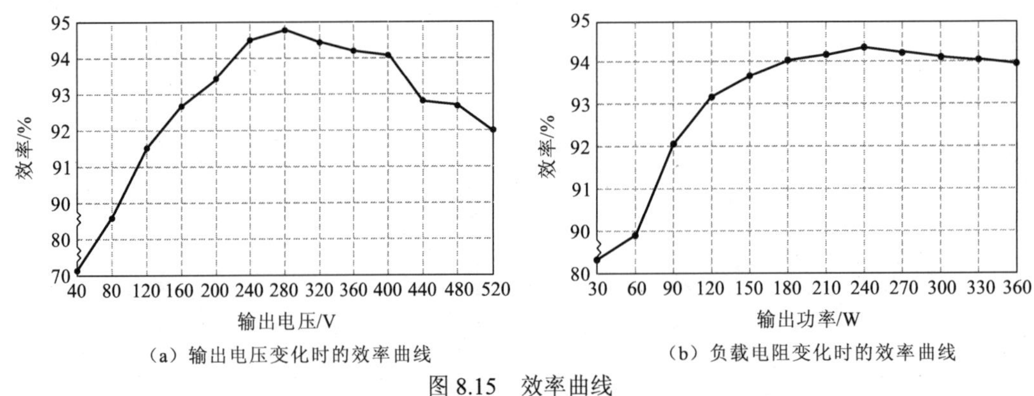

（a）输出电压变化时的效率曲线　　（b）负载电阻变化时的效率曲线

图 8.15　效率曲线

8.3　适用于 Cuk 变换器的“外衣”电路

变换器拓扑电路如图 8.16（a）所示，由基本 Cuk 变换器和 n 个“外衣”电路基础单元构成。

8.3.1　工作原理

为了简化分析过程，下面以含有 2 个“外衣”电路基础单元的 Cuk 变换器为例，对其工作原理进行分析，拓扑电路如图 8.16（b）所示，并进行如下假设。

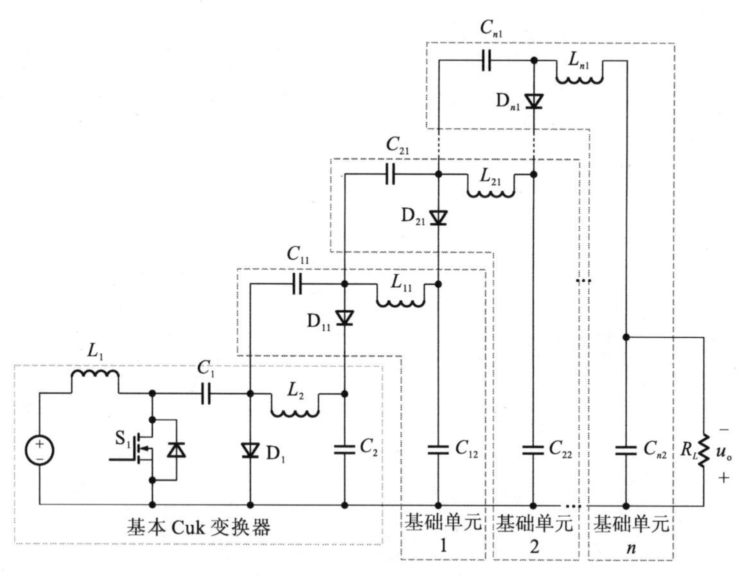

（a）通用拓扑

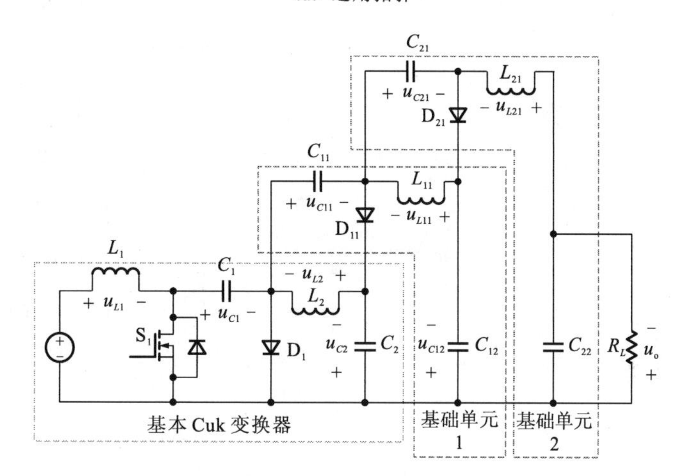

（b）含有 1 个基础单元的电路拓扑

图 8.16　适用于 Cuk 变换器的所提“外衣”电路拓扑

（1）所有器件均为理想器件，忽略电路及器件寄生参数的影响；

（2）电容值足够大，忽略电容上电压纹波的影响；

（3）变换器工作于 CCM 工况下。

图 8.17 所示为额定工况时单位开关周期内变换器的主要波形，详细工作过程如下。

（1）模态 1（开关 S_1 导通）。如图 8.18（a）所示，电感 L_1 的电流在输入电源 u_{in} 的激励下线性增大，电感 L_2 的电流在电容 C_1 的激励下线性增大，电感 L_{11} 的电流在电容 C_{11} 的激励下线性增大，电感 L_{21} 的电流在电容 C_{21} 的激励下线性增大；二极管 D_1、D_{11}、D_{21} 均反向截止；电容 C_2、C_{12}、C_{22} 上的电压上升，电容 C_1、C_{11}、C_{21} 上的电压下降。该模态下，满足

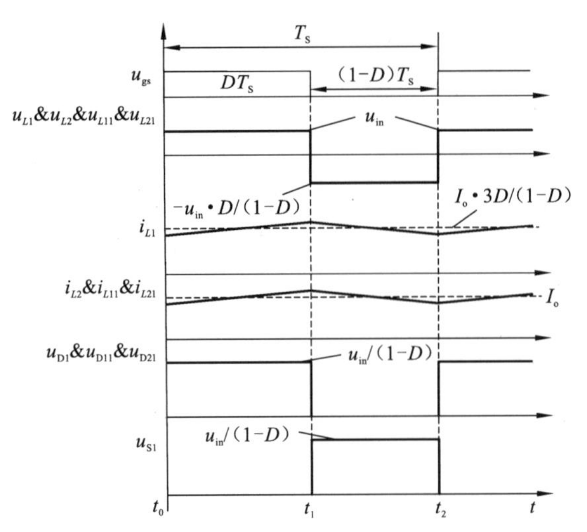

图 8.17　单位开关周期内变换器的主要波形

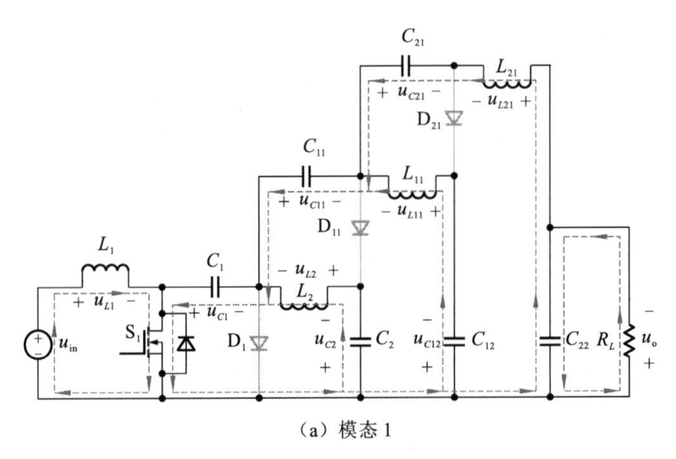

(a) 模态 1

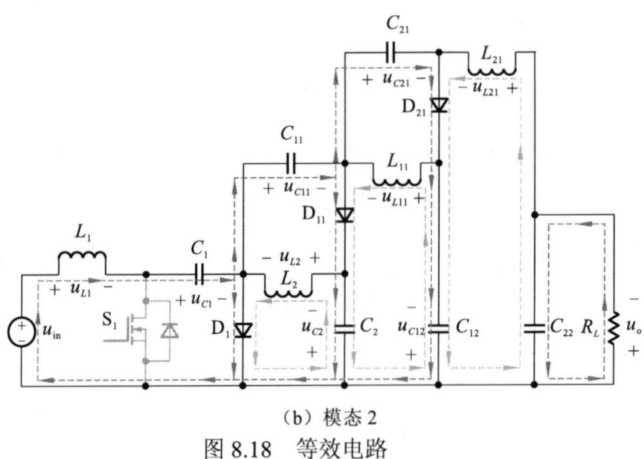

(b) 模态 2

图 8.18　等效电路

$$\begin{cases} L_1 \cdot \dfrac{\mathrm{d}i_{L1}}{\mathrm{d}t} = u_{\mathrm{in}} \\ L_2 \cdot \dfrac{\mathrm{d}i_{L2}}{\mathrm{d}t} = u_{C1} - u_{C2} \\ L_{11} \cdot \dfrac{\mathrm{d}i_{L11}}{\mathrm{d}t} = u_{C1} + u_{C11} - u_{C12} \\ L_{21} \cdot \dfrac{\mathrm{d}i_{L21}}{\mathrm{d}t} = u_{C1} + u_{C11} + u_{C21} - u_{\mathrm{o}} \end{cases} \tag{8.46}$$

（2）模态 2（开关 S_1 关断）。如图 8.18（b）所示，电感 L_1 的电流 i_{L1} 首先流经电容 C_1，向电容 C_1 充电，然后流通二极管 D_1 和电源 u_{in}。电感 L_2 的电流的流通路径有两条：一部分通过二极管 D_1 向电容 C_2 充电；另一部分通过电容 C_{11} 和二极管 D_{11} 向电容 C_{11} 充电。电感 L_{11} 电流的流通路径有两条：一部分通过二极管 D_{11} 和电容 C_{12} 及电容 C_2 使得电容 C_{12} 充电和电容 C_2 放电；另一部分通过电容 C_{21} 和二极管 D_{21} 向电容 C_{21} 充电。电感 L_{21} 的电流流经二极管 D_{21}、电容 C_{12}、电容 C_{22} 和负载 R_L 使得 C_{12} 放电 C_{22} 充电，对负载 R_L 供电。在该模态下，电感 L_1、L_2、L_{11}、L_{21} 和电容 C_2、C_{12}、C_{22} 放电，电容 C_1、C_{11}、C_{21} 充电，电容 C_{22} 向负载供电，输出电压 u_{o} 下降，满足

$$\begin{cases} L_1 \cdot \dfrac{\mathrm{d}i_{L1}}{\mathrm{d}t} = u_{\mathrm{in}} - u_{C1} \\ L_2 \cdot \dfrac{\mathrm{d}i_{L2}}{\mathrm{d}t} = -u_{C2} = -u_{C11} \\ L_{11} \cdot \dfrac{\mathrm{d}i_{L11}}{\mathrm{d}t} = -u_{C21} = u_{C2} - u_{C12} \\ L_{21} \cdot \dfrac{\mathrm{d}i_{L21}}{\mathrm{d}t} = u_{C12} - u_{\mathrm{o}} \end{cases} \tag{8.47}$$

8.3.2　性能特点

1. 输入输出电压增益

由电感 L_1、L_2、L_{11}、L_{21} 的伏秒平衡可得

$$\begin{cases} u_{C1} = \dfrac{u_{\mathrm{in}}}{1-D} \\ u_{C2} = \dfrac{u_{\mathrm{in}} \cdot D}{1-D} \\ u_{C11} = u_{C21} = \dfrac{u_{\mathrm{in}} \cdot D}{1-D} \\ u_{C12} = \dfrac{u_{\mathrm{in}} \cdot 2D}{1-D} \\ u_{\mathrm{o}} = u_{C22} = \dfrac{u_{\mathrm{in}} \cdot 3D}{1-D} \end{cases} \tag{8.48}$$

进而可得变换器输入输出电压增益为

$$M=\frac{u_{o}}{u_{in}}=\frac{3D}{1-D} \tag{8.49}$$

推广到含有 n 个基础单元的“外衣”电路可得

$$\begin{cases}u_{C1}=\dfrac{u_{in}}{1-D}\\ u_{C2}=\dfrac{u_{in}\cdot D}{1-D}\\ u_{C11}=u_{C21}=\cdots=u_{Cn1}=\dfrac{u_{in}\cdot D}{1-D}\\ u_{Ci2}=\dfrac{u_{in}\cdot(i+1)D}{1-D}\\ u_{o}=u_{Cn2}=\dfrac{u_{in}\cdot(n+1)D}{1-D}\end{cases} \tag{8.50}$$

因此电压增益 M 为

$$M=\frac{u_{o}}{u_{in}}=\frac{(n+1)D}{1-D} \tag{8.51}$$

2. 器件电压电流应力

如图 8.18（b）所示，将开关 S_1 和二极管 D_1、D_{11}、D_{21} 的电压应力分别记为 u_{S1} 和 u_{D1}、u_{D11}、u_{D21}，根据式（8.48）可得

$$\begin{cases}u_{S1}=u_{D1}=u_{C1}=\dfrac{u_{in}}{1-D}\\ u_{D11}=u_{C11}-u_{C2}+u_{C1}=\dfrac{u_{in}}{1-D}\\ u_{D21}=u_{C1}-u_{C12}+u_{C11}+u_{C21}=\dfrac{u_{in}}{1-D}\end{cases} \tag{8.52}$$

根据式（8.52）推广到含有 n 个基础单元的“外衣”电路可得

$$u_{S1}=u_{D1}=\cdots=u_{Dn1}=\frac{u_{in}}{1-D} \tag{8.53}$$

为了简化电流应力分析，忽略电感 L_1、L_2、L_{11}、L_{21} 和输出电流 i_o 的纹波，并将其平均值记为 I_{L1}、I_{L2}、I_{L11}、I_{L21}、I_o。根据电容 C_1、C_2、C_{11}、C_{12}、C_{21}、C_{22} 的安秒平衡，二极管 D_1、D_{11}、D_{21} 和电感 L_{21} 的平均电流均与输出电流平均值 I_o 相等，即

$$I_{D1}=I_{D11}=I_{D21}=I_{L2}=I_{L11}=I_{L21}=I_{o} \tag{8.54}$$

若忽略变换器损耗，假定其输入输出功率相等，则可通过式（8.49）得到输入输出电流关系为

$$I_{L1}=I_{o}\cdot\frac{3D}{1-D} \tag{8.55}$$

由图 8.18（a）可得流过开关 S_1 的电流平均值为

$$I_{S1}=(I_{L1}+I_{L2}+I_{L11}+I_{L21})\cdot D=\left(I_o\cdot\frac{3D}{1-D}+3I_o\right)D=I_o\cdot\frac{3D}{1-D} \tag{8.56}$$

将上述电流应力分析推广到含有 n 个基础单元“外衣”电路的一般情况，可得

$$\begin{cases} I_{D1}=I_{D11}=I_{D21}=\cdots=I_{Dn1}=I_o \\ I_{L2}=I_{L11}=I_{L21}=\cdots=I_{Ln1}=I_o \\ I_{L1}=I_o\cdot\dfrac{(n+1)D}{1-D} \\ I_{S1}=I_o\cdot\dfrac{(n+1)D}{1-D} \end{cases} \tag{8.57}$$

8.3.3　电流断续模式分析

1. 工作原理

DCM 工况下单位开关周期内变换器的主要波形如图 8.19 所示，电感 L_2、L_{11}、L_{21} 的电流在 t_2 时刻下降到零，之后反向，等效电路如图 8.20（a）所示。在 t_2～t_3 时段，i_{L1} 下降，i_{L2}、i_{L11}、i_{L21} 反向上升，在 t_3 时刻，i_{L2}、i_{L11}、i_{L21} 之和与 i_{L1} 幅值相等。在 t_3～t_4 时段，二极管 D_1、D_{11}、D_{21} 关断，电感 L_1、L_2、L_{11}、L_{21} 中电流不变，电感端电压均为零，其等效电路如图 8.20（b）所示。为简化后续分析过程，将变换器在 DCM 工况下一个开关周期内的工作状况分三种情况进行讨论：第一种情况为 $0\leqslant t\leqslant DT$，第二种情况为 $DT_S\leqslant t\leqslant D_MT_S$，第三种情况为 $D_MT_S\leqslant t\leqslant T_S$。

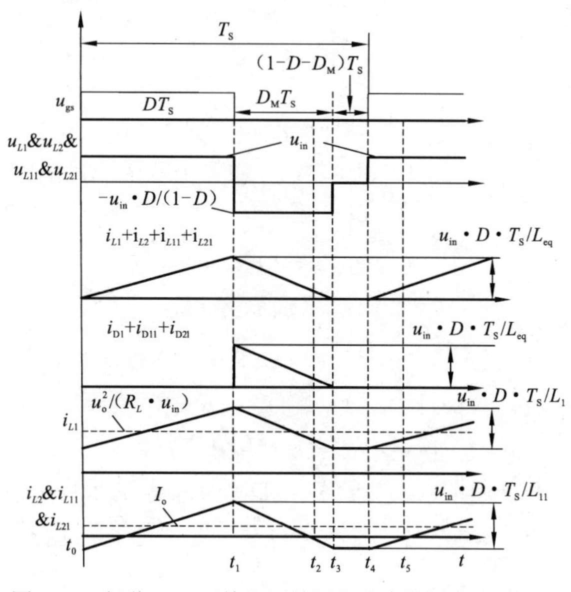

图 8.19　轻载工况下单位开关周期内变换器的主要波形

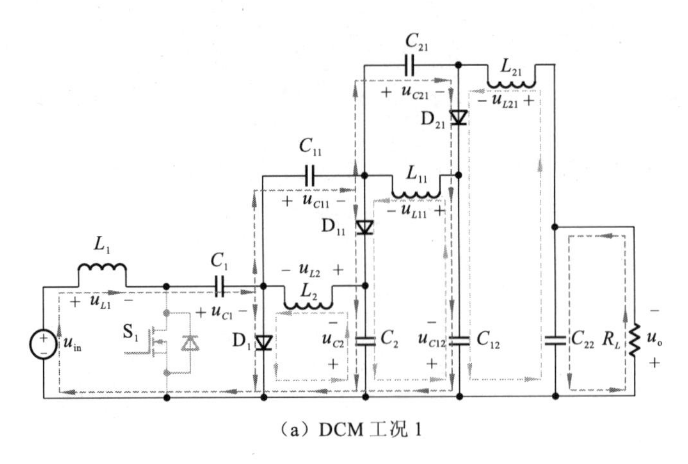

（a）DCM 工况 1

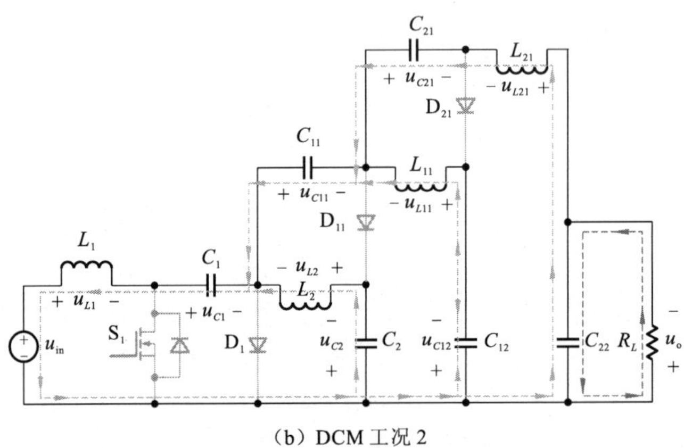

（b）DCM 工况 2

图 8.20　DCM 工况下的等效电路

2. 性能特点

当变换器工作在 DCM 工况的第二种情况时，记电容 C_1、C_{21}、C_{11} 流过的电流分别为 $i_{C1\text{（off）}}$、$i_{C11\text{（off）}}$、$i_{C21\text{（off）}}$，则此阶段电容 C_1 和二极管中流过的电流分别为

$$\begin{cases} i_{C1(\text{off})} = i_{L1} \\ i_{\text{D1}} = i_{C1(\text{off})} + i_{L2} - i_{C11(\text{off})} \\ i_{\text{D11}} = i_{L11} + i_{C11(\text{off})} - i_{C21(\text{off})} \\ i_{\text{D21}} = i_{L21} + i_{C21(\text{off})} \end{cases} \tag{8.58}$$

根据式（8.58），流过二极管 D_1、D_{11}、D_{21} 的总电流为

$$i_{\text{D1}} + i_{\text{D11}} + i_{\text{D21}} = i_{L1} + i_{L2} + i_{L11} + i_{L21} \tag{8.59}$$

根据式（8.59），一个开关周期内二极管 D_1、D_{11}、D_{21} 总的平均电流为

$$I_{\text{D1}} + I_{\text{D11}} + I_{\text{D21}} = \frac{u_{\text{in}} \cdot D \cdot T_{\text{S}}}{L_1} + \frac{u_{\text{in}} \cdot D \cdot T_{\text{S}}}{L_2} + \frac{u_{\text{in}} \cdot D \cdot T_{\text{S}}}{L_{11}} + \frac{u_{\text{in}} \cdot D \cdot T_{\text{S}}}{L_{21}} \tag{8.60}$$

为简化后续分析，令

$$\frac{1}{L_{eq}}=\frac{1}{L_1}+\frac{1}{L_2}+\frac{1}{L_{11}}+\frac{1}{L_{21}} \tag{8.61}$$

根据式（8.46）和（8.47），当变换器工作在 DCM 模态时，由电感 L_1、L_2、L_{11}、L_{21} 安秒平衡可得

$$\frac{u_o}{u_{in}}=\frac{3D}{D_M} \tag{8.62}$$

结合图 8.19，可得变换器在 DCM 工况下的输入输出电压增益为

$$M=\frac{u_o}{u_{in}}=D\sqrt{\frac{RT_S}{2L_{eq}}} \tag{8.63}$$

在 CCM 工况和 DCM 工况临界处，变换器的输入输出电压增益相等，因此可得 DCM 工况发生的临界条件为

$$\alpha=\frac{(1-D)^2\cdot T_S\cdot R_L}{18L_{eq}} \tag{8.64}$$

其中 α 为临界因子，当 α 小于 1 时，变换器工作于 CCM 工况；当 α 大于 1 时，变换器工作于 DCM 工况。

推广到含有 n 个基础单元的一般情况可得

$$M=\frac{u_o}{u_{in}}=D\sqrt{\frac{(n+2)\cdot R_L\cdot T_S}{8L_{eq}}} \tag{8.65}$$

$$\alpha=\frac{(n+2)(1-D)^2\cdot T_S\cdot R_L}{8L_{eq}\cdot(n+1)^2} \tag{8.66}$$

8.3.4　实验验证

为了验证理论分析的正确性，建立一个含 2 个“外衣”电路基础单元的实验样机，其具体实验参数如表 8.3 所示。

表 8.3　实验参数

实验参数	参数设计	实验参数	参数设计
输入电压	48 V	开关管	IRFB4332
输出电压	400 V	二极管	idt12s60C
输出功率	200 W	电容	C_1、C_{11}、C_{21}、C_{12}、C_{22}、C_2：5 μF
开关频率	100 kHz	电感	L_1、L_2、L_{11}、L_{21}：500 μH

实验波形如图 8.21 所示，其中图 8.21（a）为 u_{gs}、u_{in}、u_o、u_{S1}，当输入输出电压增益为 8.3 时，开关占空比约为 0.735，与式（8.48）和（8.52）分析一致。二极管 D_1、D_{11}、D_{21} 的端电压波形如图 8.21（b）所示，显然二极管和开关管的电压应力均在 181 V 左右，

与式（8.52）一致。图 8.21（c）和（d）所示为各个电容上的端电压，其中 u_{C1} 约为 181 V，u_{C12} 约为 266 V，u_{C22} 为 400 V，u_{C11}、u_{C21}、u_{C2} 均约为 133 V，上述结果与式（8.48）一致。图 8.21（e）所示为各个电感的电流波形，其中电感 L_1 的电流平均值约为 4.16 A，其余电感的电流平均值均约为 0.5 A，与理论分析一致。

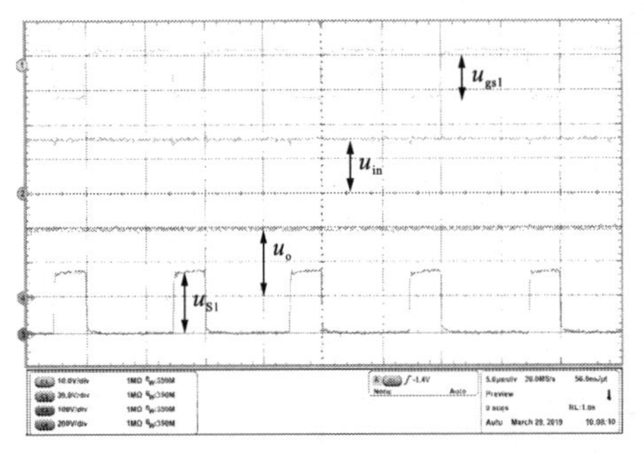

（a）开关驱动、输入输出电压及开关管 S_1 端电压波形

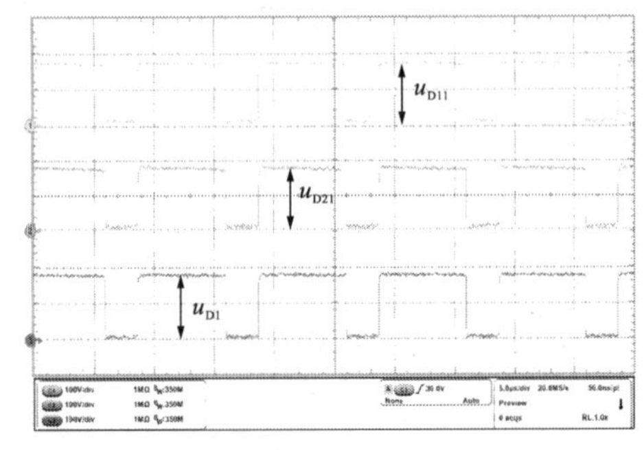

（b）二极管 D_1、D_{11}、D_{21} 端电压波形

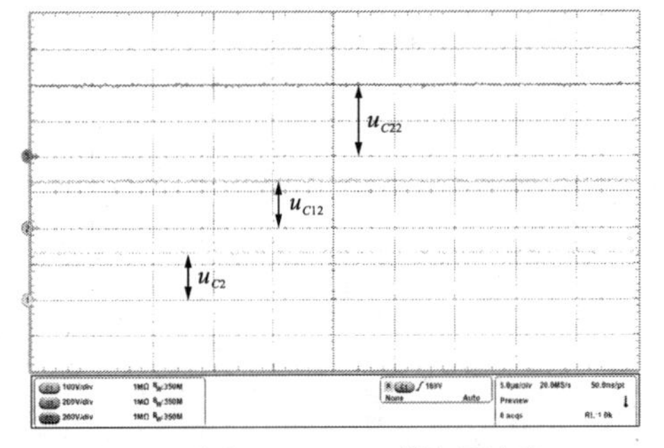

（c）电容 C_2、C_{12}、C_{22} 端电压波形

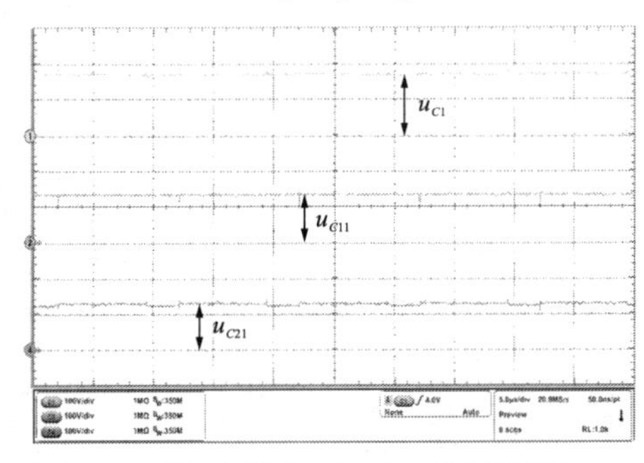

（d）电容 C_1、C_{11}、C_{21} 端电压波形

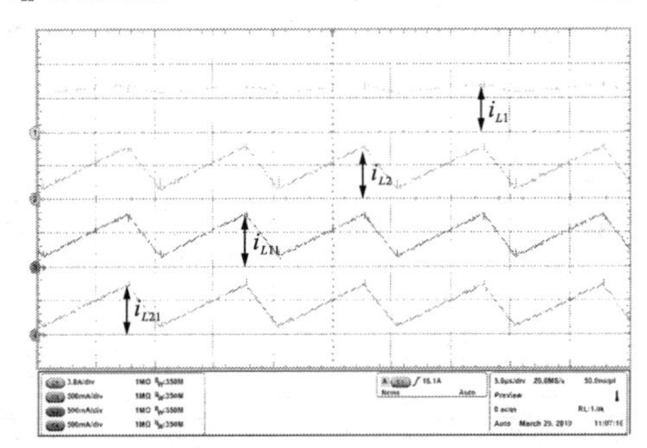

（e）电感 L_1、L_2、L_{11}、L_{21} 电流波形

图 8.21　输入电压为 48 V 时的实验波形

在不同开关占空比及负载条件下对变换器的效率进行测试，结果如图 8.22 所示。其中图 8.22（a）所示为输入电压为 48V 时，不同开关占空比时的样机效率曲线，显然此时样机效率随着开关占空比的增加而增加。图 8.22（b）所示为不同负载电阻时，输出功率发生变化时的样机效率曲线，在负载电阻为 800Ω，输出功率为 200 W 时效率达到了最大值，约为 94.2%。

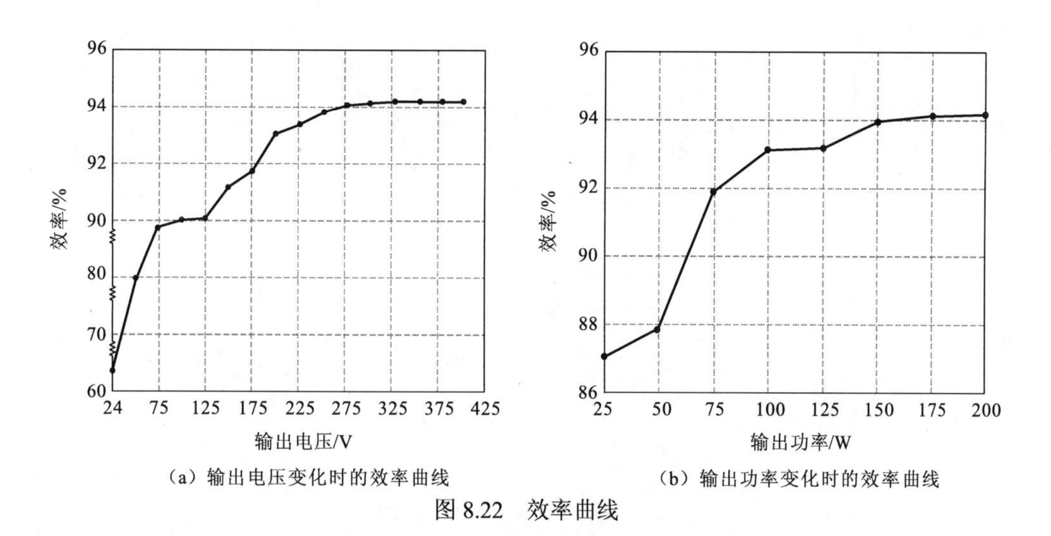

（a）输出电压变化时的效率曲线　（b）输出功率变化时的效率曲线

图 8.22　效率曲线

8.4　适用于 Sepic 变换器的“外衣”电路

适用于 Sepic 变换器的“外衣”电路拓扑如图 8.23（a）所示，它由基本 Sepic 变换器和 n 个“外衣”电路基础单元构成。

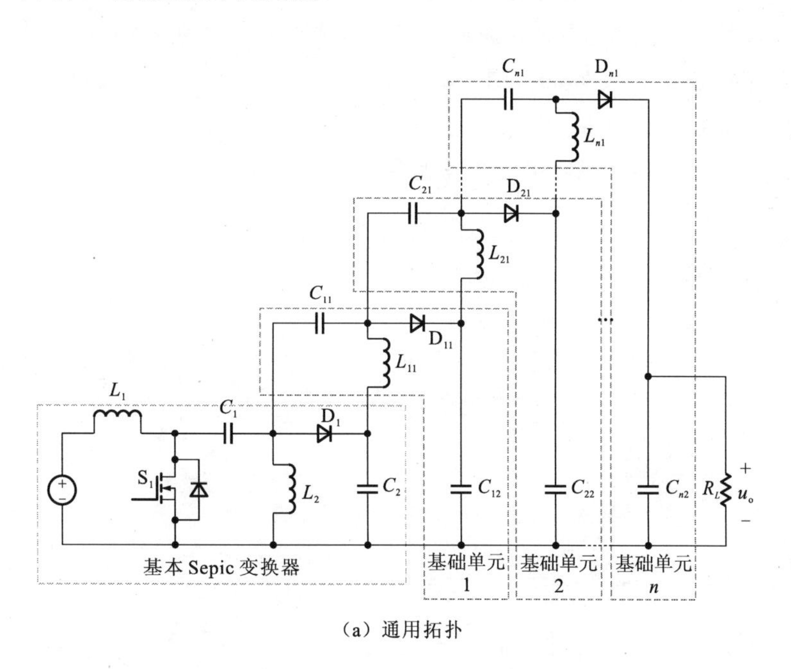

（a）通用拓扑

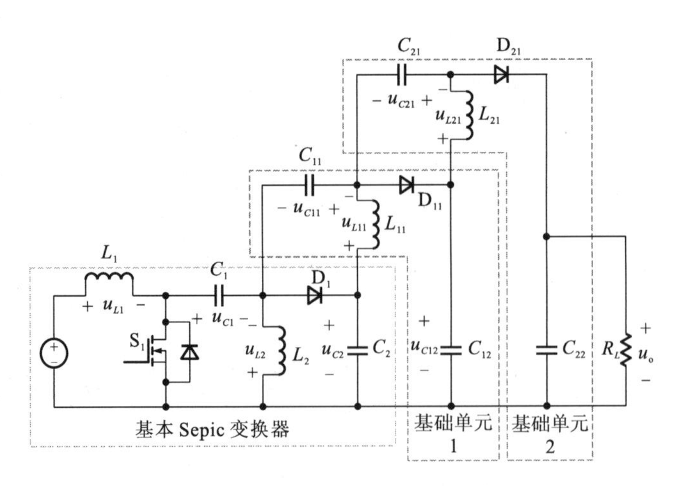

（b）含有 1 个基础单元的电路拓扑

图 8.23　适用于 Sepic 变换器的“外衣”电路拓扑

8.4.1　工作原理

为了简化分析过程，下面以含有 2 个“外衣”电路基础单元的 Sepic 变换器为例，对其工作原理进行分析，拓扑电路如图 8.23（b）所示，并进行如下假设。

（1）所有器件均为理想器件，忽略电路及器件寄生参数的影响；

（2）电容值足够大，忽略电容上电压纹波的影响；

（3）变换器工作于 CCM 工况下。

图 8.24 所示为额定工况时单位开关周期内变换器的主要波形，详细工作过程如下。

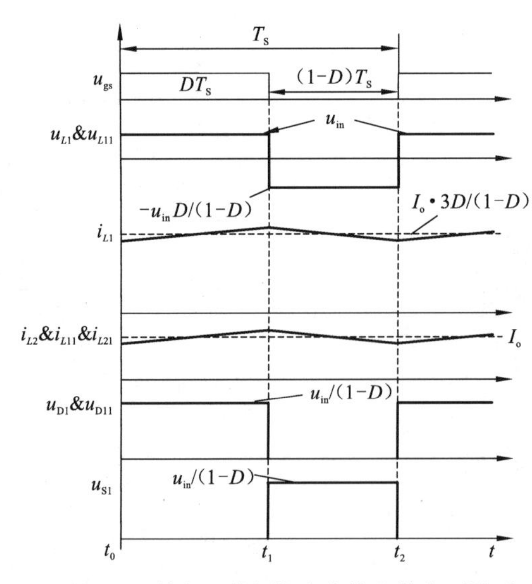

图 8.24　单位开关周期内变换器的主要波形

（1）模态 1（开关 S_1 导通）。如图 8.25（a）所示，电感 L_1 的电流在输入电源 u_{in} 的激励下线性增大，电感 L_2 的电流在电容 C_1 的激励下线性增大，电感 L_{11} 的电流在电容 C_1 和电容 C_2 的激励下线性增大，电感 L_{21} 的电流在电容 C_1 和电容 C_{12} 的激励下线性增大；二极管 D_1、D_{11}、D_{21} 均反向截止；电容 C_{11}、C_{21} 上的电压上升，电容 C_1、C_2、C_{12} 上的电压下降，电容 C_{22} 向负载供电；输出电压 u_o 下降。该模态下，满足

$$\begin{cases} L_1 \cdot \dfrac{\mathrm{d}i_{L1}}{\mathrm{d}t} = u_{in} \\ L_2 \cdot \dfrac{\mathrm{d}i_{L2}}{\mathrm{d}t} = u_{C1} \\ L_{11} \cdot \dfrac{\mathrm{d}i_{L11}}{\mathrm{d}t} = u_{C1} + u_{C2} - u_{C11} \\ L_{21} \cdot \dfrac{\mathrm{d}i_{L21}}{\mathrm{d}t} = u_{C1} + u_{C12} - u_{C11} - u_{C21} \end{cases} \tag{8.67}$$

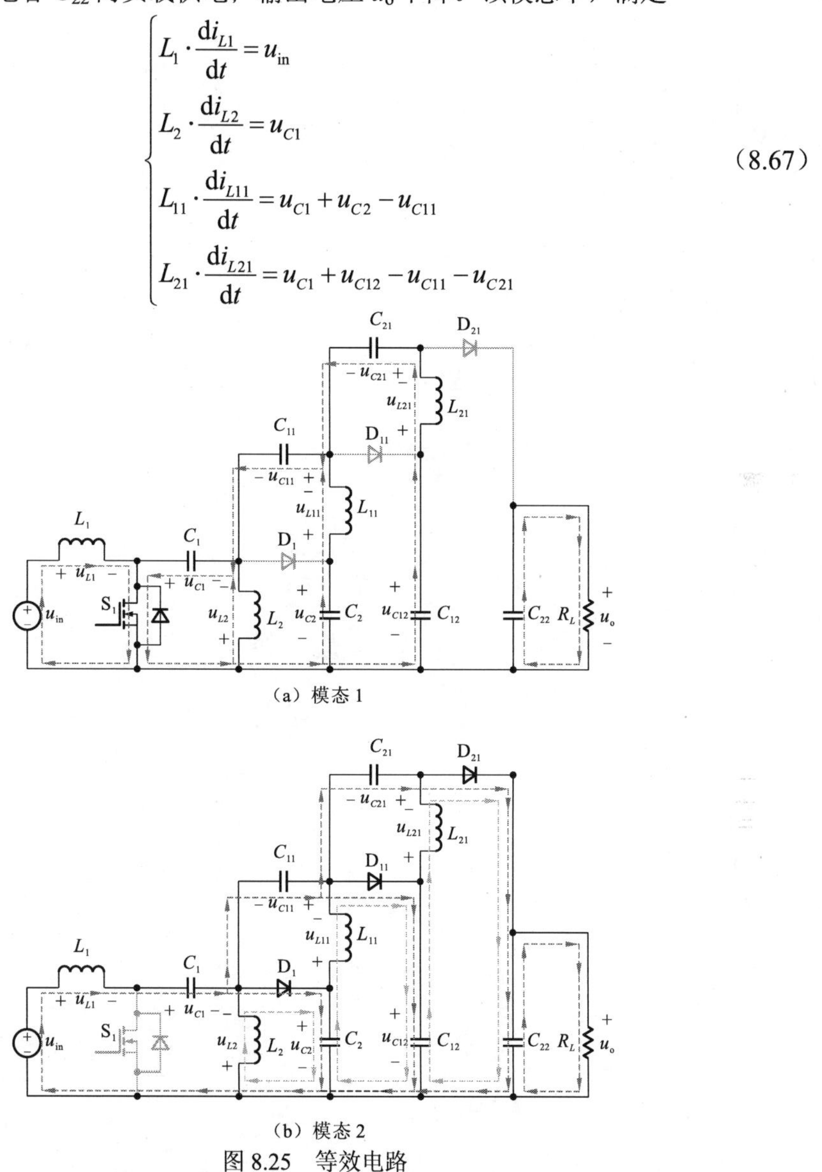

（a）模态 1

（b）模态 2

图 8.25　等效电路

（2）模态 2（开关 S_1 关断）。如图 8.25（b）所示，电感 L_1 的电流 i_{L1} 首先流经电容 C_1，之后的流通路径有三条：一部分通过二极管 D_1 向电容 C_2 充电；另一部分通过电容 C_{11} 和二极管 D_{11} 向电容 C_{12} 充电；最后一部分通过电容 C_{11}、C_{21} 和二极管 D_{21} 向电容 C_{22} 及负载供电。电感 L_2 的电流通过二极管 D_1 向电容 C_2 充电，电感 L_{11} 的电流通过二极管

D_{11}和电容C_2向电容C_{12}充电，电感L_{21}的电流通过二极管D_{21}和电容C_{12}向电容C_{22}和负载供电。该模态下，电感L_1、L_2、L_{11}、L_{21}和电容C_{11}、C_{21}放电，电容C_1、C_2、C_{12}、C_{22}充电，满足

$$\begin{cases} L_1 \cdot \dfrac{di_{L1}}{dt} = u_{in} - u_{C1} - u_{C2} = u_{in} - u_{C1} + u_{C11} - u_{C12} = u_{in} - u_{C1} + u_{C11} + u_{C21} - u_{C22} \\ L_2 \cdot \dfrac{di_{L2}}{dt} = -u_{C2} \\ L_{11} \cdot \dfrac{di_{L11}}{dt} = -u_{C11} = u_{C2} - u_{C12} \\ L_{21} \cdot \dfrac{di_{L21}}{dt} = -u_{C21} = u_{C12} - u_{C22} \end{cases} \tag{8.68}$$

8.4.2 性能特点

1. 输入输出电压增益

由电感L_1、L_2、L_{11}、L_{21}的伏秒平衡可得

$$\begin{cases} u_{C1} = u_{in} \\ u_{C2} = \dfrac{u_{in} \cdot D}{1-D} \\ u_{C11} = u_{C21} = \dfrac{u_{in} \cdot D}{1-D} \\ u_{C12} = \dfrac{u_{in} \cdot 2D}{1-D} \\ u_o = u_{C22} = \dfrac{u_{in} \cdot 3D}{1-D} \end{cases} \tag{8.69}$$

进而可得变换器输入输出增益为

$$M = \frac{u_o}{u_{in}} = \frac{3D}{1-D} \tag{8.70}$$

推广到含有n个基础单元的“外衣”电路可得

$$\begin{cases} u_{C1} = u_{in} \\ u_{C2} = \dfrac{u_{in} \cdot D}{1-D} \\ u_{C11} = u_{C21} = \cdots = u_{Cn1} = \dfrac{u_{in} \cdot D}{1-D} \\ u_{Ci2} = \dfrac{u_{in}(i+1)D}{1-D} \\ u_o = u_{Cn2} = \dfrac{u_{in}(n+1)D}{1-D} \end{cases} \tag{8.71}$$

$$M=\frac{u_{\mathrm{o}}}{u_{\mathrm{in}}}=\frac{(n+1)D}{1-D} \tag{8.72}$$

2. 器件电压电流应力

如图 8.25（b）所示，将开关 S_1 和二极管 D_1、D_{11}、D_{21} 的电压应力分别记为 u_{S1} 和 u_{D1}、u_{D11}、u_{D21}，根据式（8.69）可得

$$\begin{cases} u_{\mathrm{S1}}=u_{\mathrm{D1}}=u_{C1}+u_{C2}=\dfrac{u_{\mathrm{in}}}{1-D} \\ u_{\mathrm{D11}}=u_{C12}-u_{C11}+u_{C1}=\dfrac{u_{\mathrm{in}}}{1-D} \\ u_{\mathrm{D21}}=u_{C22}-u_{C11}-u_{C21}+u_{C1}=\dfrac{u_{\mathrm{in}}}{1-D} \end{cases} \tag{8.73}$$

根据式（8.71）推广到含 n 个基础单元的“外衣”电路可得

$$u_{\mathrm{D11}}=u_{\mathrm{D21}}=\cdots=u_{\mathrm{D}n1}=\frac{u_{\mathrm{in}}}{1-D} \tag{8.74}$$

为了简化电流应力分析，忽略电感 L_1、L_2、L_{11}、L_{21} 及输出电流 i_{o} 的纹波，并将其平均值记为 I_{L1}、I_{L2}、I_{L11}、I_{L21}、I_{o}。根据电容 C_1、C_2、C_{11}、C_{12}、C_{21}、C_{22} 的安秒平衡，二极管 D_1、D_{11}、D_{21} 和电感 L_{11} 的平均电流均与输出电流平均值 I_{o} 相等，即

$$I_{\mathrm{D1}}=I_{\mathrm{D11}}=I_{\mathrm{D21}}=I_{L2}=I_{L11}=I_{L21}=I_{\mathrm{o}} \tag{8.75}$$

若忽略变换器损耗，假定其输入输出功率相等，则可通过式（8.4）得到输入输出电流关系为

$$I_{L1}=I_{\mathrm{o}}\cdot\frac{3D}{1-D} \tag{8.76}$$

由图 8.25（a）可得流过开关 S_1 的电流平均值为

$$I_{\mathrm{S1}}=(I_{L1}+I_{L2}+I_{L11}+I_{L21})\cdot D=\left(I_{\mathrm{o}}\cdot\frac{3D}{1-D}+3I_{\mathrm{o}}\right)\cdot D=I_{\mathrm{o}}\cdot\frac{3D}{1-D} \tag{8.77}$$

将上述电流应力分析推广到含有 n 个基础单元“外衣”电路的一般情况，可得

$$\begin{cases} I_{\mathrm{D1}}=I_{\mathrm{D11}}=I_{\mathrm{D21}}=\cdots=I_{\mathrm{D}n1}=I_{\mathrm{o}} \\ I_{L11}=I_{L21}=\cdots=I_{Ln1}=I_{\mathrm{o}} \\ I_{L1}=I_{\mathrm{o}}\cdot\dfrac{(n+1)D}{1-D} \\ I_{\mathrm{S1}}=I_{\mathrm{o}}\cdot\dfrac{(n+1)D}{1-D} \end{cases} \tag{8.78}$$

8.4.3　电流断续模式分析

1. 工作原理

为简化分析过程，假定 L_1、L_2、L_{11}、L_{21} 的电感值均相等，即 $L_1=L_2=L_{11}=L_{21}=L$。

此时，由电感端电压大小可知，这些电感的电流纹波峰峰值相等，即

$$\Delta i_{L1}=\Delta i_{L11}=\Delta i_{L}=\frac{u_{\text{in}}\cdot DT_{\text{S}}}{L} \tag{8.79}$$

DCM 工况下单位开关周期内变换器的主要波形如图 8.26 所示，电感 L_2、L_{11}、L_{21} 的电流 i_{L2}、i_{L11}、i_{L21} 在 t_2 时刻下降到零，之后反向，等效电路如图 8.27（a）所示。在 t_2～t_3 时段，i_{L1} 下降，i_{L2}、i_{L11}、i_{L21} 反向上升；在 t_3 时刻，i_{L2}、i_{L11}、i_{L21} 之和与 i_{L1} 幅值相等，记为 I_{M}。在 t_3～t_4 时段，二极管 D_1、D_{11}、D_{21} 关断，由于输入电压与电容 C_1 端电压大小相等，电容 C_{11} 端电压与 C_2 端电压相等，电容 C_{12} 端电压与 C_{11} 和 C_{21} 端电压之和相等，电感 L_1、L_2、L_{11}、L_{21} 的端电压均为零，i_{L1}、i_{L2}、i_{L11}、i_{L21} 在该模态下均保持不变，其等效电路如图 8.27（b）所示。

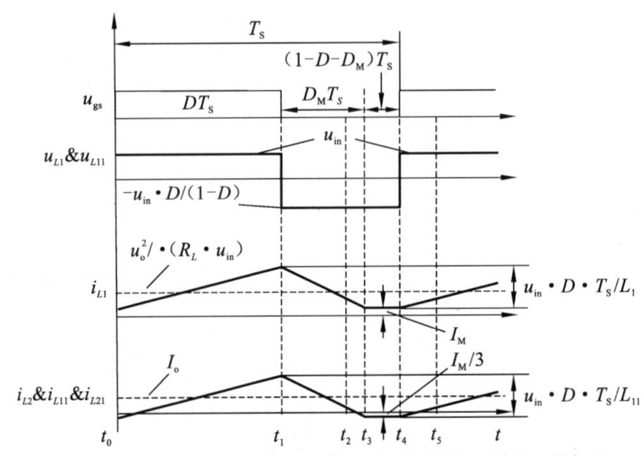

图 8.26　轻载工况下单位开关周期内变换器的主要波形

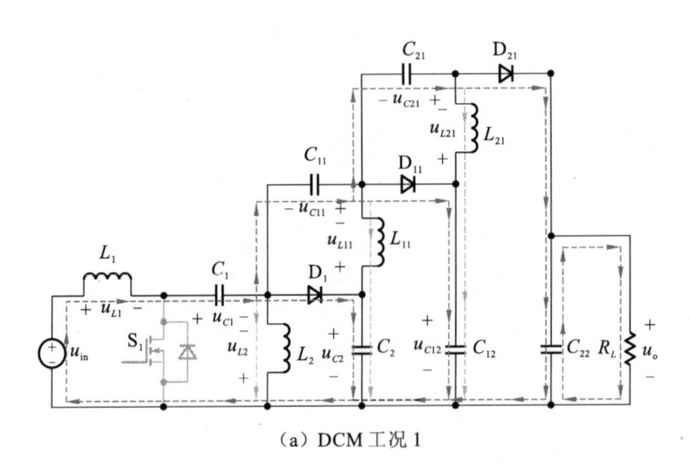

（a）DCM 工况 1

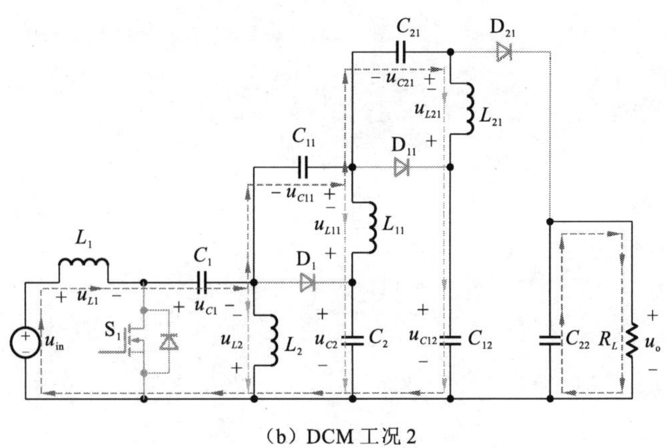

(b) DCM 工况 2

图 8.27　DCM 工况下的等效电路

2. 性能特点

由电感 L_1、L_2、L_{11}、L_{21} 的伏秒平衡可得

$$\begin{cases} u_{C1}=u_{in}\cdot\dfrac{D+D_M}{D_M} \\ u_{C11}=u_{C21}=u_{C2}=u_{C1}\cdot\dfrac{D}{D+D_M}=u_{in}\cdot\dfrac{D}{D_M} \\ u_{C12}=u_{in}\cdot\dfrac{2D}{D_M} \\ u_o=u_{C22}=u_{in}\cdot\dfrac{3D}{D_M} \end{cases} \tag{8.80}$$

进而可得变换器输入输出增益为

$$M=\frac{u_o}{u_{in}}=\frac{3D}{D_M} \tag{8.81}$$

与前述变换器 DCM 工况分析类似，开关占空比 D 为变换器的可控量，可以认为是已知的，但 D_M 是未知的，因此必须寻找其他方程来消除 D_M 得到变换器在轻载工况下的输入输出电压增益。根据电容 C_1、C_2、C_{11}、C_{12}、C_{21}、C_{22} 的安秒平衡，二极管 D_1、D_{11}、D_{21} 和电感 L_{11} 的平均电流均与输出电流平均值 I_o 相等，结合输入输出功率平衡可得

$$\begin{cases} I_{D1}=I_{D11}=I_{D21}=I_{L2}=I_{L11}=I_{L21}=I_o \\ I_{L1}=\dfrac{{u_o}^2}{R_L\cdot u_{in}} \end{cases} \tag{8.82}$$

此外由图 8.26 可得

$$\begin{cases} I_{L2}=I_{L11}=I_{L21}=\dfrac{u_{in}\cdot DT_S}{2L}\cdot(D+D_M)-\dfrac{I_M}{3} \\ I_{L1}=\dfrac{u_{in}\cdot DT_S}{2L}\cdot(D+D_M)+I_M \end{cases} \tag{8.83}$$

由式（8.81）～（8.83）可得变换器在 DCM 工况下的输入输出电压增益为

$$M=\frac{u_{\mathrm{o}}}{u_{\mathrm{in}}}=\sqrt{\frac{2R_L\cdot D^2\cdot T_{\mathrm{S}}}{L}} \tag{8.84}$$

在正常工况与 DCM 工况临界处，变换器的输入输出电压增益相等，因此可得 DCM 工况发生的临界条件为

$$\alpha=\frac{2(1-D)^2\cdot T_{\mathrm{S}}\cdot R_L}{9L} \tag{8.85}$$

其中 α 为临界因子，当 α 小于 1 时，变换器工作于正常工况；当 α 大于 1 时，变换器工作于 DCM 工况。

推广到含有 n 个基础单元的一般情况可得

$$M=\frac{u_{\mathrm{o}}}{u_{\mathrm{in}}}=\sqrt{\frac{(n+2)R_L\cdot D^2\cdot T_{\mathrm{S}}}{2L}} \tag{8.86}$$

$$\alpha=\frac{(n+2)(1-D)^2\cdot T_{\mathrm{S}}\cdot R_L}{2L(n+1)^2} \tag{8.87}$$

8.4.4 实验验证

为了验证理论分析的正确性，建立一个含有 2 个“外衣”电路基础单元的实验样机，其具体实验参数如表 8.4 所示。

表 8.4 实验参数

实验参数	参数设计	实验参数	参数设计
输入电压	48 V	开关管	IRFB43322
输出电压	400 V	二极管	STTH15L06D
输出功率	300 W	电容	C_{11}：20 μF，C_1：60 μF C_2、C_{12}、C_{22}、C_{21}：10 μF
开关频率	100 kHz	电感	L_1，L_2，L_{11}，L_{21}：500 μH

实验波形如图 8.28 所示，其中图 8.28（a）为 u_{gs1}、u_{in}、u_{o}、u_{S1}，当输入输出电压增益为 8.3 时，开关占空比约为 0.735，与式（8.72）分析一致。二极管 D_1、D_{11}、D_{21} 的端电压波形如图 8.28（b）所示，显然，二极管和开关管的电压应力均在 181 V 左右，与式（8.73）一致。图 8.28（c）和（d）所示为各个电容上的端电压，其中 u_{C1} 约为 48 V，u_{C12} 约为 266 V，u_{C22} 约为 400 V，u_{C11}、u_{C2}、u_{C21} 均约为 133 V，上述结果与式（8.71）一致。图 8.28（e）所示为各个电感的电流波形，其中电感 L_1 的电流平均值约为 6.25 A，其余电感的电流平均值均约为 0.75 A，与理论分析一致。

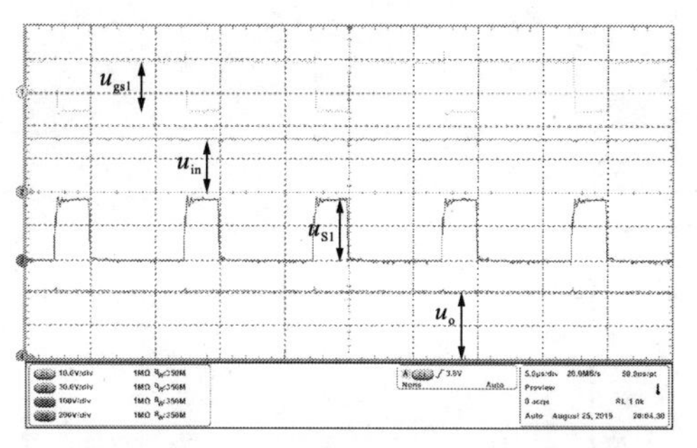

（a）开关驱动、输入输出电压及开关管 S_1 端电压波形

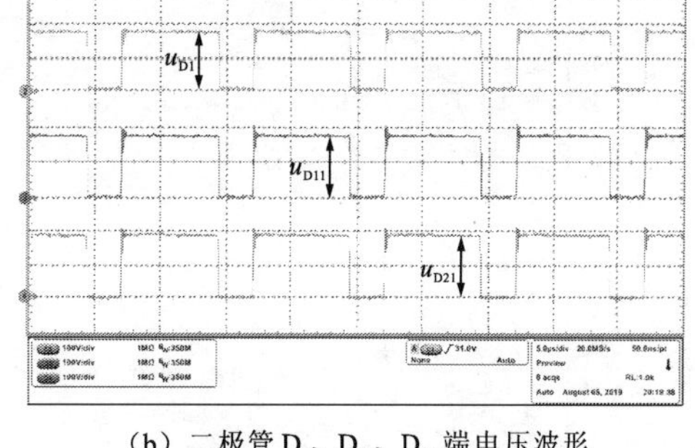

（b）二极管 D_1、D_{11}、D_{21} 端电压波形

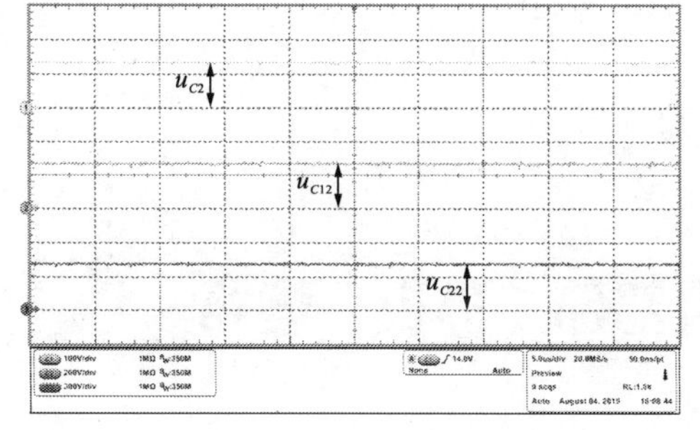

（c）电容 C_2、C_{12}、C_{22} 端电压波形

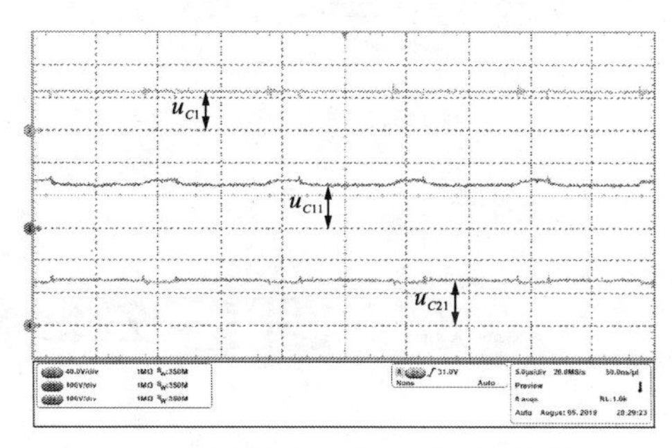

（d）电容 C_1、C_{11}、C_{21} 端电压波形

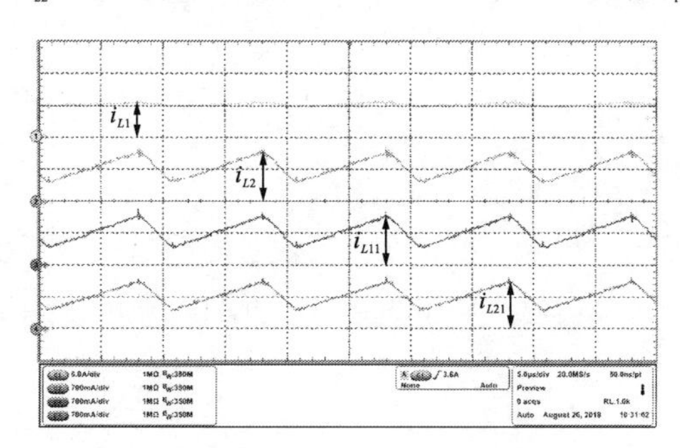

（e）电感 L_1、L_2、L_{11}、L_{21} 电流波形

图 8.28　输入电压为 48 V 时的实验波形

在不同开关占空比和负载条件下对变换器的效率进行测试，结果如图 8.29 所示。其中图 8.29（a）所示为输入电压为 48 V 时，改变开关占空比得到不同输出电压时的样机效率曲线，显然此时样机效率随着开关占空比的增加有着先增加后下降的趋势，当开关占空比为 0.69、输出电压为 320 V 时，效率最大值为 93.9%。图 8.29（b）所示为负载电阻在 300～800 Ω 时，输出功率在 175～425 W 下的样机效率曲线，样机效率随着负载电阻的增加而增加，在负载电阻为 800 Ω、输出功率为 187 W 时，效率最大值为 94.1%。

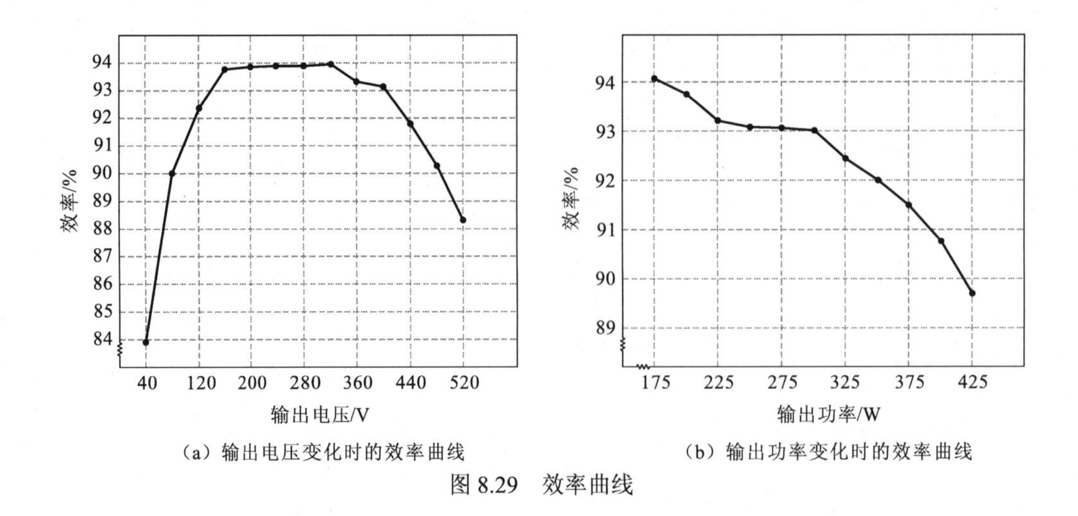

（a）输出电压变化时的效率曲线　（b）输出功率变化时的效率曲线

图 8.29　效率曲线

8.5　适用于 Zeta 变换器的“外衣”电路

变换器拓扑电路如图 8.30（a）所示，它由基本 Zeta 变换器和 n 个“外衣”电路基础单元构成。

8.5.1　工作原理

为了简化分析过程，下面以含有 1 个“外衣”电路基础单元的 Zeta 变换器为例，对其工作原理进行分析，拓扑电路如图 8.30（b）所示，并进行如下假设。

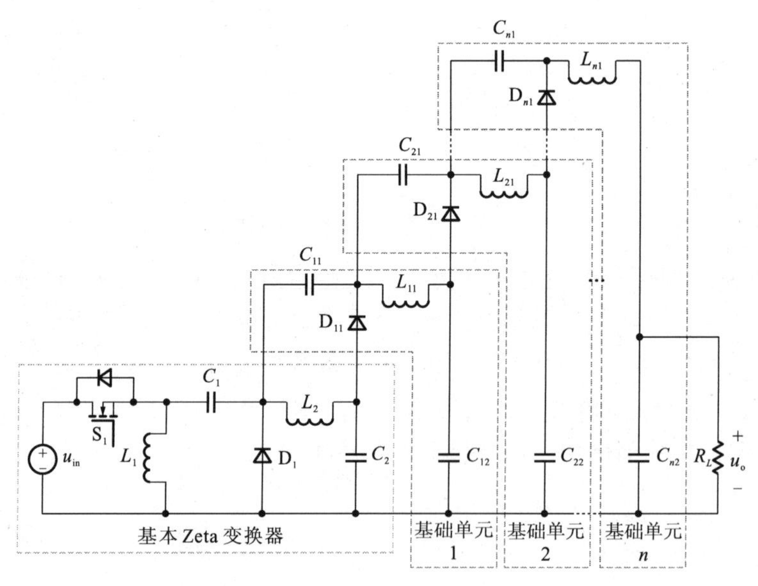

（a）通用拓扑

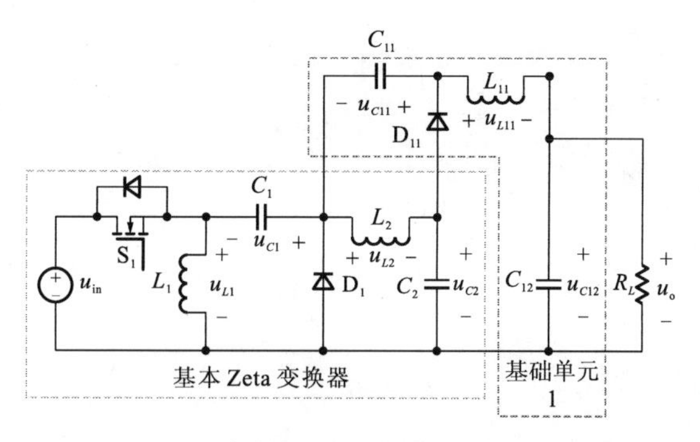

（b）含有 1 个基础单元的电路拓扑

图 8.30　适用于 Zeta 变换器的所提“外衣”电路拓扑

（1）所有器件均为理想器件，忽略电路及器件寄生参数的影响；

（2）电容值足够大，忽略电容上电压纹波的影响。

变换器工作在 CCM 模式时，在一个开关周期 T_S 内，变换器有 2 个开关模态，其主要工作波形如图 8.31 所示。具体工作状态如下。

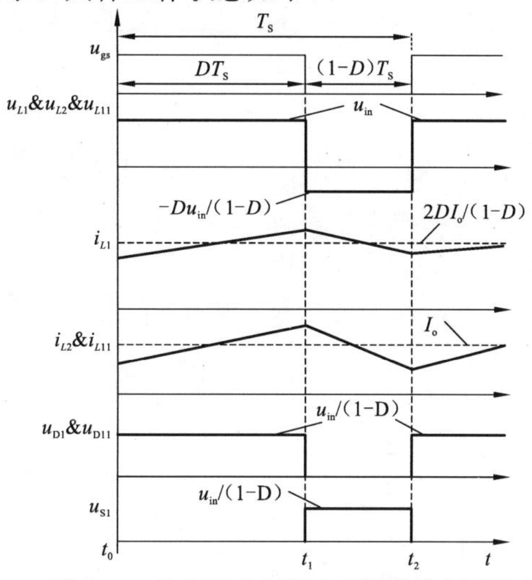

图 8.31　单位开关周期内变换器的主要波形

（1）开关模态 1［t_0～t_1］。等效电路如图 8.32（a）所示，在此开关模态下，开关 S_1 导通；二极管 D_1、D_{11} 均关断；电源 u_{in} 给电感 L_1 充电构成一条回路，电源 u_{in} 和电容 C_1 给电感 L_2 和电容 C_2 充电构成一条回路，电源 u_{in}、电容 C_1 和电容 C_{11} 给电感 L_{11} 和电容 C_{12} 充电，并给负载供电。电感电流 i_{L1}、i_{L2}、i_{L11} 均线性增大，电容 C_1、C_{11} 上的电压下降，电容 C_2、C_{12} 上的电压上升。该模态下，满足

$$
\begin{cases}
L_1 \cdot \dfrac{\mathrm{d}i_{L1}}{\mathrm{d}t} = u_{in} \\
L_2 \cdot \dfrac{\mathrm{d}i_{L2}}{\mathrm{d}t} = u_{in} + u_{C1} - u_{C2} \\
L_{11} \cdot \dfrac{\mathrm{d}i_{L11}}{\mathrm{d}t} = u_{in} + u_{C1} + u_{C11} - u_{C12}
\end{cases}
\tag{8.88}
$$

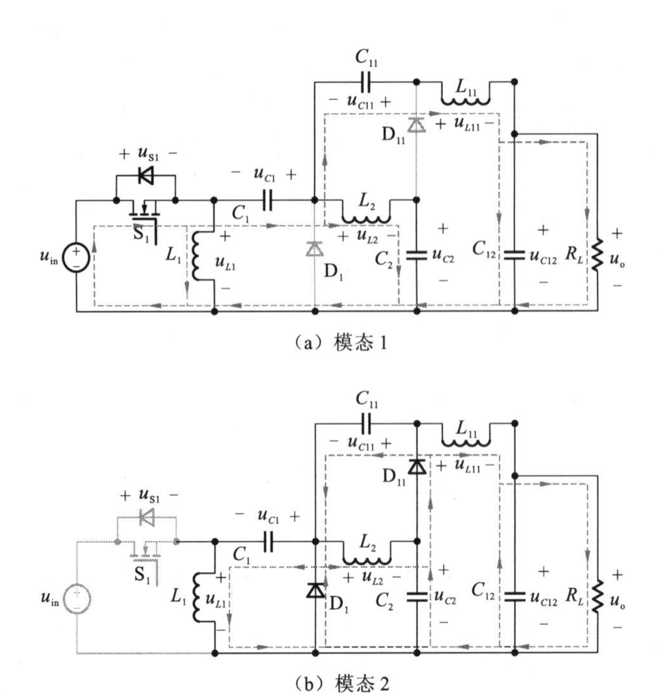

（a）模态 1

（b）模态 2

图 8.32　等效电路

（2）开关模态 2 $[t_1 \sim t_2]$。等效电路如图 8.32（b）所示，在此开关模态下，开关 S_1 关断；二极管 D_1、D_{11} 均导通；电感 L_1 通过二极管 D_1 给电容 C_1 充电，电感 L_2 通过二极管 D_{11} 给电容 C_{11} 充电，电感 L_{11}、电容 C_2 和电容 C_{12} 共同给负载供电。在此模态下，电感电流 i_{L1}、i_{L2}、i_{L11} 均线性下降，电容 C_1、C_{11} 上的电压上升，电容 C_2、C_{12} 上的电压下降，满足

$$\begin{cases} L_1 \cdot \dfrac{\mathrm{d}i_{L1}}{\mathrm{d}t} = -u_{C1} \\ L_2 \cdot \dfrac{\mathrm{d}i_{L2}}{\mathrm{d}t} = -u_{C11} = -u_{C2} \\ L_{11} \cdot \dfrac{\mathrm{d}i_{L11}}{\mathrm{d}t} = u_{C11} - u_{C12} = u_{C2} - u_{C12} \end{cases} \tag{8.89}$$

8.5.2　性能特点

1. 输入输出电压增益

根据上述对变换器工作原理的分析，由电感 L_1、L_2、L_{11}、L_{21} 的伏秒平衡可得

$$\begin{cases} u_{C1} = u_{C11} = u_{C2} = \dfrac{D \cdot u_{in}}{1-D} \\ u_o = u_{C12} = \dfrac{2D \cdot u_{in}}{1-D} \end{cases} \tag{8.90}$$

进而可得变换器输入输出电压增益为

$$M=\frac{u_{\mathrm{o}}}{u_{\mathrm{in}}}=\frac{2D}{1-D} \tag{8.91}$$

推广到含有 n 个基础单元的“外衣”电路可得

$$\begin{cases} u_{C1}=\dfrac{D\cdot u_{\mathrm{in}}}{1-D} \\ u_{C2}=\dfrac{D\cdot u_{\mathrm{in}}}{1-D} \\ u_{C11}=u_{C21}=\cdots=u_{Cn1}=\dfrac{u_{\mathrm{in}}\cdot D}{1-D} \\ u_{Cn2}=\dfrac{(n+1)D\cdot u_{\mathrm{in}}}{1-D} \\ u_{\mathrm{o}}=u_{Cn2}=\dfrac{(n+1)D\cdot u_{\mathrm{in}}}{1-D} \end{cases} \tag{8.92}$$

$$M=\frac{u_{\mathrm{o}}}{u_{\mathrm{in}}}=\frac{(n+1)D}{1-D} \tag{8.93}$$

2. 器件电压电流应力

如图 8.32（b）所示，将开关 S_1 和二极管 D_1、D_{11} 的电压应力分别记为 u_{S1} 和 u_{D1}、u_{D11}，根据式（8.90）可得

$$\begin{cases} u_{\mathrm{S1}}=u_{\mathrm{in}}+u_{C1}=\dfrac{u_{\mathrm{in}}}{1-D} \\ u_{\mathrm{D1}}=u_{\mathrm{in}}+u_{C1}=\dfrac{u_{\mathrm{in}}}{1-D} \\ u_{\mathrm{D11}}=u_{\mathrm{in}}+u_{C1}+u_{C11}-u_{C2}=\dfrac{u_{\mathrm{in}}}{1-D} \end{cases} \tag{8.94}$$

根据式（8.92）推广到含有 n 个基础单元的“外衣”电路可得

$$\begin{cases} u_{\mathrm{S1}}=\dfrac{u_{\mathrm{in}}}{1-D} \\ u_{\mathrm{D1}}=u_{\mathrm{D11}}=u_{\mathrm{D21}}=\cdots=u_{\mathrm{D}n1}=\dfrac{u_{\mathrm{in}}}{1-D} \end{cases} \tag{8.95}$$

为了简化电流应力分析，设电感电流 i_{L1}、i_{L2}、i_{L11} 平均值分别为 I_{L1}、I_{L2}、I_{L11}，输出电流 i_{o} 平均值为 I_{o}，二极管电流 i_{D1}、i_{D11} 平均值分别为 I_{D1}、I_{D11}，根据电容 C_1、C_{11}、C_{12} 的安秒平衡，二极管 D_1、D_{11} 和电感 L_{11} 的平均电流均与输出电流平均值 I_{o} 相等，即

$$I_{\mathrm{D1}}=I_{\mathrm{D11}}=I_{L2}=I_{L11}=I_{\mathrm{o}} \tag{8.96}$$

若忽略变换器损耗，假定其输入输出功率相等，则可通过式（8.91）得到输入输出电流关系为

$$I_{L1}=\frac{2D}{1-D}\cdot I_{\mathrm{o}} \tag{8.97}$$

由图 8.32（a）可得流过开关 S_1 的电流平均值为

$$I_{S1}=D(I_{L1}+I_{L2}+I_{L11})=D\left(\frac{2D}{1-D}\cdot I_o+2I_o\right)=\frac{2D}{1-D}\cdot I_o \tag{8.98}$$

将上述电流应力分析推广到含有 n 个基础单元“外衣”电路的一般情况，可得

$$\begin{cases}I_{L1}=\dfrac{(n+1)D}{1-D}I_o\\ I_{L2}=I_{L11}=I_{L21}=\cdots=I_{Ln1}=I_o\\ I_{S1}=\dfrac{(n+1)D}{1-D}\cdot I_o\\ I_{D1}=I_{D11}=I_{D21}=\cdots=I_{Dn1}=I_o\end{cases} \tag{8.99}$$

8.5.3 电流断续模式分析

1. 工作原理

为简化分析过程，假定 L_1、L_2、L_{11} 的电感值均相等，即 $L_1=L_2=L_{11}=L$。此时由电感端电压大小可知，这些电感的电流纹波峰峰值相等，即

$$\Delta i_{L1}=\Delta i_{L2}=\Delta i_{L11}=\Delta i_L=\frac{u_{in}\cdot DT_S}{L} \tag{8.100}$$

DCM 工况下单位开关周期内变换器的主要波形如图 8.33 所示，电感 L_2、L_{11} 的电流 i_{L2}、i_{L11} 在 t_2 时刻下降到零，之后反向，等效电路如图 8.34（a）所示。在 t_2～t_3 时段，i_{L1} 下降，i_{L2}、i_{L11} 反向上升，在 t_3 时刻，i_{L2} 和 i_{L11} 之和与 i_{L1} 幅值相等，记为 I_M。在 t_3～t_4 时段，二极管 D_1、D_{11}、D_{21} 关断，由于电容 C_1 端电压与 C_2 端电压相等，电容 C_{12} 端电压与 C_1 和 C_{11} 端电压之和相等，电感 L_1、L_2、L_{11}、L_{21} 的端电压均为零，i_{L1}、i_{L2}、i_{L11}、i_{L21} 在该模态下均保持不变，其等效电路如图 8.34（b）所示。

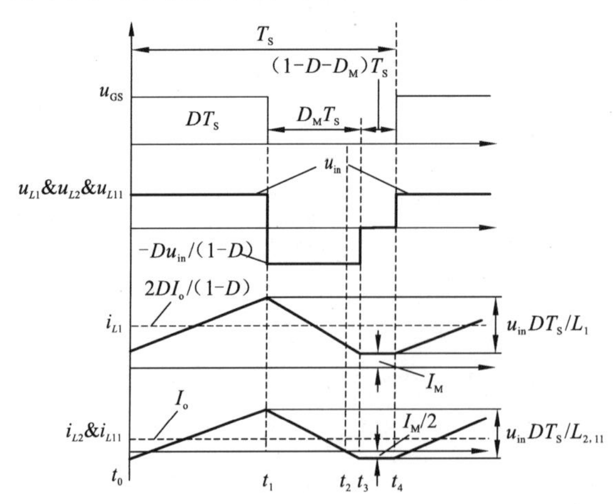

图 8.33　轻载工况下单位开关周期内变换器的主要波形

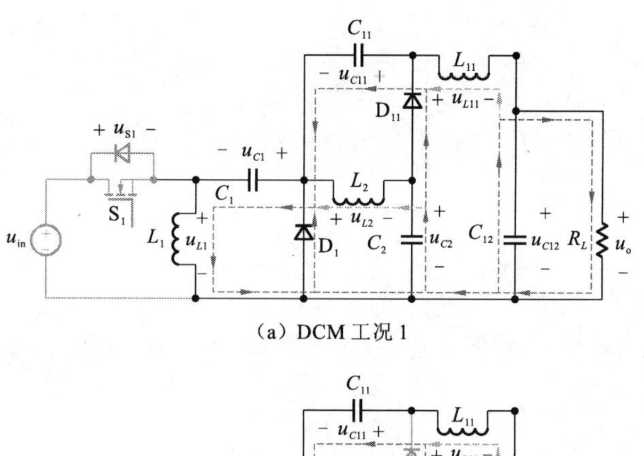

（a）DCM 工况 1

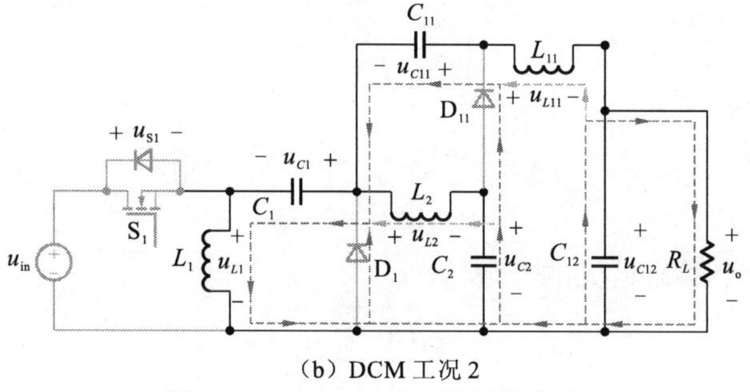

（b）DCM 工况 2

图 8.34　DCM 工况下的等效电路

2. 性能特点

由电感 L_1、L_2、L_{11} 的伏秒平衡可得

$$\begin{cases} u_{C1} = u_{C11} = u_{C2} = \dfrac{D \cdot u_{in}}{D_M} \\ u_o = u_{C12} = \dfrac{2D \cdot u_{in}}{D_M} \end{cases} \tag{8.101}$$

进而可得变换器输入输出电压增益为

$$M = \frac{u_o}{u_{in}} = \frac{2D}{D_M} \tag{8.102}$$

与前述变换器 DCM 工况分析类似，开关占空比 D 为变换器的可控量，可以认为是已知的，但 D_M 是未知的，因此必须寻找其他方程来消除 D_M 得到变换器在轻载工况下的输入输出电压增益。根据电容 C_1、C_2、C_{11}、C_{12} 的安秒平衡，二极管 D_1、D_{11} 和电感 L_{11} 的平均电流均与输出电流平均值 I_o 相等，结合输入输出功率平衡可得

$$\begin{cases} I_{D1} = I_{D11} = I_{L2} = I_{L11} = I_o \\ I_{L1} = \dfrac{{u_o}^2}{R_L \cdot u_{in}} \end{cases} \tag{8.103}$$

此外，由图 8.33 可得

$$\begin{cases} I_{L2}=I_{L11}=\dfrac{u_{\text{in}}\cdot DT_{\text{S}}}{2L}\cdot(D+D_{\text{M}})-\dfrac{I_{\text{M}}}{2} \\ I_{L1}=\dfrac{u_{\text{in}}\cdot DT_{\text{S}}}{2L}\cdot(D+D_{\text{M}})+I_{\text{M}} \end{cases} \tag{8.104}$$

由式（8.102）～（8.104），可得变换器在 DCM 工况下的输入输出电压增益为

$$M=\frac{u_{\text{o}}}{u_{\text{in}}}=\sqrt{\frac{3R_L\cdot D^2\cdot T_{\text{S}}}{2L}} \tag{8.105}$$

在正常工况和 DCM 工况临界处，变换器的输入输出电压增益相等，因此可得 DCM 工况发生的临界条件为

$$\alpha=\frac{3(1-D)^2\cdot T_{\text{S}}\cdot R_L}{8L} \tag{8.106}$$

其中 α 为临界因子，当 α 小于 1 时，变换器工作于正常工况；当 α 大于 1 时，变换器工作于 DCM 工况。

推广到含有 n 个基础单元的一般情况可得

$$M=\frac{u_{\text{o}}}{u_{\text{in}}}=\sqrt{\frac{(n+1)R_L\cdot D^2\cdot T_{\text{S}}}{2L}} \tag{8.107}$$

$$\alpha=\frac{(n+2)(1-D)^2\cdot T_{\text{S}}\cdot R_L}{2L(n+1)^2} \tag{8.108}$$

8.5.4 实验验证

为了验证理论分析的正确性，建立一个含有 2 个“外衣”电路基础单元的实验样机，其具体实验参数如表 8.5 所示。

表 8.5 实验参数

实验参数	参数设计	实验参数	参数设计
输入电压	48 V	开关管	IRFT4332
输出电压	400 V	二极管	IDT12S60C
输出功率	300 W	电容	C_1、C_2、C_{11}、C_{12}、C_{21}、C_{22}： 4μF
开关频率	100 kHz	电感	L_{11}，L_{21}，L_{31}：950 μH，L_1：300 μH

实验波形如图 8.35 所示，其中图 8.35（a）为 u_{gs}、u_{in}、u_{o}、u_{S1}，当输入输出电压增益为 8.33 时，开关占空比约为 0.735，与式（8.93）分析一致。二极管 D_1、D_{11}、D_{21}、D_{31} 的端电压波形如图 8.35（b）所示，显然二极管和开关管的电压应力均在 181 V 左右，与式（8.95）一致。图 8.35（c）和（d）所示为各个电容上的端电压，其中 u_{C1} 约为 133 V，u_{C12} 约为 267 V，u_{C22} 约为 400 V，u_{C2}、u_{C11}、u_{C21} 均约为 133 V，上述结果与式（8.92）

一致。图 8.35（e）所示为各个电感的电流波形，其中电感 L_1 的电流平均值约为 6.25 A，其余电感的电流平均值均约为 0.75 A，与理论分析一致。

在不同输入电压及负载条件下对变换器的效率进行测试，结果如图 8.36 所示。其中图 8.36（a）所示为输入电压为 48 V 时，改变开关占空比得到不同输出电压时的样机效率曲线，显然此时样机效率随着开关占空比的增加呈现出先上升后下降的趋势，当开关占空比为 0.625、输出电压为 240 V 时，效率最大值为 94.3%。图 8.36（b）所示为改变负载电阻大小时，输出功率在 30～360 W 下的样机效率曲线，样机效率同样随着负载电阻的增加而有着先上升后下降的趋势，在输出功率为 240 W 时，效率最大值为 94.2%。

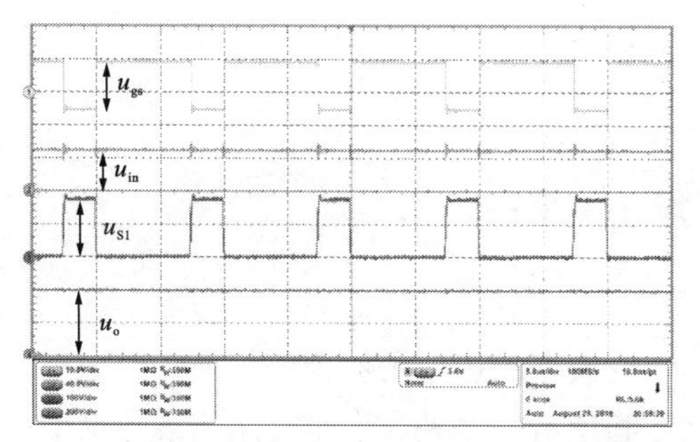

（a）开关驱动、输入输出电压及开关管 S_1 端电压波形

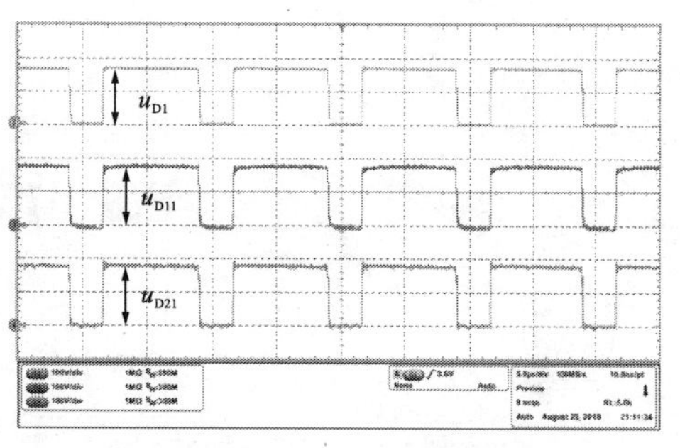

（b）二极管 D_1、D_{11}、D_{21} 端电压波形

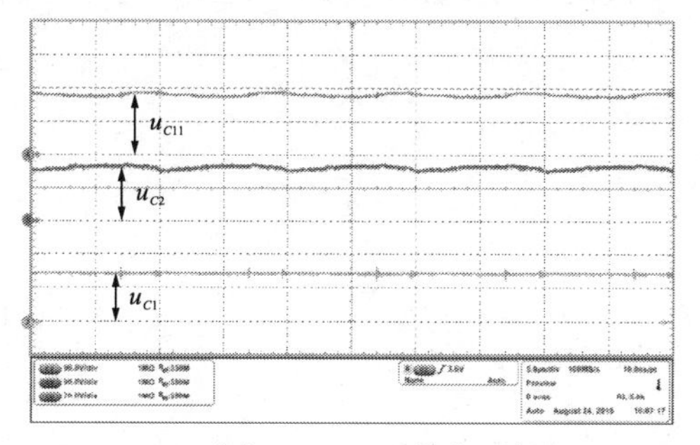

（c）电容 C_1、C_2、C_{11} 端电压波形

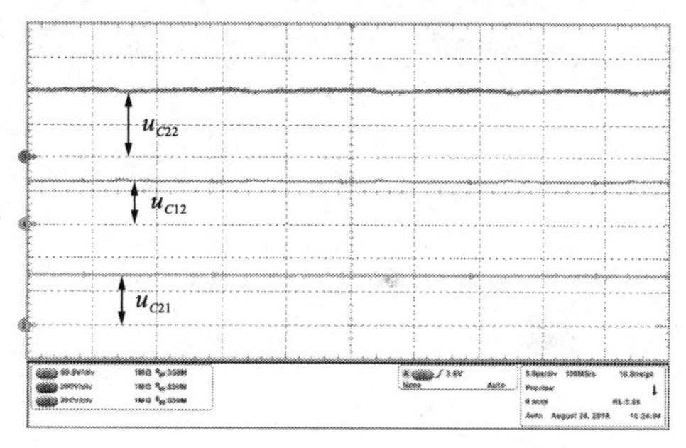

（d）电容 C_{12}、C_{21}、C_{22} 端电压波形

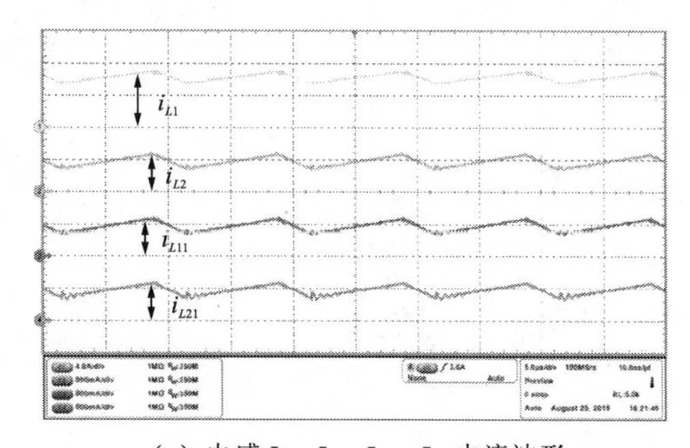

（e）电感 L_1、L_2、L_{11}、L_{21} 电流波形

图 8.35　输入电压为 48 V 时的实验波形

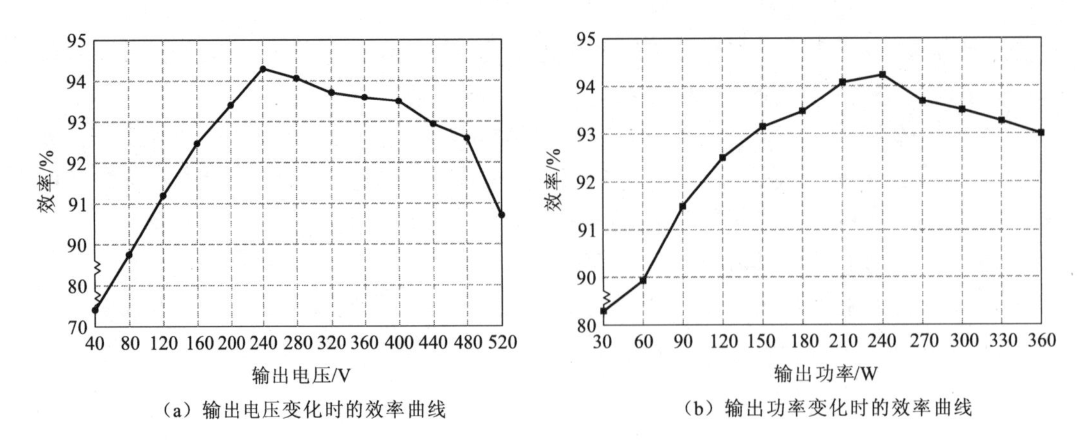

（a）输出电压变化时的效率曲线

（b）输出功率变化时的效率曲线

图 8.36 效率曲线

8.6 本章小结

本章针对各种具备升压能力的基本 DC/DC 变换器均提出了相应的“外衣”电路。与传统 VM 所构建高增益 DC/DC 变换器相比，利用所提“外衣”电路来实现变换器输入输出电压增益的提高，一方面具有不改变原变换器控制及驱动电路的优势，另一方面变换器输入输出变压范围宽，适用性较好。

第9章

零电压关断辅助电路的构建

第 6 章介绍了一种基于有源箝位电路的 L 式高增益隔离型升压变换器，隔离型升压变换器借助于漏感和有源箝位电路可实现开关管的软开关。本章将针对前述章节中所述非隔离型高增益 DC/DC 变换器提出相适应的零电压关断辅助电路。

9.1 适用于基于 CW-VM 的高增益直流升压变换器的零电压关断辅助电路

9.1.1 电路拓扑及控制方法

适用于基于 CW-VM 构建的高增益直流升压变换器的零电压关断辅助电路如图 9.1（a）所示，它由 1 个电容和 2 个二极管构成，辅助电路不影响原变换器的控制方式，因此变换器控制方法与第 2 章中所述一致。

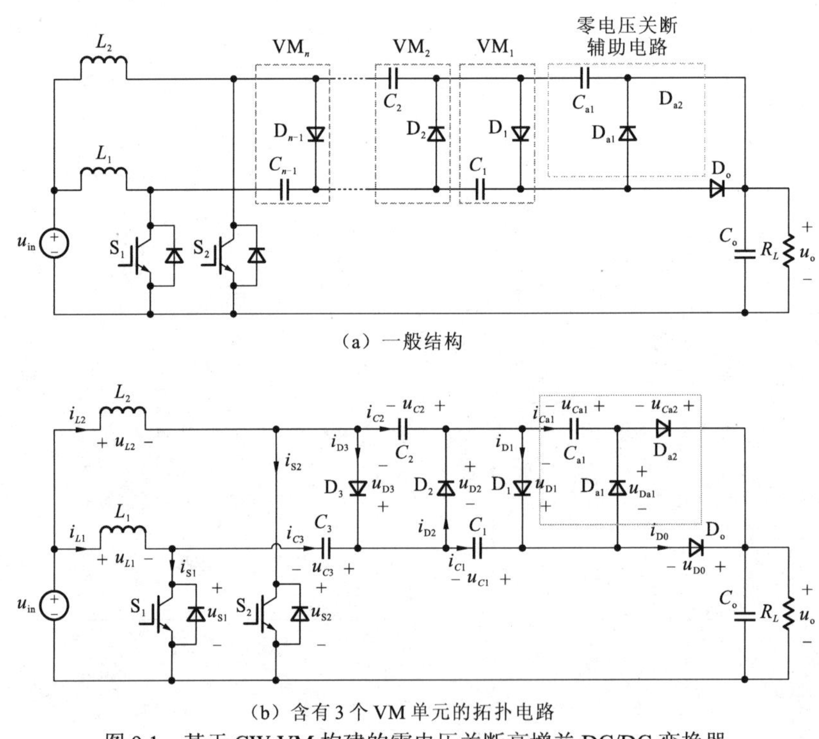

（a）一般结构

（b）含有 3 个 VM 单元的拓扑电路

图 9.1　基于 CW-VM 构建的零电压关断高增益 DC/DC 变换器

9.1.2 工作原理

为简化分析，下面以含有 3 个 VM 单元的拓扑电路为例进行分析，并在分析过程中均进行如下假设。

（1）电感电流 i_{L1} 和 i_{L2} 连续；

（2）电容 C_o、C_1、C_2、C_3 足够大，忽略其上电压纹波的影响；

（3）所有器件都是理想器件，不考虑寄生参数等的影响；

（4）开关 S_1、S_2 采用交错控制且开关占空比 $D>0.5$；

（5）为方便理解，需要使用在第 2 章中分析所得的一些结论：

$$\begin{cases} u_{C1}=u_{C2}=\dfrac{2u_{in}}{1-D} \\ u_{C3}=\dfrac{u_{in}}{1-D} \\ u_o=\dfrac{4\cdot u_{in}}{1-D} \end{cases} \tag{9.1}$$

在一个开关周期 T_S 内，变换器的主要工作波形如图 9.2 所示，共有 8 个开关模态，各模态的等效电路如图 9.3 所示。通过所提零电压关断辅助电路，当开关 S_1 关断时，C_{a1} 被充电，开关 S_1 两端电压上升速率与 u_{Ca1} 的上升速率一致。当开关 S_2 关断时，C_{a1} 放电，开关 S_2 两端电压上升速率与 u_{Ca1} 的下降速率一致。显然，在该条件下开关管关断时的电压上升速度可以通过辅助电容 C_{a1} 来限制和优化设计。具体工作过程如下。

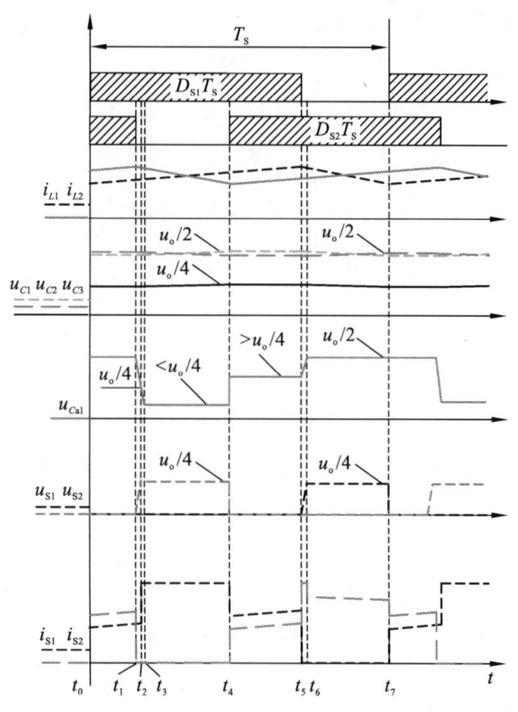

图 9.2　静态工作时一个开关周期 T_S 内的主要波形

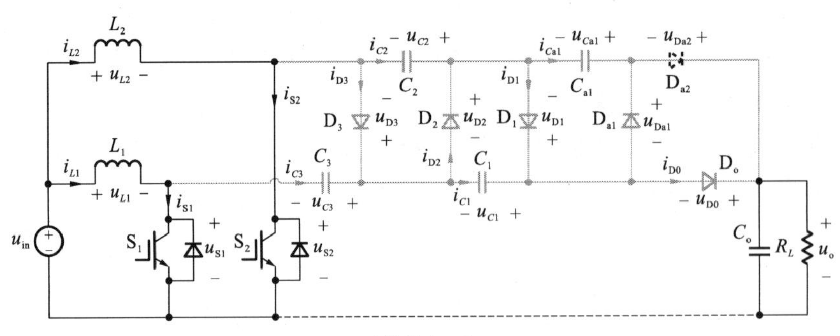

（a）开关模态 1 和 6

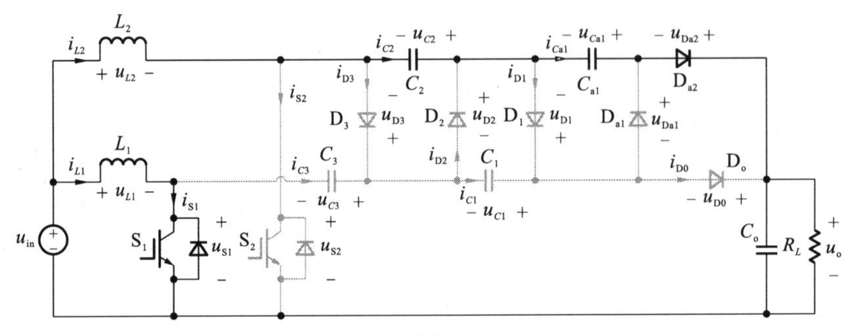

（b）开关模态 2

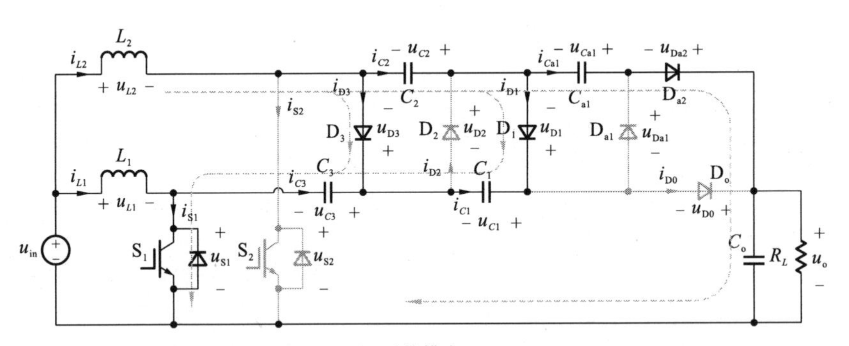

（c）开关模态 3

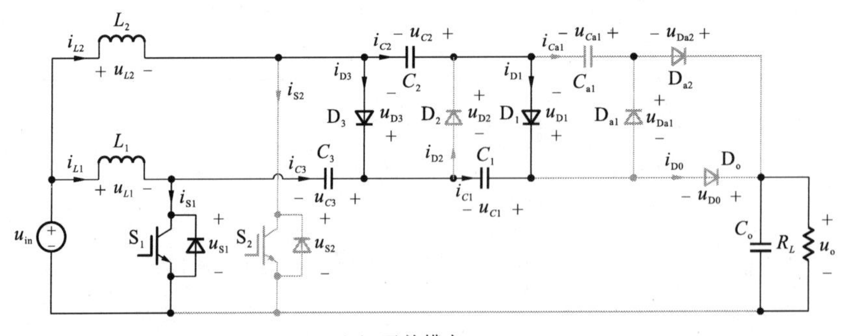

（d）开关模态 4

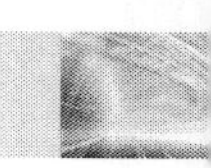

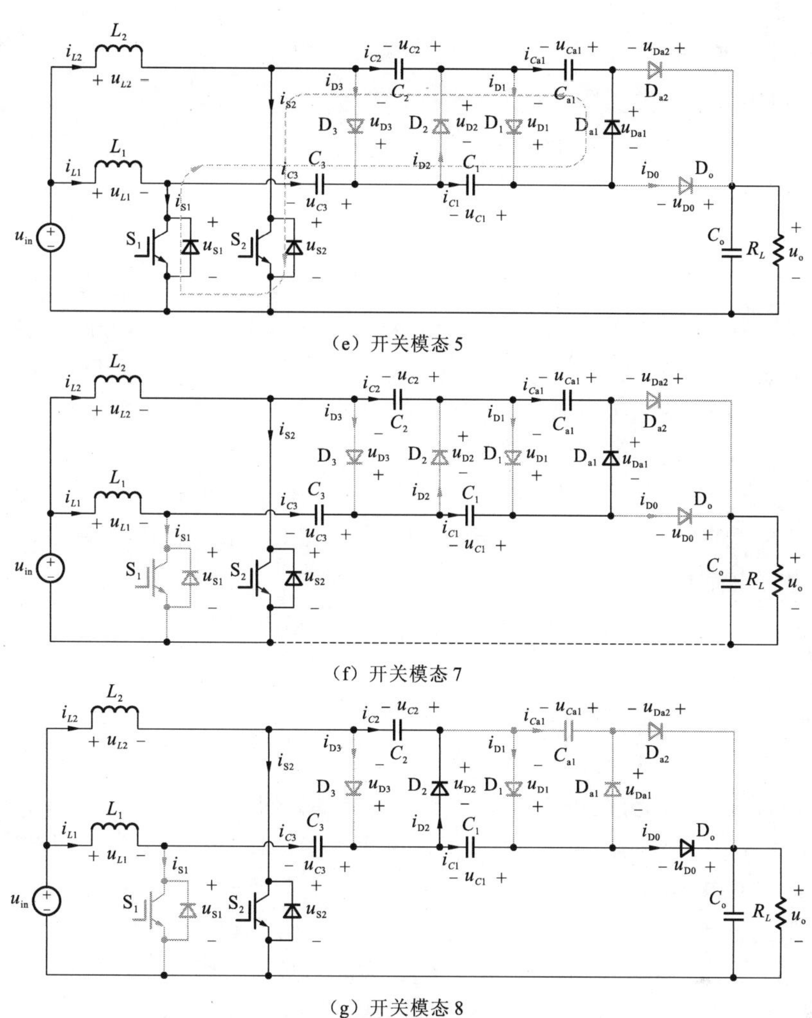

（e）开关模态 5

（f）开关模态 7

（g）开关模态 8

图 9.3　一个开关周期 T_S 内各种开关模态的等效电路

（1）开关模态 1 和 6［t_0～t_1，t_4～t_5］。如图 9.3（a）所示，在此开关模态下，开关 S_1、S_2 导通，二极管 D_o、D_1、D_2、D_3、D_{a1}、D_{a2} 关断，电感电流 i_{L1}、i_{L2} 均线性增大，满足

$$\begin{cases} i_{L1} = i_{L1}(t_0) + \dfrac{u_{in}}{L_1} \cdot (t - t_0) \\ i_{L2} = i_{L2}(t_0) + \dfrac{u_{in}}{L_2} \cdot (t - t_0) \end{cases} \tag{9.2}$$

电容电流 i_{C1}、i_{C2}、i_{C3} 等于零，电容电压 u_{C1}、u_{C2}、u_{C3} 保持不变，输出电压 u_o 下降。在 t_1 时刻，开关 S_2 关断，此开关模态结束。

（2）开关模态 2［t_1～t_2］。如图 9.3（b）所示，在此开关模态下，开关 S_1 导通，S_2 关断；二极管 D_{a2} 导通，其余二极管均处于关断状态。电感电流 i_{L1} 继续线性增大，电感 L_2 的流通路径为 C_2、C_{a1}、D_{a2} 至输出端返回输入端。其两端电压在该模态下将由 u_{in} 变为 $u_{in} - \dfrac{u_o}{4}$，电流 i_{L2} 在该模态的前半段增大，后半段减小，考虑到该模态时间极短且在单位开关周期中所占比例非常小，因此可以忽略其变化。开关 S_2 两端电压变化速率与电容 C_{a1} 上电压变化速率一致，上述变量描述为

$$\begin{cases} i_{L1} = i_{L1}(t_1) + \dfrac{u_{in}}{L_1}(t - t_1) \\ i_{L2} \approx i_{L2}(t_1) \\ u_{S2} = \dfrac{i_{L2}(t_1)}{C_{a1}} \cdot t \end{cases} \tag{9.3}$$

（3）开关模态 3 $[t_2 \sim t_3]$。如图 9.3（c）所示，在此开关模态下，开关状态不变，仍为 S_1 导通，S_2 关断。在 t_2 时刻，电容 C_{a1} 端电压下降至 $u_o/4$，二极管 D_1、D_3 开始开通；在 t_2 时刻之后，因二极管 D_1、D_3 未完全导通，仍有部分电流通过电容 C_{a1} 和二极管 D_{a2}，这使得电容 C_{a1} 端电压会低于 $u_o/4$。该模态在二极管 D_1、D_3 完全导通时结束。

（4）开关模态 4 $[t_3 \sim t_4]$。如图 9.3（d）所示，在此开关模态下，开关状态不变，仍为 S_1 导通，S_2 关断；二极管 D_1、D_3 导通，D_{a1}、D_{a2}、D_o、D_2 关断。电感电流 i_{L1} 继续线性增大，电感电流 i_{L2} 线性减小，满足

$$\begin{cases} i_{L1} = i_{L1}(t_3) + \dfrac{u_{in}}{L_1} \cdot (t - t_3) \\ i_{L2} = i_{L2}(t_3) + \dfrac{u_{in} - \dfrac{u_o}{4}}{L_2} \cdot (t - t_3) \end{cases} \tag{9.4}$$

i_{L2} 的流通路径为：一部分通过 D_3、C_3、S_1，另一部分通过 C_2、D_1、C_1、C_3、S_1。在该模态下，电容 C_1、C_3 充电，电容 C_2 放电，该模态在 t_4 时刻开关 S_2 开通时结束。

（5）开关模态 5 $[t_4]$。如图 9.3（e）所示，在 t_4 时刻开关 S_2 被开通前，电容 C_1、C_3 一直处于充电状态，而电容 C_2 一直处于放电状态，这意味着，在 t_4 时刻，电容 C_2 端电压 u_{C2}（t_4）是 u_{C2} 的最小值，而 u_{C1}（t_4）、u_{C3}（t_4）则分别是 u_{C1}、u_{C3} 的最大值。因此，在此刻若不忽略这些电容上的纹波，则实际工况是：u_{C2}（t_4）小于电容 C_2 端电压的平均值 u_{C2}，即 $u_o/2$；而 u_{C1}（t_4）、u_{C3}（t_4）分别大于各自的平均值 u_{C1}、u_{C3}，即 $u_o/2$、$u_o/4$。由上述分析可得

$$u_{C1}(t_4) + u_{C3}(t_4) - u_{C2}(t_4) > u_o / 4 \tag{9.5}$$

显然，当开关 S_2 被开通时，电容 C_{a1} 端电压将被充电至 $u_{C1}(t_4) + u_{C3}(t_4) - u_{C2}(t_4)$，即

$$u_{Ca1}(t_4) = u_{C1}(t_4) + u_{C3}(t_4) - u_{C2}(t_4) > u_o / 4 \tag{9.6}$$

（6）开关模态 7 $[t_5 \sim t_6]$。如图 9.3（f）所示，在此开关模态下，开关 S_1 关断，S_2 导通；二极管 D_{a1} 导通，其余二极管均处于关断状态。电感电流 i_{L2} 线性增大，电感 L_1 的流通路径为 C_3、C_1、D_{a1}、C_{a1}、C_2、S_2 至输入端。其两端电压在该模态下将由 u_{in} 变为 $u_{in} - \dfrac{u_o}{4}$，因此与模态 2 类似，电流 i_{L1} 在该模态的前半段增大，后半段减小，由于该模态时间极短且在单位开关周期中所占比例非常小，同样可以忽略 i_{L1} 的变化。开关 S_1 两端电压变化速率与电容 C_{a1} 上电压变化速率一致，因此受到了限制，同样实现了零电压关断，上述变量描述为

$$\begin{cases} i_{L1} \approx i_{L1}(t_6) \\ i_{L2} = i_{L2}(t_5) + \dfrac{u_{in}}{L_2} \cdot (t - t_5) \\ u_{S1} = \dfrac{i_{L1}(t_5)}{C_{a1}} \cdot t \end{cases} \tag{9.7}$$

该模态在 t_6 结束，此时电容 C_{a1} 端电压上升至 $u_o/2$。

（7）开关模态 8[t_6～t_7]。如图 9.3（g）所示，在此开关模态下，开关 S_1 关断，S_2 导通，二极管 D_o、D_2 导通，D_{a1}、D_{a2}、D_1、D_3 关断。电感电流 i_{L2} 继续线性增大，电感电流 i_{L1} 线性减小，满足

$$\begin{cases} i_{L1} = i_{L1}(t_6) + \dfrac{u_{in} - \dfrac{u_o}{4}}{L_1} \cdot (t - t_6) \\ i_{L2} = i_{L2}(t_6) + \dfrac{u_{in}}{L_2} \cdot (t - t_6) \end{cases} \tag{9.8}$$

i_{L1} 的流通路径为：一部分通过 C_3、D_2、C_2、S_2，另一部分通过 C_3、C_1、D_o 至输出端返回输入端。在该模态下，电容 C_1、C_3 放电，电容 C_2 充电，该模态在 t_7 时刻开关 S_1 开通时结束。

通过上述分析可知，与第 2 章不含有零电压关断辅助电路相比，变换器在单位开关周期内多了 4 种模态（2、3、5、7），但这些模态所占比例均非常短，对变换器的性能特点影响可忽略不计，因此不再对变换器性能特点进行重复分析。

9.1.3　辅助电路优化设计

本书所提出的开关零电压关断辅助电路只含有 1 个电容和 2 个二极管，因此设计辅助电路时主要考虑吸收电容 C_{a1}。其大小的选择需要考虑两个方面：一方面需要保证电容 C_{a1} 足够大，以降低开关管关断时电压上升的速率，实现开关管的零电压关断；另一方面考虑到尽可能减小对变换器正常工作的影响，电容 C_a 应尽可能小。因此，在优化设计时，电容 C_{a1} 的设计原则是在保证不影响变换器正常工作的前提下尽量延长开关管的关断时间。

第一个设计考量下，设定开关管关断时，其端电压上升时间大于开关管关断所需时间的 3 倍，即

$$\Delta T_{off} \geqslant 3 \cdot t_{off} \tag{9.9}$$

其中 ΔT_{off} 为开关关断后其端电压上升时间；t_{off} 为开关管关断所需时间。

第二个设计考量下，设定开关管端电压上升时间小于单位开关周期的 5%，即

$$\Delta T_{off} \leqslant 0.05 \cdot T_S \tag{9.10}$$

在开关管关断后，流过电容 C_{a1} 上的电流大小为 i_{L1} 或 i_{L2}，因此电容值 C_{a1} 与 ΔT_{off} 之间的关系为

$$C_{a1} \cdot u_S = i_{Ca1} \cdot \Delta T_{off} \tag{9.11}$$

其中 i_{Ca1} 为流过电容 C_{a1} 上的电流；u_S 为开关管关断后其两端的电压应力。

基于上述分析可以得到电容 C_{a1} 的取值范围应满足

$$\frac{i_{Ca1} \cdot 3 \cdot t_{off}}{u_S} \leqslant C_{a1} \leqslant \frac{i_{Ca1} \cdot 0.05 \cdot T_S}{u_S} \tag{9.12}$$

此外，辅助电路中二极管的选取主要依据其承受的电压电流应力和开关频率，可选择寄生参数较小的二极管，以减小辅助电路的开关损耗。

9.2 适用于基于 D-VM 的高增益直流升压变换器的零电压关断辅助电路

9.2.1 电路拓扑及控制方法

适用于基于D-VM构建的高增益直流升压变换器的零电压关断辅助电路如图9.4(a)所示，与9.1节中所提辅助电路类似，它同样由1个电容和2个二极管构成，且不影响原变换器的控制方式。考虑到辅助电路优化设计及损耗分析均与9.1节中所述类似，本节和9.3节、9.4节中将仅就变换器工作原理进行分析。

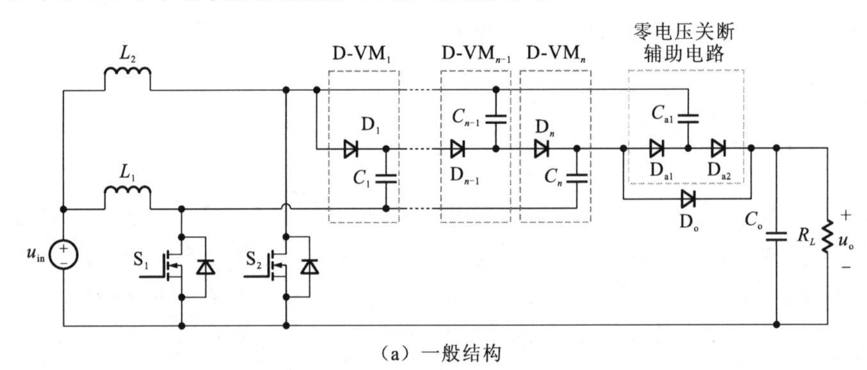

（a）一般结构

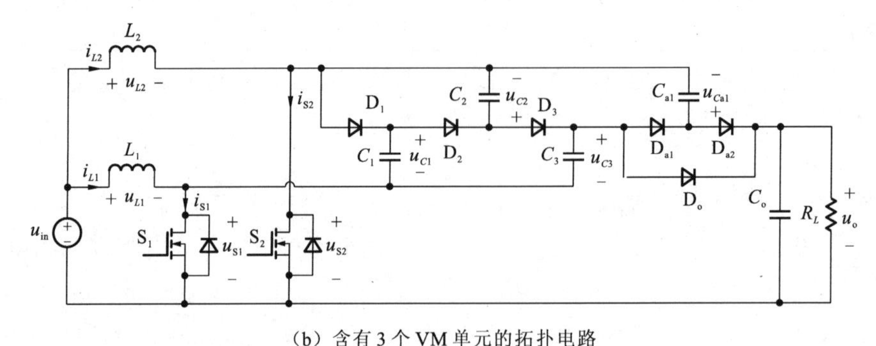

（b）含有3个VM单元的拓扑电路

图9.4 基于D-VM构建的零电压关断高增益DC/DC变换器

9.2.2　工作原理

为简化分析，下面以含有 3 个 VM 单元的拓扑电路为例进行分析，并在分析过程中均进行如下假设。

（1）电感电流 i_{L1} 和 i_{L2} 连续；

（2）电容 C_o、C_1、C_2、C_3 足够大，忽略其上电压纹波的影响；

（3）所有器件都是理想器件，不考虑寄生参数等的影响；

（4）开关 S_1、S_2 采用交错控制且开关占空比 $D>0.5$；

（5）为方便理解，需要使用在第 2 章中分析所得的一些结论：

$$\begin{cases} u_{C1}=\dfrac{u_{in}}{1-D} \\ u_{C2}=\dfrac{2u_{in}}{1-D} \\ u_{C3}=\dfrac{3u_{in}}{1-D} \\ u_o=\dfrac{4u_{in}}{1-D} \end{cases} \tag{9.13}$$

在一个开关周期 T_S 内，带有零电压关断辅助电路后变换器的主要工作波形如图 9.5 所示，共有 8 个开关模态，各模态的等效电路如图 9.6 所示。

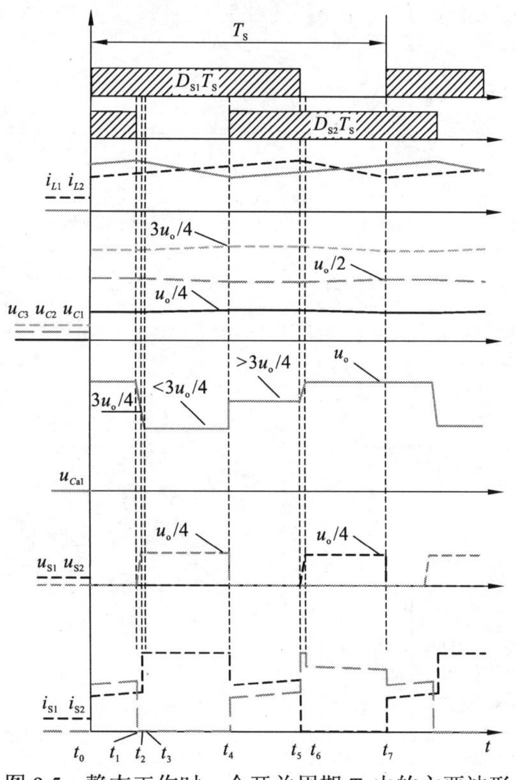

图 9.5　静态工作时一个开关周期 T_S 内的主要波形

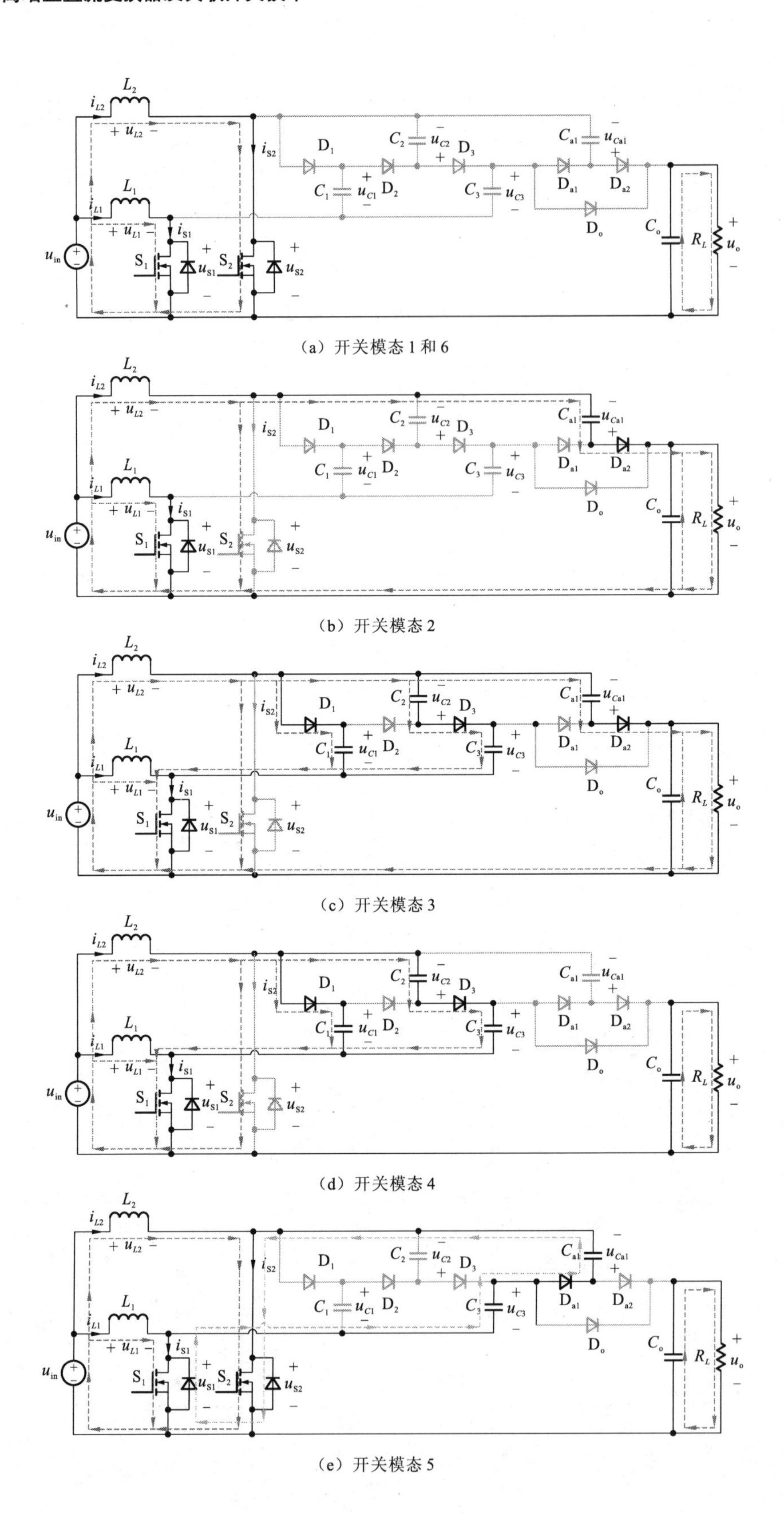

（a）开关模态 1 和 6

（b）开关模态 2

（c）开关模态 3

（d）开关模态 4

（e）开关模态 5

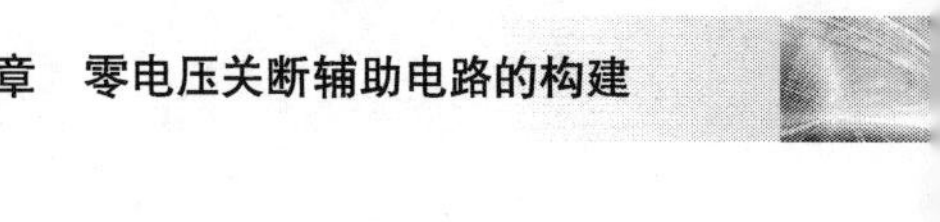

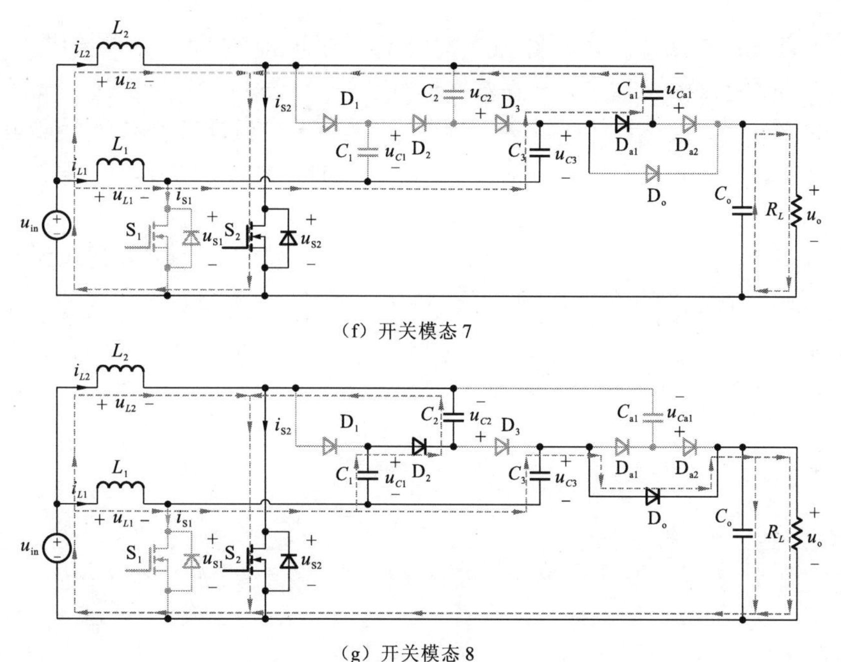

（f）开关模态 7

（g）开关模态 8

图 9.6　一个开关周期 T_S 内各种开关模态的等效电路

具体工作过程如下。

（1）开关模态 1 和 6 [t_0～t_1，t_4～t_5]。如图 9.6（a）所示，在此开关模态下，开关 S_1、S_2 导通；二极管 D_o、D_1、D_2、D_3、D_{a1}、D_{a2} 关断；电感电流 i_{L1}、i_{L2} 均线性增大，满足

$$\begin{cases} i_{L1} = i_{L1}(t_0) + \dfrac{u_{in}}{L_1} \cdot (t - t_0) \\ i_{L2} = i_{L2}(t_0) + \dfrac{u_{in}}{L_2} (t - t_0) \end{cases} \tag{9.14}$$

电容电流 i_{C1}、i_{C2}、i_{C3} 等于零；电容电压 u_{C1}、u_{C2}、u_{C3} 保持不变；输出电压 u_o 下降。到 t_1 时刻，开关 S_2 关断，此开关模态结束。

（2）开关模态 2 [t_1～t_2]。如图 9.6（b）所示，在此开关模态下，开关 S_1 导通，S_2 关断；二极管 D_{a2} 导通，其余二极管均处于关断状态。电感电流 i_{L1} 继续线性增大，电感 L_2 的流通路径为 C_{a1}、D_{a2} 至输出端返回输入端。其两端电压在该模态下将由 u_{in} 变为 $u_{in} - \dfrac{u_o}{4}$，电流 i_{L2} 在该模态的前半段增大，后半段减小，考虑到该模态时间极短且在单位开关周期中所占比例非常小，因此可以忽略其变化。开关 S_2 两端电压变化速率与电容 C_{a1} 上电压变化速率一致，上述变量描述为

$$\begin{cases} i_{L1} = i_{L1}(t_1) + \dfrac{u_{in}}{L_1} \cdot (t - t_1) \\ i_{L2} \approx i_{L2}(t_1) \\ u_{S2} = \dfrac{i_{L1}(t_1)}{C_{a1}} \cdot t \end{cases} \tag{9.15}$$

（3）开关模态 3 [t_2～t_3]。如图 9.6（c）所示，在此开关模态下，开关状态不变，仍为 S_1 导通，S_2 关断。在 t_2 时刻，电容 C_{a1} 端电压下降至 $3u_o/4$，二极管 D_1、D_3 开始开通；在 t_2 时刻之后，因二极管 D_1、D_3 未完全导通，仍有部分电流通过电容 C_{a1} 和二极管 D_{a2}，这使得电容 C_{a1} 端电压低于 $3u_o/4$。该模态在二极管 D_1、D_3 完全导通时结束。

（4）开关模态 4 [t_3～t_4]。如图 9.6（d）所示，在此开关模态下，开关状态不变，仍为 S_1 导通，S_2 关断；二极管 D_1、D_3 导通，D_{a1}、D_{a2}、D_o、D_2 关断；电感电流 i_{L1} 继续线性增大，电感电流 i_{L2} 线性减小，满足

$$\begin{cases} i_{L1} = i_{L1}(t_3) + \dfrac{u_{\text{in}}}{L_1} \cdot (t - t_3) \\ i_{L2} = i_{L2}(t_3) + \dfrac{u_{\text{in}} - \dfrac{u_o}{4}}{L_2} \cdot (t - t_3) \end{cases} \tag{9.16}$$

i_{L2} 的流通路径为：一部分通过 D_1、C_1、S_1，另一部分通过 C_2、D_3、C_3、S_1。在该模态下，电容 C_1、C_3 充电，电容 C_2 放电，该模态在 t_4 时刻开关 S_2 开通时结束。

（5）开关模态 5 [t_4]。如图 9.6（e）所示，在 t_4 时刻开关 S_2 被导通前，电容 C_1、C_3 一直处于充电状态，这意味着在 t_4 时刻，电容 C_3 端电压 u_{C3}（t_4）是 u_{C3} 的最大值。因此，在此刻若不忽略电容 C_3 上的纹波，则实际工况是：u_{C3}（t_4）大于电容 C_3 端电压的平均值 u_{C3}，即 $3u_o/4$。而由模态 3 可知，电容 C_{a1} 端电压此时低于 $3u_o/4$，由上述分析可得

$$u_{\text{Ca1}}(t_4) < 3u_o / 4 < u_{C3}(t_4) \tag{9.17}$$

显然，当开关 S_2 被开通时，电容 C_{a1} 端电压将被充电至 u_{C3}（t_4），即

$$u_{\text{Ca1}}(t_4) = u_{C3}(t_4) > 3u_o / 4 \tag{9.18}$$

（6）开关模态 7 [t_5～t_6]。如图 9.6（f）所示，在此开关模态下，开关 S_1 关断，S_2 导通；二极管 D_{a1} 导通，其余二极管均处于关断状态。电感电流 i_{L2} 线性增大，电感 L_1 的流通路径为 C_3、D_{a1}、C_{a1}、S_2 至输入端。其两端电压在该模态下将由 u_{in} 变为 $u_{\text{in}} - \dfrac{u_o}{4}$，因此与开关模态 2 类似，电流 i_{L1} 在该模态的前半段增大，后半段减小，由于该模态时间极短且在单位开关周期中所占比例非常小，同样可以忽略 i_{L1} 的变化。开关 S_1 两端电压变化速率与电容 C_{a1} 上电压变化速率一致，因此受到了限制，同样实现了零电压关断，上述变量描述为

$$\begin{cases} i_{L1} \approx i_{L1}(t_6) \\ i_{L2} = i_{L2}(t_5) + \dfrac{u_{\text{in}}}{L_2} \cdot (t - t_5) \\ u_{\text{S1}} = \dfrac{i_{L1}(t_5)}{C_{\text{a1}}} \cdot t \end{cases} \tag{9.19}$$

该模态在 t_6 结束，此时电容 C_{a1} 端电压上升至 u_o。

（7）开关模态 8 [t_6～t_7]。如图 9.6（g）所示，在此开关模态下，开关 S_1 关断，S_2 导通；二极管 D_o、D_2 导通，D_{a1}、D_{a2}、D_1、D_3 关断；电感电流 i_{L2} 继续线性增大，电感电流 i_{L1} 线性减小，满足

$$\begin{cases} i_{L1} = i_{L1}(t_6) + \dfrac{u_{in} - \dfrac{u_o}{4}}{L_1} \cdot (t - t_6) \\ i_{L2} = i_{L2}(t_6) + \dfrac{u_{in}}{L_2} \cdot (t - t_6) \end{cases} \tag{9.20}$$

i_{L1}的流通路径为：一部分通过 C_1、D_2、C_2、S_2，另一部分通过 C_3、D_o至输出端返回输入端。在该模态下，电容 C_1、C_3放电，电容 C_2充电，该模态在 t_7时刻开关 S_1 开通时结束。

与 9.1 节中所介绍的方案类似，在添加零电压关断辅助电路后，单位开关周期内多了 4 种模态（2、3、5、7），但这些模态所占比例均非常短，对变换器的性能特点影响可忽略不计。

9.3　适用于基于 BX-MIVM 的高增益直流升压变换器的零电压关断辅助电路

9.3.1　电路拓扑及控制方法

适用于基于D-VM构建的高增益直流升压变换器的零电压关断辅助电路如图9.7(a)所示，其中第 1 相开关 S_1 与第 2 相开关 S_2 共用第 1 个辅助电路，第 3 相开关 S_3 与第 4 相开关 S_4 共用第 2 个辅助电路，以此类推，第 m−1 相开关 S_{m-1} 与第 m 相开关 S_m 共用第 m/2 个辅助电路，每个辅助电路由 1 个电容和 2 个二极管构成，且辅助电路不影响原变换器的控制方式。

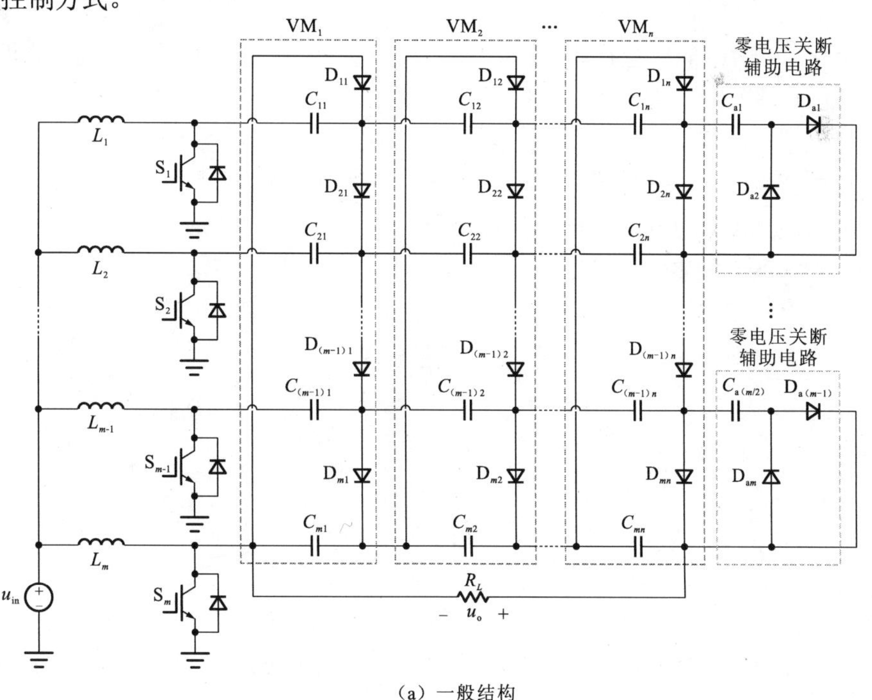

（a）一般结构

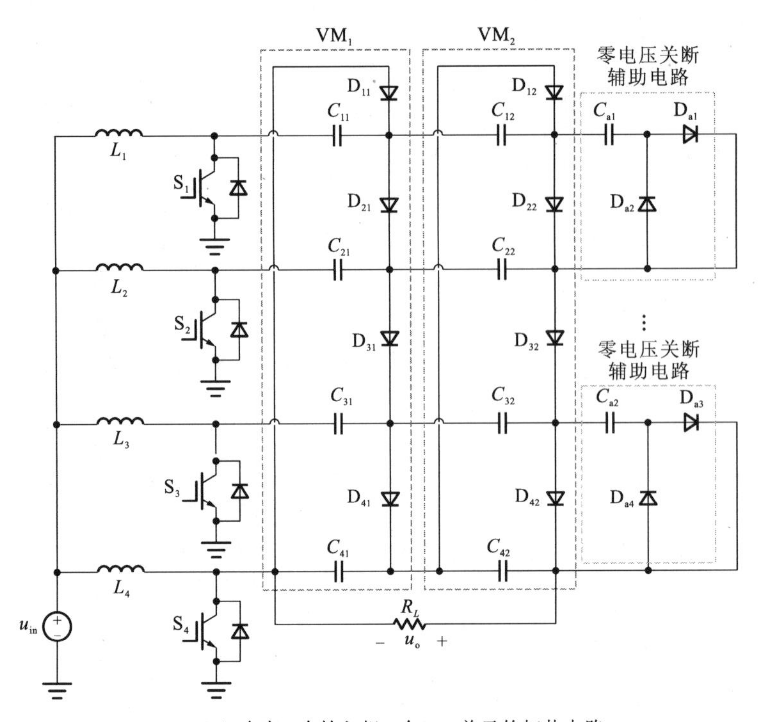

（b）含有 4 个输入相 2 个 VM 单元的拓扑电路

图 9.7　基于 BX-MIVM 构建的零电压关断高增益 DC/DC 变换器

9.3.2　工作原理

为简化分析，下面以含有 4 个输入相 2 个 VM 单元的拓扑电路为例进行分析，并在分析过程中均进行如下假设。

（1）电感电流 i_{L1}、i_{L2}、i_{L3}、i_{L4} 连续；

（2）所有器件都是理想器件，不考虑寄生参数等的影响；

（3）VM 单元上的电容足够大，可以忽略 VM 单元上电容的纹波；

（4）开关 S_1、S_3 和 S_2、S_4 采用交错控制且开关占空比 $D>0.5$；

（5）为方便理解，需要使用在第 4 章中分析所得的一些结论：

$$\begin{cases} u_{Ci1}=\dfrac{i\cdot u_{\text{in}}}{1-D} \\ u_{Cij}=\dfrac{4u_{\text{in}}}{1-D} \\ u_{\text{o}}=\dfrac{8u_{\text{in}}}{1-D} \end{cases} \tag{9.21}$$

其中 $i\in[1,4]$，$j\in[2,4]$。

在一个开关周期 T_S 内，变换器的主要工作波形如图 9.8 所示，共有 8 个开关模态，各模态的等效电路如图 9.9 所示。通过所提零电压关断辅助电路，当开关 S_2、S_4 关断时，

电容 C_{a1}、C_{a2} 充电，开关 S_2、S_4 两端电压上升速率与 u_{Ca1}、u_{Ca2} 的上升速率一致；当开关 S_1、S_3 关断时，C_{a1}、C_{a2} 放电，开关 S_1、S_3 两端电压上升速率与 u_{Ca1}、u_{Ca2} 的下降速率一致。显然，在该条件下开关管关断时的电压上升速率可以通过辅助电容 C_{a1} 和 C_{a2} 来限制和优化设计。具体工作过程如下（为简化分析过程，忽略了二极管开通和关断过程）。

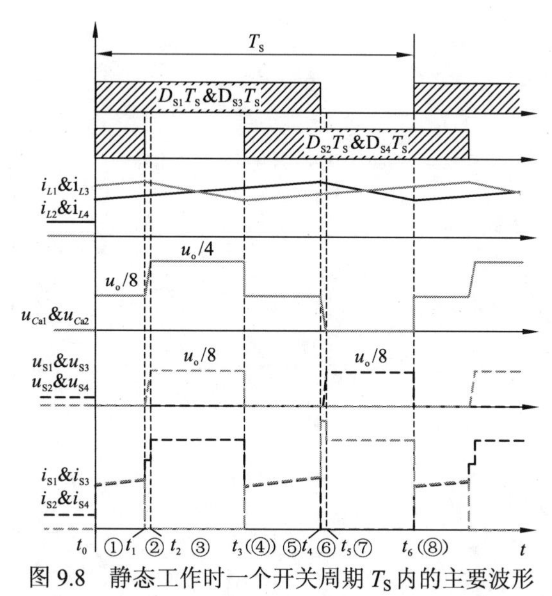

图9.8　静态工作时一个开关周期 T_S 内的主要波形

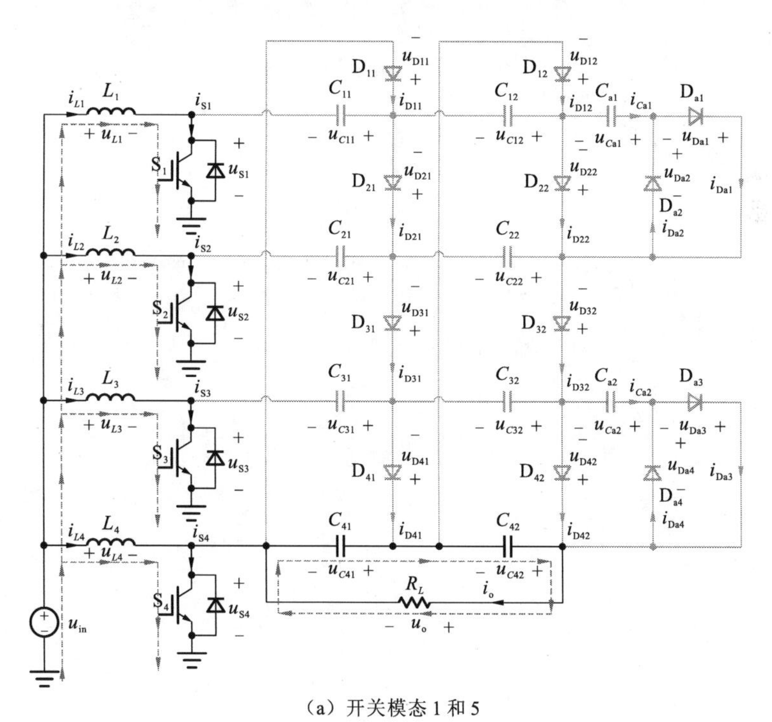

（a）开关模态1和5

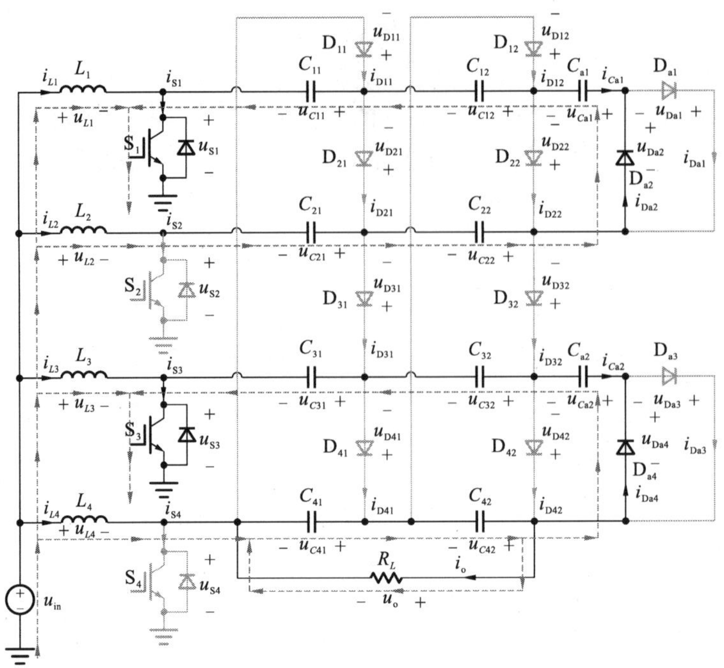

（b）开关模态 2

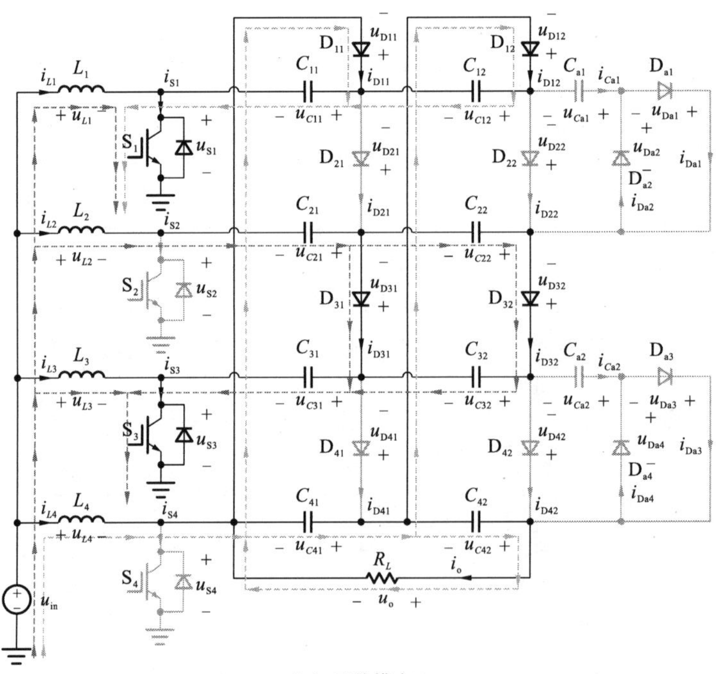

（c）开关模态 3

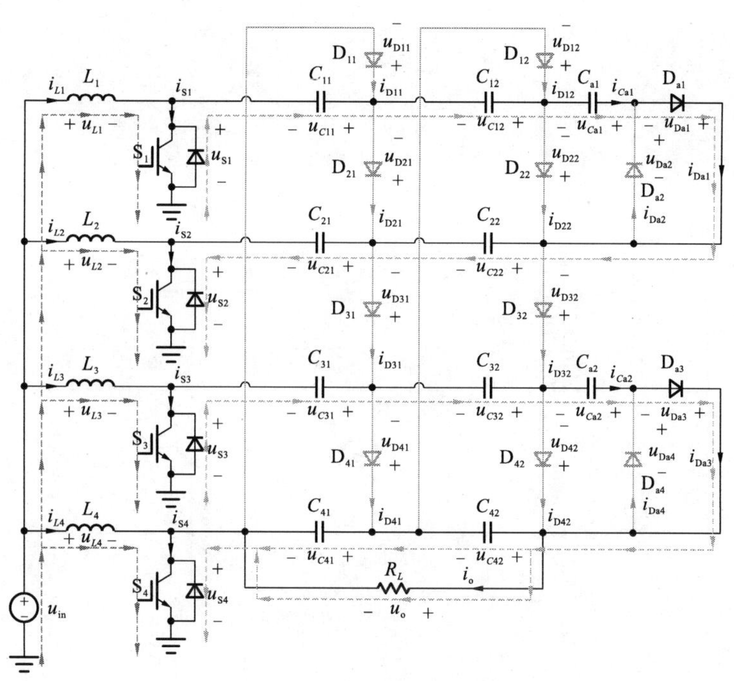

（d）开关模态 4

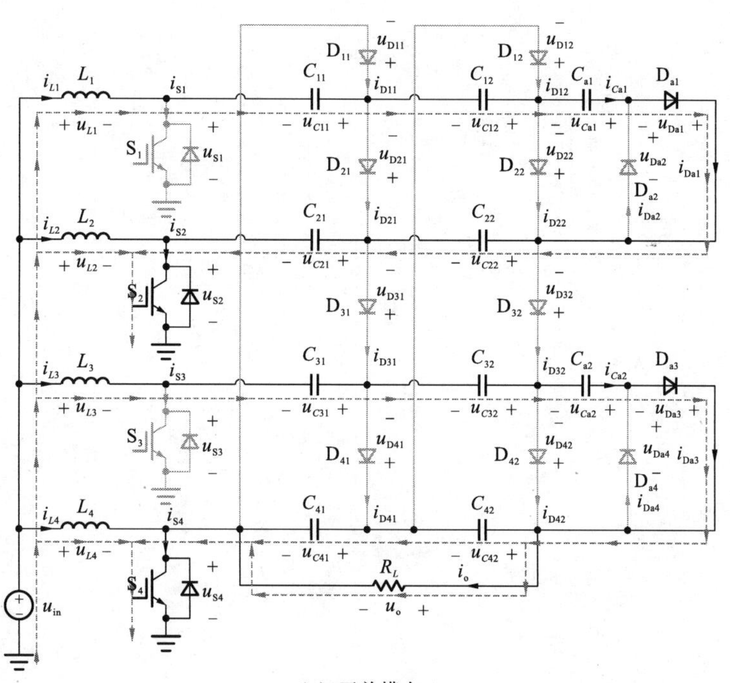

（e）开关模态 6

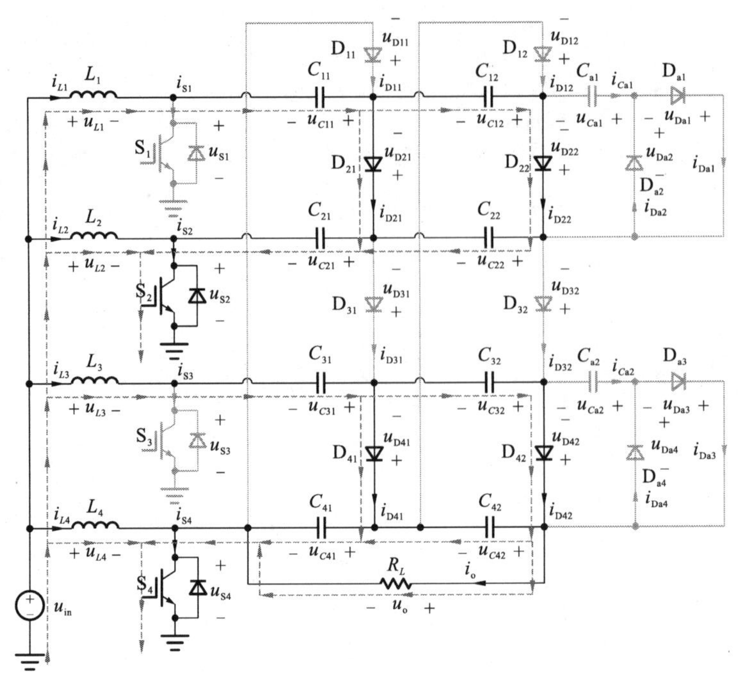

（f）开关模态 7

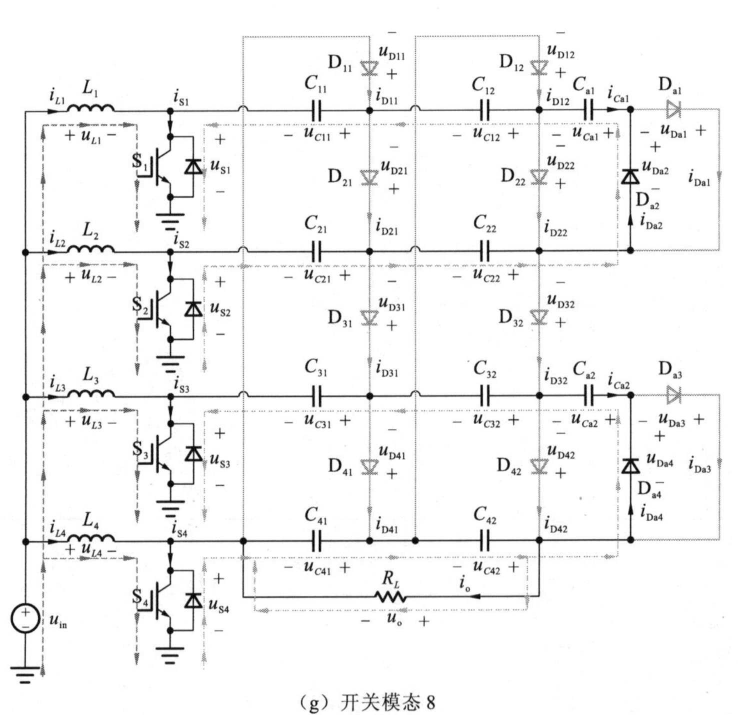

（g）开关模态 8

图 9.9　一个周期 T_S 内各种模态的等效电路

（1）开关模态 1［t_0～t_1］。如图 9.9（a）所示，在此开关模态下，所有开关导通，所有二极管关断；电感电流 i_{L1}、i_{L2}、i_{L3}、i_{L4} 均线性增大，满足

$$\begin{cases} i_{L1}=i_{L1}(t_0)+\dfrac{u_{\text{in}}}{L_1}\cdot(t-t_0) \\ i_{L2}=i_{L2}(t_0)+\dfrac{u_{\text{in}}}{L_2}\cdot(t-t_0) \\ i_{L3}=i_{L3}(t_0)+\dfrac{u_{\text{in}}}{L_3}\cdot(t-t_0) \\ i_{L4}=i_{L4}(t_0)+\dfrac{u_{\text{in}}}{L_4}\cdot(t-t_0) \end{cases} \tag{9.22}$$

所有电容电流等于零；除电容 C_{41}、C_{42} 外其余电容电压保持不变；输出电压 u_{o} 下降。到 t_1 时刻，开关 S_2、S_4 关断，此开关模态结束。

（2）开关模态 2［t_1～t_2］。如图 9.9（b）所示，在此开关模态下，开关 S_1、S_3 继续导通，开关 S_2、S_4 关断；二极管 D_{a2}、D_{a4} 导通，其余二极管均处于关断状态；电容 C_{a1}、C_{a2} 充电；电感电流 i_{L1}、i_{L3} 继续线性增大，电感 L_2 的放电路径为 C_{21}、C_{22}、D_{a2}、C_{a1}、C_{12}、C_{11} 至 S_1 返回输入端，电感 L_4 的放电路径为 C_{41}、C_{42}、D_{a4}、C_{a2}、C_{32}、C_{31} 至 S_3 返回输入端。电感 L_2 和 L_4 两端电压在该模态下将由 u_{in} 变为 $u_{\text{in}}-\dfrac{u_{\text{o}}}{8}$，因此电流 i_{L2}、i_{L4} 在该模态的前半段增大，后半段减小，考虑到该模态时间极短且在单位开关周期中所占比例非常小，可以忽略其变化。开关 S_2、S_4 两端电压上升速率与电容 C_{a1}、C_{a2} 上电压上升速率一致，从而实现了零电压关断。上述变量描述为

$$\begin{cases} i_{L1}=i_{L1}(t_1)+\dfrac{u_{\text{in}}}{L_1}\cdot(t-t_1) \\ i_{L2}(t_2)\approx i_{L2}(t_1) \\ u_{\text{S2}}=\dfrac{i_{L2}(t_1)}{C_{\text{a1}}}\cdot t \\ i_{L3}=i_{L3}(t_1)+\dfrac{u_{\text{in}}}{L_3}\cdot(t-t_1) \\ i_{L4}(t_2)\approx i_{L4}(t_1) \\ u_{\text{S4}}=\dfrac{i_{L4}(t_1)}{C_{\text{a2}}}\cdot t \end{cases} \tag{9.23}$$

在 t_2 时刻，当电容 C_{a1}、C_{a2} 电压上升至 $u_{\text{o}}/4$ 时，此开关模态结束。

（3）开关模态 3［t_2～t_3］。如图 9.9（c）所示，在 t_2 时刻，电容 C_{a1}、C_{a2} 电压上升至 $u_{\text{o}}/4$。在此开关模态下，开关状态仍为 S_1、S_3 导通，S_2、S_4 关断。二极管 D_{a2}、D_{a4} 关断，此时二极管 D_{11}、D_{12}、D_{31}、D_{32} 开始导通，电容 C_{21}、C_{22}、C_{41}、C_{42} 放电，电容 C_{11}、C_{12}、C_{31}、C_{32} 充电。此开关模态持续到 t_3 时刻开关 S_2、S_4 导通。上述变量描述为

$$\begin{cases} i_{L1} = i_{L1}(t_2) + \dfrac{u_{\text{in}}}{L_1} \cdot (t - t_2) \\ i_{L2} = i_{L2}(t_2) + \dfrac{u_{\text{in}} - \dfrac{u_{\text{o}}}{8}}{L_2} \cdot (t - t_2) \\ i_{L3} = i_{L3}(t_2) + \dfrac{u_{\text{in}}}{L_3} \cdot (t - t_2) \\ i_{L4} = i_{L4}(t_2) + \dfrac{u_{\text{in}} - \dfrac{u_{\text{o}}}{8}}{L_4} \cdot (t - t_2) \end{cases} \tag{9.24}$$

（4）开关模态 4 [t_3]。如图 9.9（d）所示，在 t_3 时刻开关 S_2、S_4 开通，S_1、C_{11}、C_{12}、C_{a1}、D_{a1}、C_{22}、C_{21}、S_2 构成一条回路，S_3、C_{31}、C_{32}、C_{a2}、D_{a3}、C_{42}、C_{41}、S_4 构成另一条回路。由于电容 C_{11}、C_{12}、C_{a1} 上电压之和大于电容 C_{22}、C_{21} 上电压之和，电容 C_{31}、C_{32}、C_{a2} 上电压之和大于电容 C_{42}、C_{41} 上电压之和，二极管 D_{a1}、D_{a3} 导通。此时，电容 C_{a1} 通过二极管 D_{a1} 向电容 C_{22} 充电，而电容 C_{a2} 通过二极管 D_{a3} 向电容 C_{42} 充电。由于电容 C_{a1}、C_{a2} 的容值远小于 VM 单元中电容的容值，电容 C_{a1}、C_{a2} 的电压 u_{Ca1}、u_{Ca2} 将在 t_3 时刻瞬间从 $u_o/4$ 下降至 $u_o/8$，即

$$\begin{cases} u_{Ca1}(t_3) = u_{C11}(t_3) + u_{C12}(t_3) + u_{Ca1}(t_2) - u_{C22}(t_3) - u_{C21}(t_3) = u_{\text{o}} / 8 \\ u_{Ca2}(t_3) = u_{C31}(t_3) + u_{C32}(t_3) + u_{Ca2}(t_2) - u_{C42}(t_3) - u_{C41}(t_3) = u_{\text{o}} / 8 \end{cases} \tag{9.25}$$

（5）开关模态 5 [t_3～t_4]。在 t_3 时刻，电容 C_{a1}、C_{a2} 的电压 u_{Ca1}、u_{Ca2} 下降到 $u_o/8$ 并保持不变，二极管 D_{a1}、D_{a3} 关断，此模态与模态 1 一致，所有开关导通，所有二极管关断，如图 9.9（a）所示。到 t_4 时刻，开关 S_1、S_3 关断，此开关模态结束。上述变量描述为

$$\begin{cases} i_{L1} = i_{L1}(t_3) + \dfrac{u_{\text{in}}}{L_1} \cdot (t - t_3) \\ i_{L2} = i_{L2}(t_3) + \dfrac{u_{\text{in}}}{L_2} \cdot (t - t_3) \\ i_{L3} = i_{L3}(t_3) + \dfrac{u_{\text{in}}}{L_3} \cdot (t - t_3) \\ i_{L4} = i_{L4}(t_3) + \dfrac{u_{\text{in}}}{L_4} \cdot (t - t_3) \end{cases} \tag{9.26}$$

（6）开关模态 6 [t_4～t_5]。如图 9.9（e）所示，在 t_4 时刻开关 S_1 和 S_3 关断，在此开关模态下，开关 S_2、S_4 导通，二极管 D_{a1}、D_{a3} 导通，其余二极管均处于关断状态。电容 C_{a1}、C_{a2} 放电；电感电流 i_{L2}、i_{L4} 继续线性增大，电感 L_1 的放电路径为 C_{11}、C_{12}、C_{a1}、D_{a1}、C_{22}、C_{21} 至 S_2 返回输入端，电感 L_3 的放电路径为 C_{31}、C_{32}、C_{a2}、D_{a3}、C_{42}、C_{41} 至 S_4 返回输入端。电感 L_1 和 L_3 两端电压在该模态下将由 u_{in} 变为 $u_{\text{in}} - \dfrac{u_{\text{o}}}{8}$，所以电流 i_{L1}、i_{L3} 在该模态的前半段增大，后半段减小，考虑到该模态时间极短且在单位开关周期中所占比例非常小，忽略其变化。开关 S_1、S_3 两端电压上升速率与电容 C_{a1}、C_{a2} 上电压下降速率一致，从而实现了零电压关断。上述变量描述为

$$\begin{cases} i_{L1}(t_5) \approx i_{L1}(t_4) \\ i_{L2} = i_{L2}(t_4) + \dfrac{u_{\text{in}}}{L_2} \cdot (t - t_4) \\ u_{\text{S1}} = \dfrac{i_{L1}(t_4)}{C_{\text{a1}}} \cdot t \\ i_{L3}(t_5) \approx i_{L3}(t_4) \\ i_{L4} = i_{L4}(t_4) + \dfrac{u_{\text{in}}}{L_4} \cdot (t - t_4) \\ u_{\text{S3}} = \dfrac{i_{L3}(t_4)}{C_{\text{a2}}} \cdot t \end{cases} \tag{9.27}$$

到 t_5 时刻，电容 C_{a1}、C_{a2} 上电压 u_{Ca1}、u_{Ca2} 下降为零，此开关模态结束。

（7）开关模态 7 $[t_5 \sim t_6]$。如图 9.9（f）所示，在 t_5 时刻，电容 C_{a1}、C_{a2} 上电压 u_{Ca1}、u_{Ca2} 下降为零；二极管 D_{21}、D_{22}、D_{41}、D_{42} 导通，二极管 D_{a2}、D_{a4} 关断。在此开关模态下，开关状态不变，仍为 S_2、S_4 导通，S_1、S_3 关断。电容 C_{11}、C_{12}、C_{31}、C_{32} 放电，电容 C_{21}、C_{22}、C_{41}、C_{42} 充电。此开关模态持续到 t_6 时刻开关 S_1、S_3 导通。上述变量描述为

$$\begin{cases} i_{L1} = i_{L1}(t_5) + \dfrac{u_{\text{in}} - \dfrac{u_{\text{o}}}{8}}{L_1} \cdot (t - t_5) \\ i_{L2} = i_{L2}(t_5) + \dfrac{u_{\text{in}}}{L_2} \cdot (t - t_5) \\ i_{L3} = i_{L3}(t_5) + \dfrac{u_{\text{in}} - \dfrac{u_o}{8}}{L_3} \cdot (t - t_5) \\ i_{L4} = i_{L4}(t_5) + \dfrac{u_{\text{in}}}{L_4} \cdot (t - t_5) \end{cases} \tag{9.28}$$

（8）开关模态 8 $[t_6]$。如图 9.9（g）所示，在 t_6 时刻开关 S_1、S_3 开通，S_2、C_{21}、C_{22}、D_{a2}、C_{a1}、C_{12}、C_{11}、S_1 构成一条回路，S_4、C_{41}、C_{42}、D_{a4}、C_{a2}、C_{32}、C_{31}、S_3 构成另一条回路。由于电容 C_{21}、C_{22} 上电压之和大于电容 C_{a1}、C_{12}、C_{11} 上电压之和，电容 C_{21}、C_{22} 上电压之和大于电容 C_{a1}、C_{12}、C_{11} 上电压之和，二极管 D_{a2}、D_{a4} 导通。此时，电容 C_{21}、C_{22} 通过二极管 D_{a2} 向电容 C_{a1} 充电，而电容 C_{41}、C_{42} 通过二极管 D_{a4} 向电容 C_{a2} 充电。但电容 C_{a1}、C_{a2} 的值远小于 VM 单元中电容的值，电容 C_{a1} 和 C_{a2} 的电压 u_{Ca1}、u_{Ca2} 将在 t_6 时刻瞬间从 0 上升至 $u_o/8$，即

$$\begin{cases} u_{\text{Ca1}}(t_6) = u_{C21}(t_6) + u_{C22}(t_6) - u_{C12}(t_6) - u_{C11}(t_6) = u_{\text{o}} / 8 \\ u_{\text{Ca2}}(t_6) = u_{C41}(t_6) + u_{C42}(t_6) - u_{C32}(t_6) - u_{C31}(t_6) = u_{\text{o}} / 8 \end{cases} \tag{9.29}$$

当电容 C_{a1}、C_{a2} 的电压 u_{Ca1}、u_{Ca2} 上升到 $u_o/8$ 时，所有二极管关断，该变换器完成一个周期的工作。

通过上述分析可知，与第 4 章不含有零电压关断辅助电路相比（图 4.4），变换器在单位开关周期内多了 4 种模态（2、4、6、8），但这些模态所占比例均非常短，对变换器的性能特点影响可忽略不计，因此不再对变换器性能特点进行重复分析。

9.4 适用于基于改进型 D-VM 的高增益直流升压变换器的零电压关断辅助电路

9.4.1 电路拓扑及控制方法

适用于基于改进型 D-VM 构建的高增益直流升压变换器的零电压关断辅助电路如图 9.10（a）所示，与 9.3 节中所提辅助电路类似，其第 m 相开关 S_m 与第 1 相开关 S_1 共用第 1 个辅助电路，第 2 相开关 S_2 与第 3 相开关 S_3 共用第 2 个辅助电路，以此类推，第 $m-2$ 相开关 S_{m-2} 与第 $m-1$ 相开关 S_{m-1} 共用第 $m/2$ 个辅助电路，每个辅助电路由 1 个电容和 2 个二极管构成，且辅助电路不影响原变换器的控制方式。

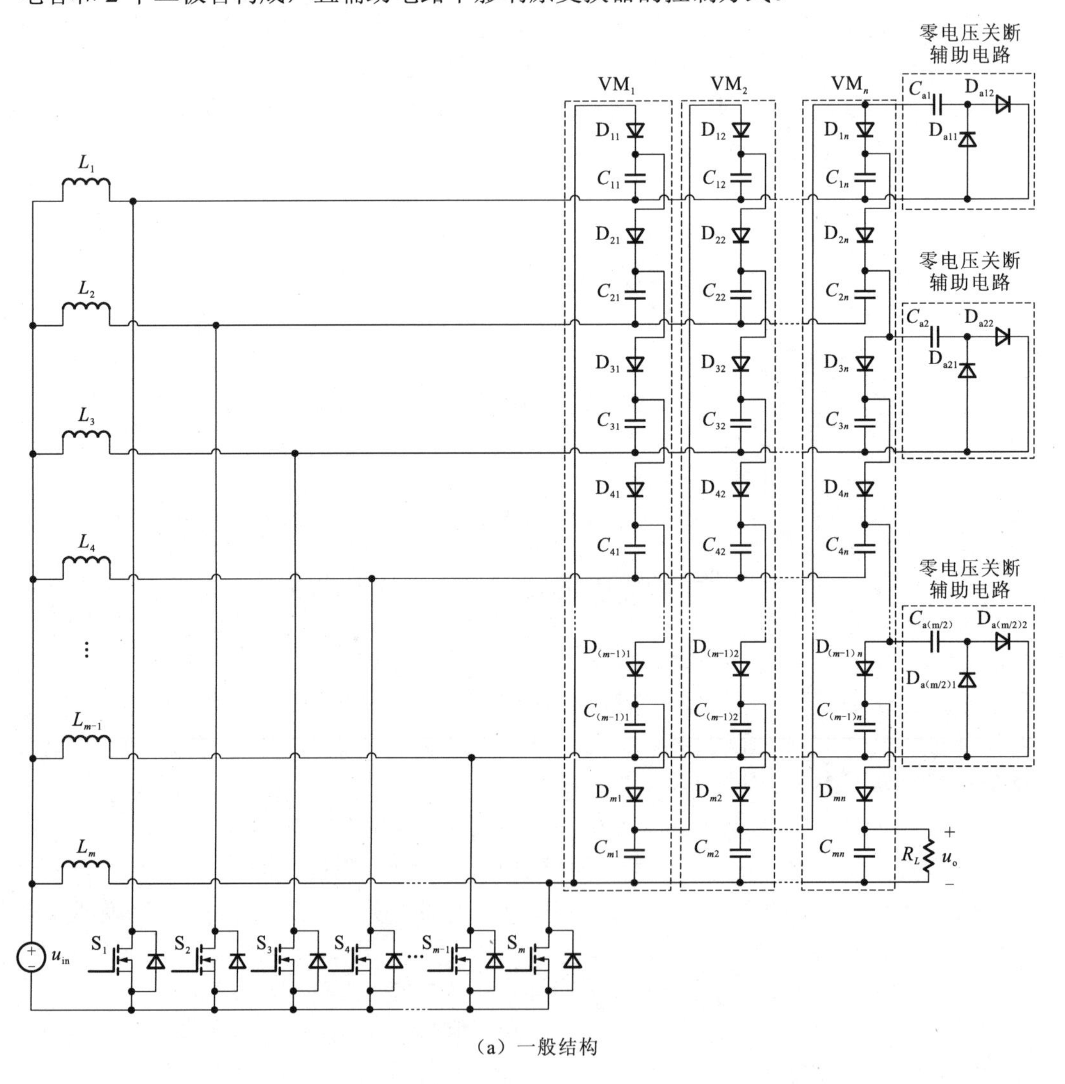

（a）一般结构

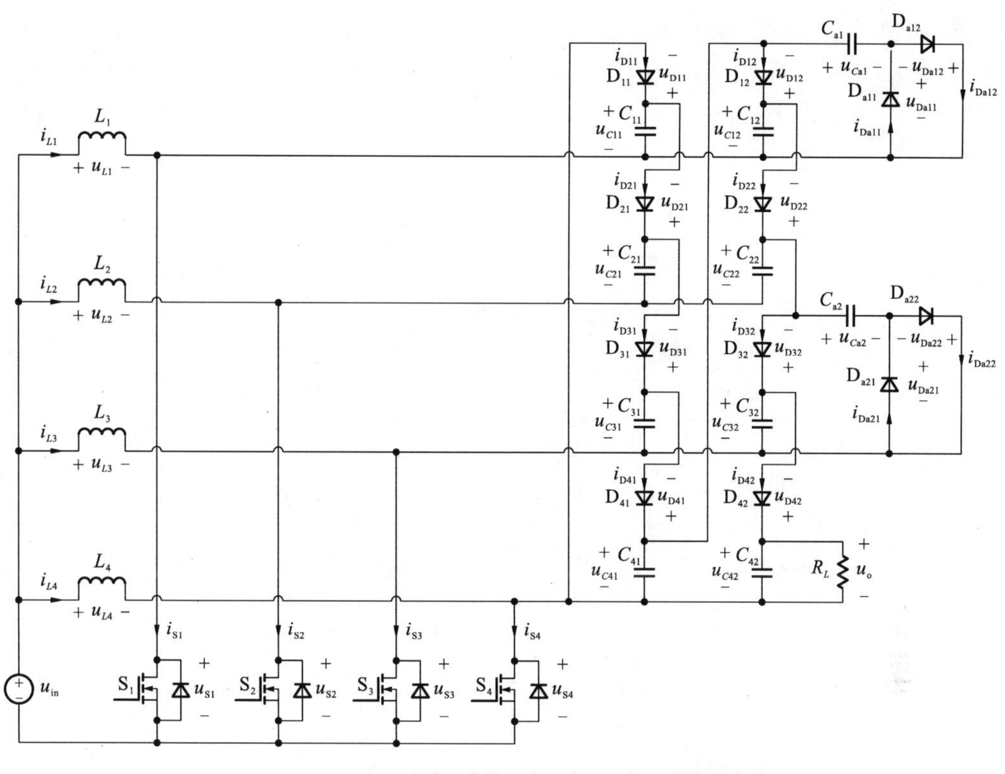

（b）含有 4 个输入相 2 个 VM 单元的拓扑电路

图 9.10　基于改进型 D-VM 构建的零电压关断高增益 DC/DC 变换器

9.4.2　工作原理

为简化分析，下面以含有 4 个输入相 2 个 VM 单元的拓扑电路为例进行分析，并在分析过程中均进行如下假设。

（1）电感电流 i_{L1}、i_{L2}、i_{L3}、i_{L4} 连续；

（2）所有器件都是理想器件，不考虑寄生参数等的影响；

（3）VM 单元上的电容足够大，可以忽略 VM 单元上电容的纹波；

（4）开关 S_1、S_3 和 S_2、S_4 采用交错控制且开关占空比 $D>0.5$；

（5）为方便理解，需要使用在第 4 章中分析所得的一些结论：

$$\begin{cases} u_{Ci1}=\dfrac{i\cdot u_{\text{in}}}{1-D} \\ u_{Ci2}=\dfrac{(4+i)u_{\text{in}}}{1-D} \\ u_{\text{o}}=\dfrac{8u_{\text{in}}}{1-D} \end{cases} \tag{9.30}$$

其中 $i\in[1,4]$。

在一个开关周期 T_{S} 内，变换器的主要工作波形如图 9.11 所示，共有 8 个开关模态，各模态的等效电路如图 9.12 所示。通过所提零电压关断辅助电路，当开关 S_2、S_4 关断时，电容 C_{a1}、C_{a2} 充电，开关 S_2、S_4 两端电压上升速率与 u_{Ca1}、u_{Ca2} 的上升速率一致；当开关 S_1、S_3 关断时，C_{a1}、C_{a2} 放电，开关 S_1、S_3 两端电压上升速率与 u_{Ca1}、u_{Ca2} 的下降速率一致。开关管关断时的电压上升速率可以通过辅助电容 C_{a1} 和 C_{a2} 来限制和优化设计。具体工作过程如下（为简化分析过程，忽略二极管开通和关断过程）。

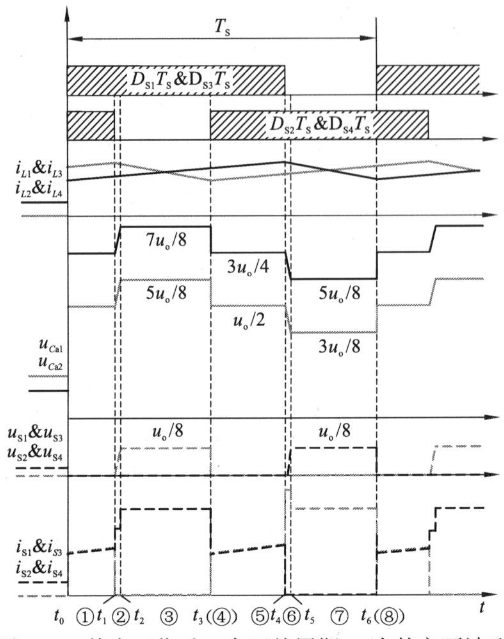

图 9.11　静态工作时一个开关周期 T_S 内的主要波形

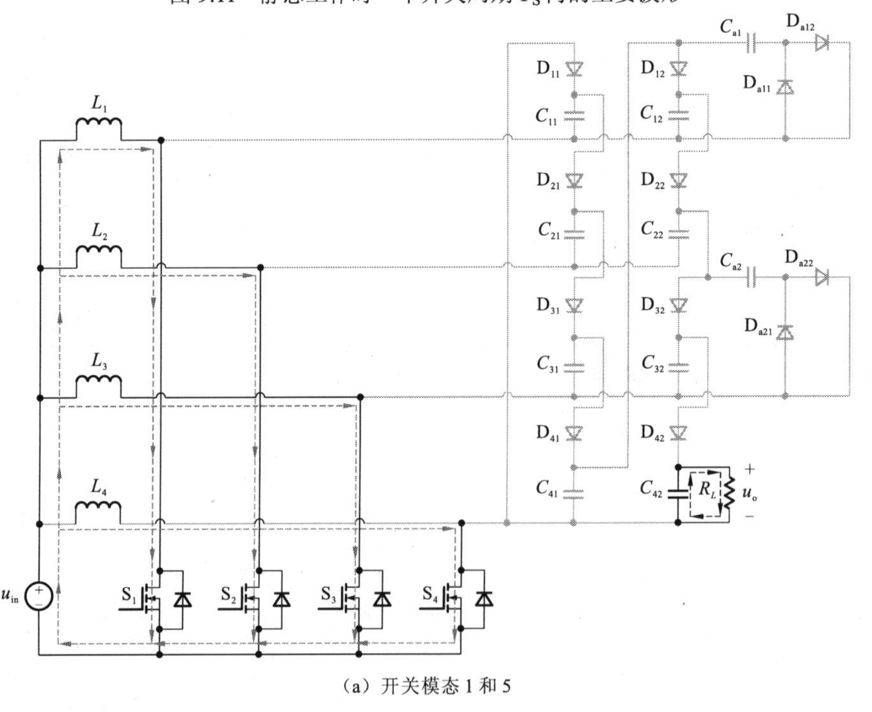

（a）开关模态 1 和 5

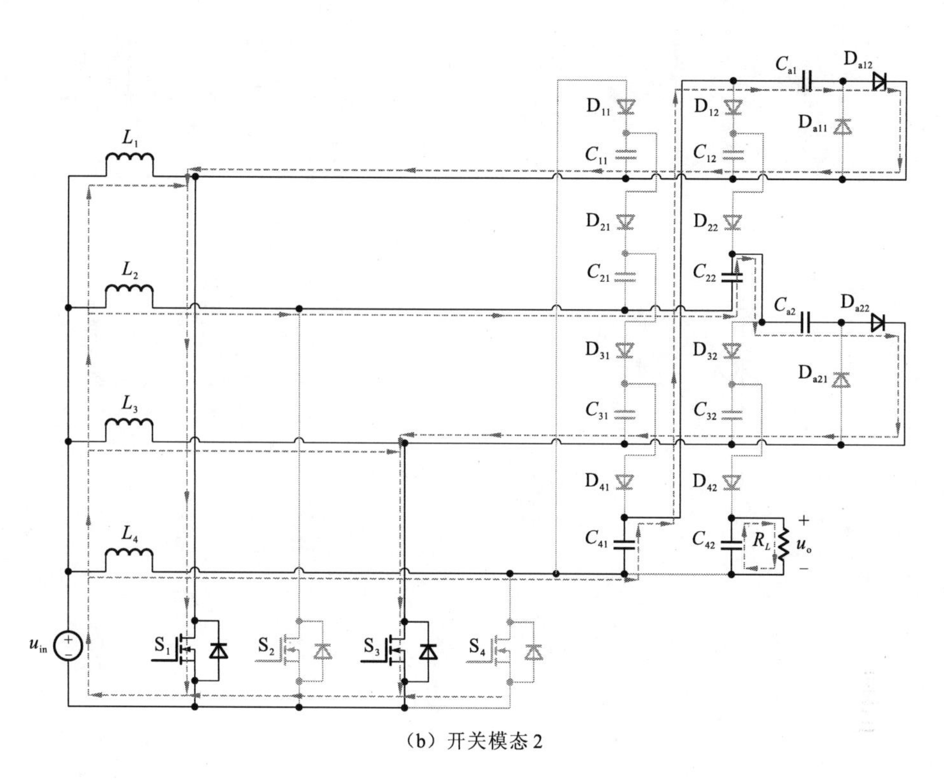

（b）开关模态2

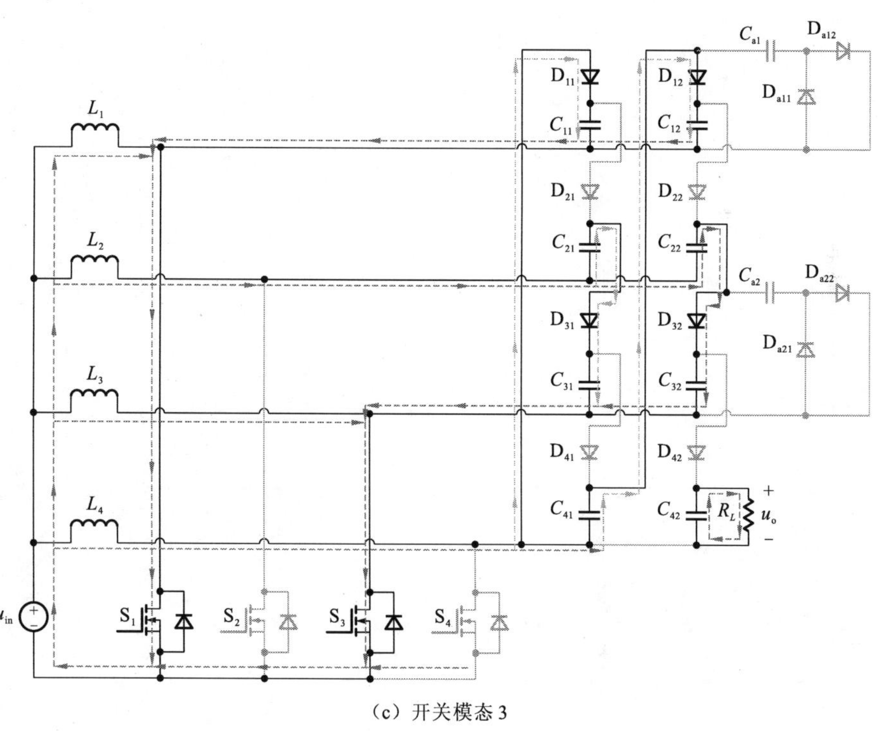

（c）开关模态3

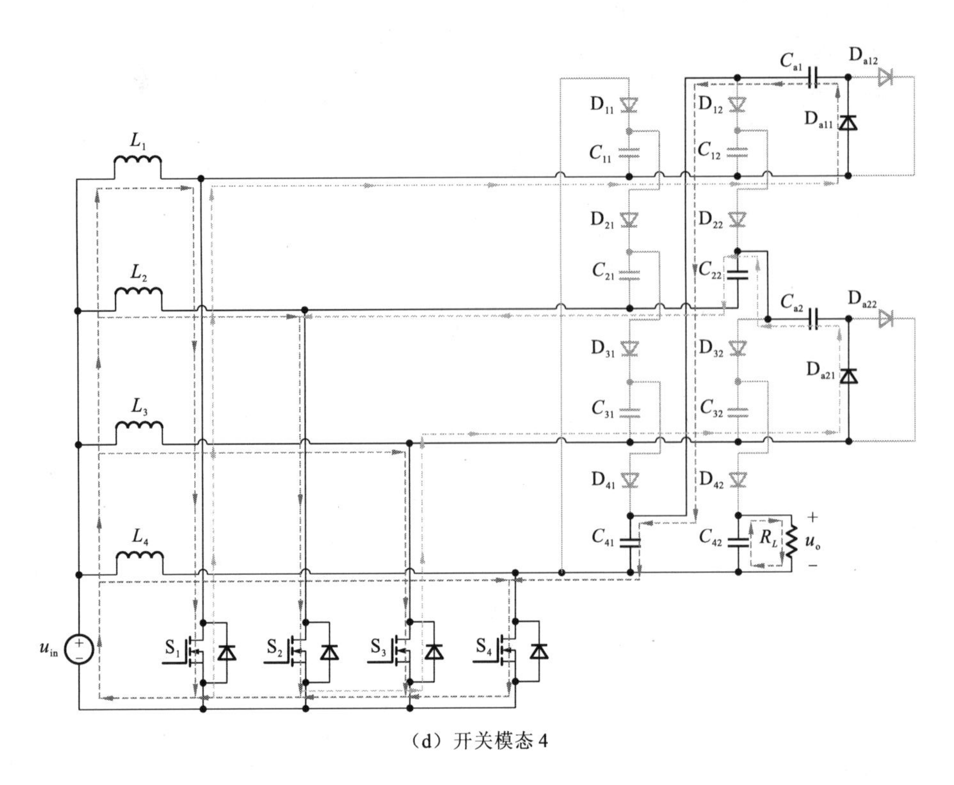

（d）开关模态 4

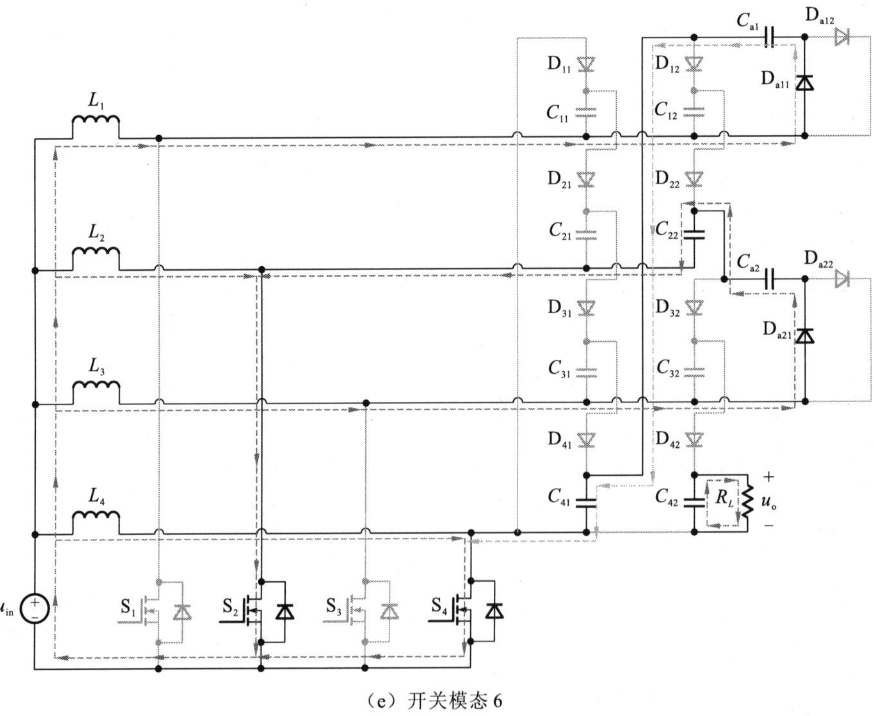

（e）开关模态 6

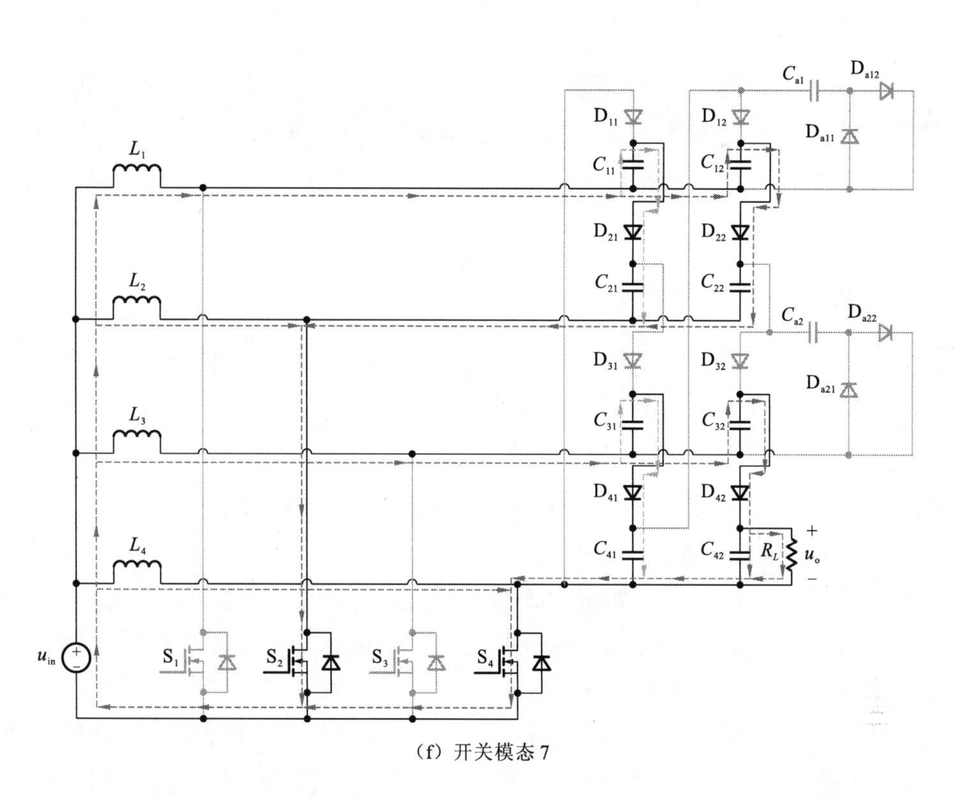

（f）开关模态 7

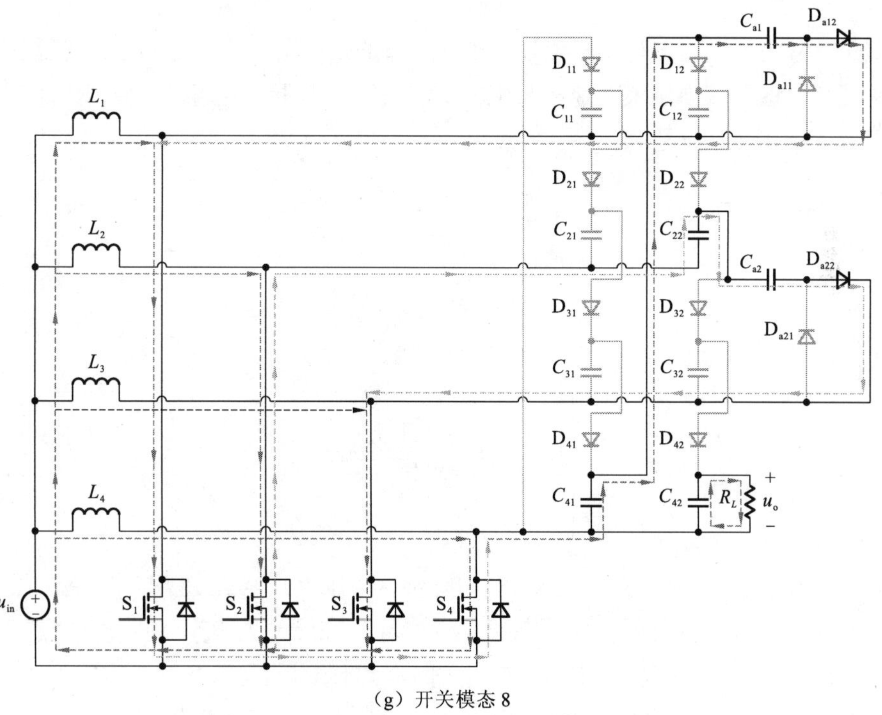

（g）开关模态 8

图 9.12　一个周期 T_S 内各种模态的等效电路

（1）开关模态 1 $[t_0 \sim t_1]$。如图 9.12（a）所示，在此开关模态下，所有开关导通；所有二极管关断；电感电流 i_{L1}、i_{L2}、i_{L3}、i_{L4} 均线性增大，满足

$$\begin{cases} i_{L1}=i_{L1}(t_0)+\dfrac{u_{\text{in}}}{L_1}\cdot(t-t_0) \\ i_{L2}=i_{L2}(t_0)+\dfrac{u_{\text{in}}}{L_2}\cdot(t-t_0) \\ i_{L3}=i_{L3}(t_0)+\dfrac{u_{\text{in}}}{L_3}\cdot(t-t_0) \\ i_{L4}=i_{L4}(t_0)+\dfrac{u_{\text{in}}}{L_4}\cdot(t-t_0) \end{cases} \tag{9.31}$$

所有电容电流等于零；除电容 C_{42} 外其余电容电压保持不变；输出电压 u_{o} 下降。到 t_1 时刻，开关 S_2 和 S_4 关断，此开关模态结束。

（2）开关模态 2 $[t_1 \sim t_2]$。如图 9.12（b）所示，在此开关模态下，开关 S_1、S_3 继续导通，开关 S_2、S_4 关断；二极管 D_{a12}、D_{a22} 导通，其余二极管均处于关断状态。电容 C_{a1}、C_{a2} 充电，电感电流 i_{L1}、i_{L3} 继续线性增大，电感 L_2 的放电路径为 C_{22}、C_{a2}、D_{a22} 至 S_3 返回输入端，电感 L_4 的放电路径为 C_{41}、C_{a1}、D_{a12} 至 S_1 返回输入端。电感 L_2 和 L_4 两端电压在该模态下将由 u_{in} 变为 $u_{\text{in}}-\dfrac{u_{\text{o}}}{8}$，因此电流 i_{L2}、i_{L4} 在该模态的前半段增大，后半段减小，考虑到该模态时间极短且在单位开关周期中所占比例非常小，可以忽略其变化。开关 S_2、S_4 两端电压上升速率与电容 C_{a1}、C_{a2} 上电压上升速率一致，从而实现了零电压关断。上述变量描述为

$$\begin{cases} i_{L1}=i_{L1}(t_1)+\dfrac{u_{\text{in}}}{L_1}\cdot(t-t_1) \\ i_{L2}(t_2)\approx i_{L2}(t_1) \\ u_{\text{S2}}=\dfrac{i_{L2}(t_1)}{C_{\text{a2}}}\cdot t \\ i_{L3}=i_{L3}(t_1)+\dfrac{u_{\text{in}}}{L_3}\cdot(t-t_1) \\ i_{L4}(t_2)\approx i_{L4}(t_1) \\ u_{\text{S4}}=\dfrac{i_{L4}(t_1)}{C_{\text{a1}}}\cdot t \end{cases} \tag{9.32}$$

在 t_2 时刻，当电容 C_{a1} 电压上升至 $5u_{\text{o}}/8$，电容 C_{a2} 电压上升至 $7u_{\text{o}}/8$ 时，此开关模态结束。

（3）开关模态 3 $[t_2 \sim t_3]$。如图 9.12（c）所示，在此开关模态下，开关状态仍为 S_1、S_3 导通，S_2、S_4 关断；二极管 D_{a12}、D_{a22} 关断，此时二极管 D_{11}、D_{12}、D_{31}、D_{32} 开始导通；电容 C_{21}、C_{22}、C_{41}、C_{42} 放电，电容 C_{11}、C_{12}、C_{31}、C_{32} 充电。此开关模态持续到 t_3 时刻开关 S_2、S_4 导通。上述变量描述为

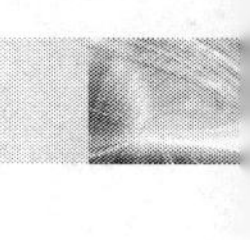

$$
\begin{cases}
i_{L1}=i_{L1}(t_2)+\dfrac{u_{\text{in}}}{L_1}\cdot(t-t_2)\\
i_{L2}=i_{L2}(t_2)+\dfrac{u_{\text{in}}-\dfrac{u_{\text{o}}}{8}}{L_2}\cdot(t-t_2)\\
i_{L3}=i_{L3}(t_2)+\dfrac{u_{\text{in}}}{L_3}\cdot(t-t_2)\\
i_{L4}=i_{L4}(t_2)+\dfrac{u_{\text{in}}-\dfrac{u_{\text{o}}}{8}}{L_4}\cdot(t-t_2)
\end{cases}
\tag{9.33}
$$

（4）开关模态 4 [t_3]。如图 9.12（d）所示，在 t_3 时刻开关 S_2、S_4 开通，S_1、D_{a11}、C_{a1}、C_{41}、S_4 构成一条回路，由于电容 C_{a1} 的容值远小于 VM 单元中电容的容值，电压 u_{Ca1} 将在 t_3 时刻瞬间降至电容 C_{41} 端电压，即从 $5u_o/8$ 下降至 $u_o/2$；此外，S_3、D_{a21}、C_{a2}、C_{22}、S_2 构成另一条回路，类似地，电压 u_{Ca2} 将在 t_3 时刻瞬间降至电容 C_{22} 端电压，即从 $7u_o/8$ 下降至 $3u_o/4$。

（5）开关模态 5[t_3～t_4]。在 t_3 时刻，二极管 D_{a11}、D_{a21} 关断，此模态与模态 1 一致，所有开关导通，所有二极管关断，如图 9.12（a）所示。到 t_4 时刻，开关 S_1、S_3 关断，此开关模态结束。上述变量描述为

$$
\begin{cases}
i_{L1}=i_{L1}(t_3)+\dfrac{u_{\text{in}}}{L_1}\cdot(t-t_3)\\
i_{L2}=i_{L2}(t_3)+\dfrac{u_{\text{in}}}{L_2}\cdot(t-t_3)\\
i_{L3}=i_{L3}(t_3)+\dfrac{u_{\text{in}}}{L_3}\cdot(t-t_3)\\
i_{L4}=i_{L4}(t_3)+\dfrac{u_{\text{in}}}{L_4}\cdot(t-t_3)
\end{cases}
\tag{9.34}
$$

（6）开关模态 6 [t_4～t_5]。如图 9.12（e）所示，在 t_4 时刻开关 S_1、S_3 关断，在此开关模态下，开关 S_2、S_4 导通，二极管 D_{a1}、D_{a3} 导通，其余二极管均处于关断状态。电容 C_{a1}、C_{a2} 放电，电感电流 i_{L2}、i_{L4} 继续线性增大，电感 L_1 的放电路径为 D_{a11}、C_{a1}、C_{41} 至 S_4 返回输入端，电感 L_3 的放电路径为 D_{a21}、C_{a2}、C_{22} 至 S_2 返回输入端。电感 L_1 和 L_3 两端电压在该模态下将由 u_{in} 变为 $u_{\text{in}}-\dfrac{u_{\text{o}}}{8}$，所以电流 i_{L1}、i_{L3} 在该模态的前半段增大，后半段减小，考虑到该模态时间极短且在单位开关周期中所占比例非常小，忽略其变化。开关 S_1、S_3 两端电压上升速率与电容 C_{a1}、C_{a2} 上电压下降速率一致，从而实现了零电压关断。上述变量描述为

$$\begin{cases} i_{L1}(t_5) \approx i_{L1}(t_4) \\ i_{L2} = i_{L2}(t_4) + \dfrac{u_{\text{in}}}{L_2} \cdot (t - t_4) \\ u_{\text{S1}} = \dfrac{i_{L1}(t_4)}{C_{\text{a1}}} \cdot t \\ i_{L3}(t_5) \approx i_{L3}(t_4) \\ i_{L4} = i_{L4}(t_4) + \dfrac{u_{\text{in}}}{L_4} \cdot (t - t_4) \\ u_{\text{S3}} = \dfrac{i_{L3}(t_4)}{C_{\text{a2}}} \cdot t \end{cases} \tag{9.35}$$

到 t_5 时刻，电容 C_{a1} 的电压 $u_{C\text{a1}}$ 下降为 $3u_{\text{o}}/8$，电容 C_{a2} 的电压 $u_{C\text{a2}}$ 下降为 $5u_{\text{o}}/8$，此开关模态结束。

（7）开关模态 7［t_5～t_6］。如图 9.12（f）所示，在 t_5 时刻，二极管 D_{21}、D_{22}、D_{41}、D_{42} 导通，二极管 D_{a11}、D_{a21} 关断。在此开关模态下，开关状态不变，仍为 S_2、S_4 导通，S_1、S_3 关断；电容 C_{11}、C_{12}、C_{31}、C_{32} 放电，电容 C_{21}、C_{22}、C_{41}、C_{42} 充电。此开关模态持续到 t_6 时刻开关 S_1、S_3 导通。上述变量描述为

$$\begin{cases} i_{L1} = i_{L1}(t_5) + \dfrac{u_{\text{in}} - \dfrac{u_{\text{o}}}{8}}{L_1} \cdot (t - t_5) \\ i_{L2} = i_{L2}(t_5) + \dfrac{u_{\text{in}}}{L_2} \cdot (t - t_5) \\ i_{L3} = i_{L3}(t_5) + \dfrac{u_{\text{in}} - \dfrac{u_{\text{o}}}{8}}{L_3} \cdot (t - t_5) \\ i_{L4} = i_{L4}(t_5) + \dfrac{u_{\text{in}}}{L_4} \cdot (t - t_5) \end{cases} \tag{9.36}$$

（8）开关模态 8［t_6］。如图 9.12（g）所示，在 t_6 时刻开关 S_1、S_3 开通，S_4、C_{41}、C_{a1}、D_{a12}、S_1 构成一条回路，因电容 C_{a1} 的容值远小于 VM 单元中电容的容值，电压 $u_{C\text{a1}}$ 将在 t_3 时刻瞬间上升至电容 C_{41} 端电压，即从 $3u_{\text{o}}/8$ 上升至 $u_{\text{o}}/2$；此外，S_2、C_{22}、C_{a2}、D_{a22}、S_3 构成另一条回路，类似地，电压 $u_{C\text{a2}}$ 将在 t_3 时刻瞬间上升至电容 C_{22} 端电压，即从 $5u_{\text{o}}/8$ 上升至 $3u_{\text{o}}/4$。在此之后，所有二极管关断，该变换器完成一个周期的工作。

通过上述分析可知，与第 4 章不含有零电压关断辅助电路相比（图 4.9），变换器在单位开关周期内多了 4 种模态（2、4、6、8），但这些模态所占比例均非常短，对变换器的性能特点影响可忽略不计，因此不再对变换器性能特点进行重复分析。

9.5　实验验证及损耗分析

本节以基于 CW-VM 单元的零电压关断高增益 DC/DC 变换器为例进行实验研究，与理论分析类似，同样以含有 3 个 CW-VM 单元为例设计实验样机，电路的主要参数如表 9.1 所示。

表 9.1　实验参数

实验参数	参数设计	实验参数	参数设计
S_1、S_2	IRGP4055DPbF	开关频率 / kHz	40
D_o、D_1、D_2、D_3、D_{a1}、D_{a2}	STTH15L06D	输入电压 / V	30
C_1、C_2、C_3	5 μF	输出电压 / V	400
C_{a1}	4.7 nF	输出功率 / W	800
L_1、L_2	180 μH		

9.5.1　实验验证

实验结果如图 9.13 所示。图 9.13（a）中 D_{S1}、D_{S2} 为开关管 S_1、S_2 的驱动波形，其他分别为输入电压 u_{in} 和输出电压 u_o 的波形，此时占空比约为 0.7，与理论分析一致。图 9.13（b）为电容 C_1、C_2、C_3、C_{a1} 的电压 u_{C1}、u_{C2}、u_{C3}、u_{Ca1} 的波形图，其中 u_{C1}、u_{C2} 为输出电压的 1/2，u_{C3} 为输出电压的 1/4，与理论分析一致；而电容 C_{a1} 的电压出现了三个电平状态，与开关模态 5 的分析一致。

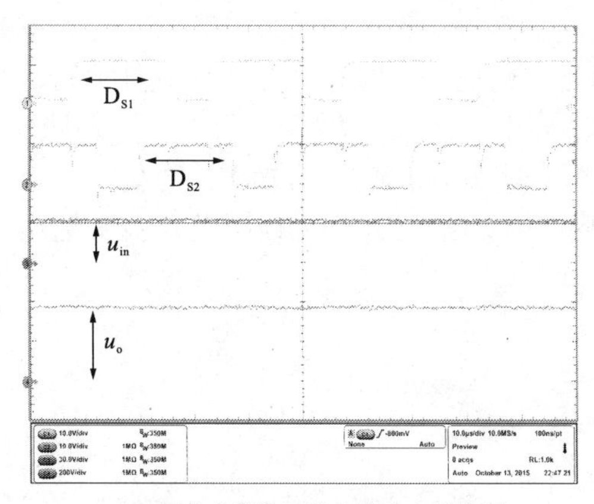

（a）开关占空比及输入输出电压波形

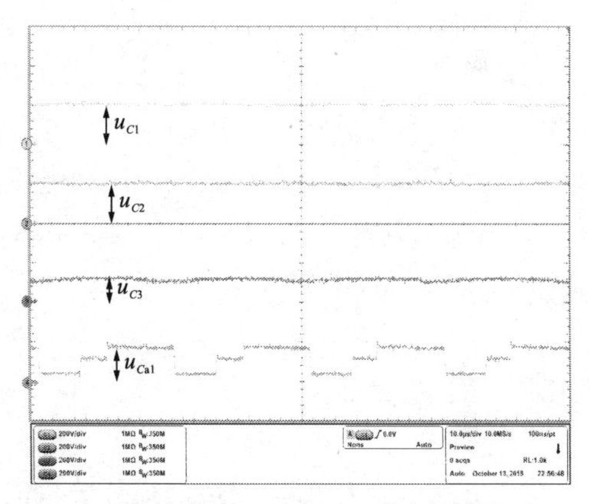

（b）电容 C_1、C_2、C_3、C_{a1} 的电压波形

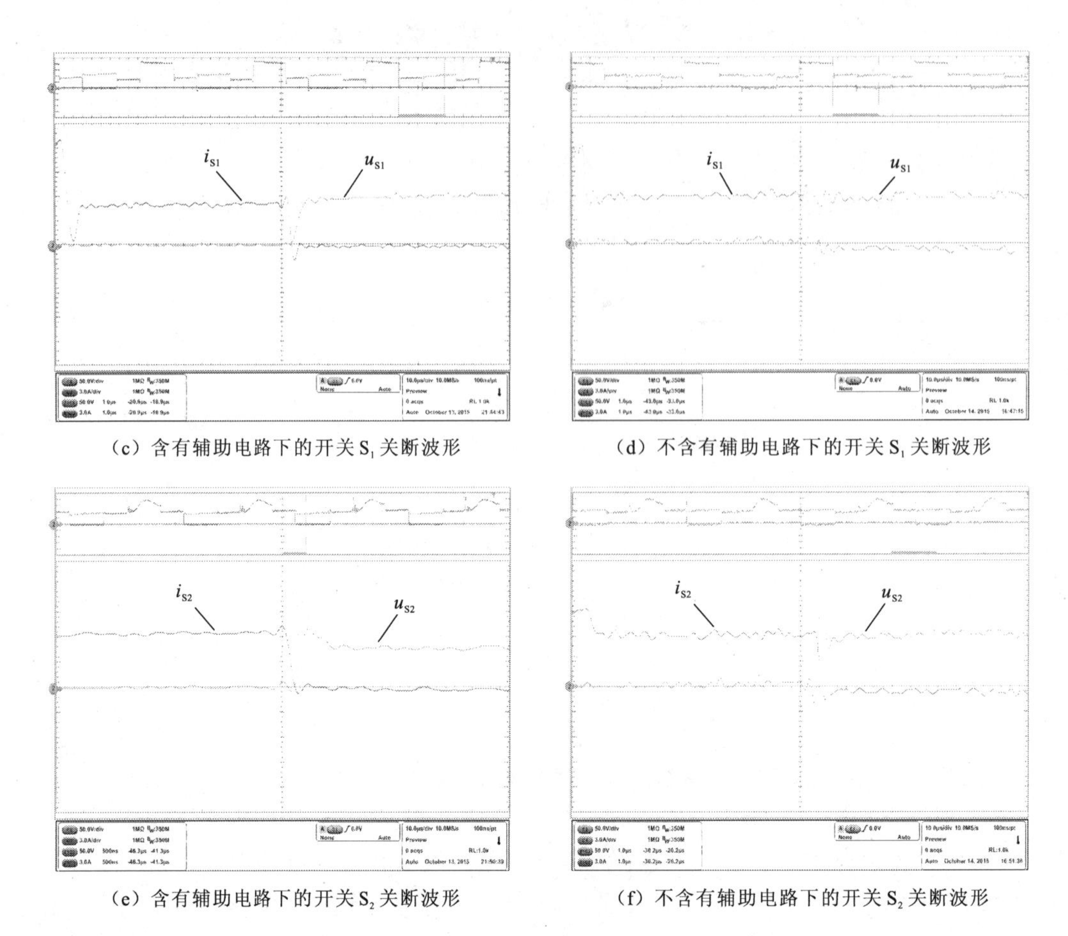

（c）含有辅助电路下的开关 S_1 关断波形　（d）不含有辅助电路下的开关 S_1 关断波形

（e）含有辅助电路下的开关 S_2 关断波形　（f）不含有辅助电路下的开关 S_2 关断波形

图 9.13　实验波形

图 9.13（c）为所提变换器开关管 S_1 关断状态的波形，图 9.13（d）为不含软开关的变换器中开关管 S_1 的关断状态波形。两者相较可以看出，在图 9.13（c）中软开关辅助电路的作用使得开关管 S_1 的电压在上升前，其关断电流就已经降为零。另外，在所提变换器中，当开关管 S_1 关断时，其电压和电流的振荡波形也得到了明显改善。图 9.13（e）和（f）分别为开关管 S_2 在软开关辅助电路作用下的关断状态波形和不含有软开关辅助电路情况下的关断状态波形。

9.5.2　损耗分析

参考相关文献中所提变换器损耗分析的方法[101]，计算实验样机的损耗分布，具体过程如下。

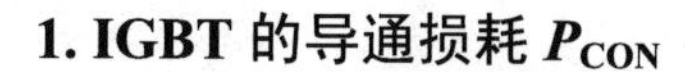

1. IGBT 的导通损耗 P_{CON}

$$\begin{cases} I_{\text{S1}} = DI_{L1} + (1-D)I_{L2} = \dfrac{I_{\text{in}}}{2} = \dfrac{20}{3}\text{A} \\ I_{\text{S2}} = I_{l2} \cdot D + \dfrac{1}{2}I_{L1}(1-D) = \dfrac{(1+D)I_{\text{in}}}{4} = \dfrac{17}{3}\text{A} \\ P_{\text{CON}} = v_{\text{F}}\left(I_{\text{S1}} + I_{\text{S2}}\right) = 0.7 \times \left(\dfrac{20}{3} + \dfrac{17}{3}\right)\text{W} = 8.63\ \text{W} \end{cases} \tag{9.37}$$

其中 v_{F} 为开关器件导通压降；I_{S} 为开关平均电流。

2. IGBT 的开通损耗 $P_{\text{t-on}}$

$$P_{\text{t-on}} = \frac{u_{\text{S1}} \cdot I_{\text{S1}} \cdot t_{\text{t-on}}}{2T_{\text{S}}} + \frac{u_{\text{S2}} \cdot I_{\text{S2}} \cdot t_{\text{t-on}}}{2T_{\text{S}}} = \frac{100 \times \left(\dfrac{20}{3} + \dfrac{17}{3}\right) \times 39 \times 10^{-9}}{2 \times 25 \times 10^{-6}}\text{W} = 0.96\ \text{W} \tag{9.38}$$

其中 $t_{\text{t-on}}$ 为 IGBT 开通所需时间，通过查询芯片手册可知约为 39 ns。

3. 二极管导通损耗 $P_{D\text{CON}}$

$$P_{D\text{CON}} = 4v_{\text{F}} \cdot I_{\text{D}} = 4 \times 0.95 \times 1\ \text{W} = 3.8\ \text{W} \tag{9.39}$$

其中 I_{D} 为二极管平均电流。此外，由于所选择二极管 STTH15L06 的低反向恢复损耗特性，在本次损耗分析中可以忽略二极管的反向恢复损耗。

4. 电容的导通损耗 P_C

电容的导通损耗主要由其等效 ESR 所引起：

$$\begin{cases} I_{C1(\text{rms})} = \sqrt{I_{\text{D1}}^2(1-D) + I_{\text{D0}}^2(1-D)} = 0.77\ \text{A} \\ I_{C2(\text{rms})} = \sqrt{I_{\text{D1}}^2(1-D) + I_{\text{D2}}^2(1-D)} = 0.77\ \text{A} \\ I_{C3(\text{rms})} = \sqrt{I_{L2}^2(1-D) + I_{L1}^2(1-D)} = 5.16\ \text{A} \end{cases} \tag{9.40}$$

可通过下式进行估算：

$$P_C = P_{C1} + P_{C2} + P_{C3} = (I_{C1(\text{rms})}^2 + I_{C2(\text{rms})}^2 + I_{C3(\text{rms})}^2) \cdot \text{ESR}_{C1,2,3} = 0.19\ \text{W} \tag{9.41}$$

5. 其他损耗及变换器效率分析

其他损耗包括电感和线路损耗，此处估算为 2.55 W。通过下式可计算出变换器效率：

$$\eta = \frac{P_{\text{o}} \times 100\%}{P_{\text{o}} + P_{\text{CON}} + P_{\text{t-on}} + P_{\text{D}} + P_C + P_{\text{other}}} = \frac{400 \times 100\%}{400 + 8.63 + 0.96 + 3.8 + 0.19 + 2.55} = 96.12\% \tag{9.42}$$

若不含所提辅助电路，则需额外考虑开关关断损耗带来的影响。

IGBT 的关断损耗为

$$P_{\text{t-off}}=\frac{u_{S1}\cdot i_{\text{S1-off}}\cdot t_{\text{t-off}}}{2T_S}+\frac{u_{S2}\cdot i_{\text{S2-off}}\cdot t_{\text{t-off}}}{2T_S}=\frac{2\times100\times\frac{20}{3}\times(245+152)\times10^{-9}}{2\times25\times10^{-6}}\text{ W}=10.59\text{ W}\quad(9.43)$$

其中 $t_{\text{t-off}}$ 为开关管关断延迟时间 $t_{\text{d-off}}$ 与下降时间 t_f 之和，约为 397 ns。

不含有所提辅助电路时变换器效率约为

$$\begin{aligned}\eta&=\frac{P_o\times100\%}{P_o+P_{\text{CON}}+P_{\text{t-on}}+P_D+P_C+P_{\text{other}}+P_{\text{t-off}}}\\&=\frac{400\times100\%}{400+8.63+0.96+3.8+0.19+2.55+10.59}=93.74\%\end{aligned}\quad(9.44)$$

6. 辅助电路损耗分析

辅助电路二极管和电容的损耗可以通过下式进行估算：

$$\begin{cases}P_{\text{Da1}}=P_{\text{Da2}}=v_F\cdot I_{\text{Da1}}=0.95\times0.019\text{ W}=0.018\text{ W}\\P_{\text{Ca1}}=I_{\text{Ca1(rms)}}^2\cdot R_{\text{Ca1}}=0.5^2\times0.087\text{ W}=0.022\text{ W}\\P_{\text{snubber}}=P_{\text{Ca1}}+P_{\text{Da1}}+P_{\text{Da2}}=0.058\text{ W}\end{cases}\quad(9.45)$$

其中 P_{Da1}、P_{Da2} 分别为二极管 D_{a1}、D_{a2} 的导通损耗；P_{Ca1} 为电容 C_{a1} 的导通损耗；R_{Ca1} 为电容 C_{a1} 的等效导通电阻；P_{snubber} 为辅助电路总损耗。显然，相比于之前的器件损耗，可以忽略不计。

通过上述分析，在额定工况下，含有和不含所提辅助电路的变换器损耗分布如图 9.14 所示。此外，不同输出功率下，变换器实测效率曲线如图 9.15 所示。由图可以看出，含有和不含所提辅助电路的变换器最高工作效率分别为 96.2%和 92.9%。

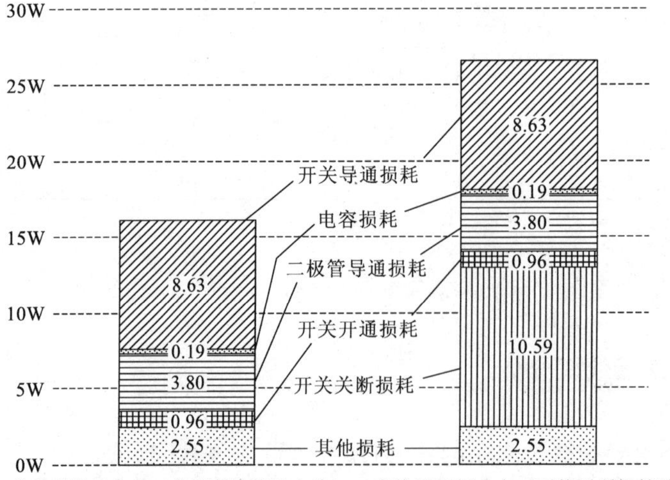

图 9.14　变换器损耗分布

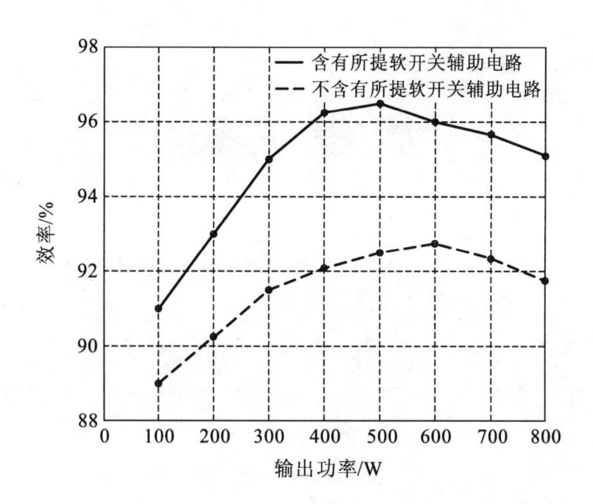

图 9.15　效率曲线

9.6 本章小结

本章针对前述各种非隔离型高增益 DC/DC 变换器拓扑提出了相应的开关零电压关断辅助电路，工作原理分析及实验结果显示所提软开关辅助电路不仅结构简单，而且可以有效提高变换器的工作效率，具有较好的工程应用价值。

参考文献

[1] ZHU B X, ZENG Q D, CHEN Y, et al. A dual-input high step-up DC-DC converter with ZVT auxiliary circuit[J]. IEEE Transactions on Energy Conversion, 2019, 34(1): 161-169.

[2] 任年鑫. 海上风力机气动特性及新型浮式系统[D]. 哈尔滨: 哈尔滨工业大学, 2011.

[3] ROBINSON J, JOVCIC D, JODS G. Analysis and design of an offshore wind farm using a MV DC grid[J]. IEEE Transactions on Power Electronics, 2010, 25(4): 2164-2173.

[4] ZHAN C, SMITH C, CRANE A, et al. DC transmission and distribution system for a large offshore wind farm[C]. IET International Conference on AC and DC Power Transmission, 2010: 1-5.

[5] CHEN W, HUANG A Q, LI C, et al. Analysis and comparison of medium voltage high power DC/DC converters for offshore wind energy systems[J]. IEEE Transactions on Power Electronics, 2013, 28(4): 2014-2023.

[6] DENNISTON N, MASSOUD A M, AHMED S, et al. Multiple-module high-gain high-voltage DC-DC transformers for offshore wind energy systems[J]. IEEE Transactions on Industrial Electronics, 2011, 58(5): 1877-1886.

[7] LEYVA-RAMOS J, LOPEZ-CRUZ J M, ORTIZ-LOPEZ, M G, et al. Switching regulator using a high step-up voltage converter for fuel-cell modules[J]. IET Power Electronics, 2013, 6(8): 1626-1633.

[8] TSENG K C, LIN J T. High step-up DC/DC converter for fuel cell hybrid electric vehicles[C]. IEEE International Symposium on Next-Generation Electronics, 2013: 498-501.

[9] LI W H, LI W C, DENG Y, et al. Single-stage single-phase high-step-up ZVT boost converter for fuel-cell microgrid system[J]. IEEE Transactions on Power Electronics, 2010, 25(12): 3057-3065.

[10] TSENG K C, TSA M H, CHAN C Y. Design of high step-up conversion circuit for fuel cell power supply system[C]. IEEE International Symposium on Next-Generation Electronics, 2013: 506-509.

[11] YAO C, RUAN X B, WANG X H, et al. Isolated buck–boost DC/DC converters suitable for wide input-voltage range[J]. IEEE Transactions on Power Electronics, 2011, 26(9): 2599-2613.

[12] LIANG T J, LEE J H, CHEN S M, et al. Novel isolated high-step-up DC-DC converter with voltage lift[J]. IEEE Transactions on Industrial Electronics, 2013, 60(4): 1483-1491.

[13] TSENG K C, HUANG C C, SHIH W Y. A high step-up converter with a voltage multiplier module for a photovoltaic system[J]. IEEE Transactions on Power Electronics, 2013, 28(6): 3047-3057.

[14] LI W H, HE X N. Review of nonisolated high-step-up DC/DC converters in photovoltaic grid-connected applications[J]. IEEE Transactions on Industrial Electronics, 2011, 58(4): 1239-1250.

[15] WANG J, PENG F Z, ANDERSON J, et al. Low cost fuel cell converter system for residential power generation[J]. IEEE Transactions on Power Electronics, 2004, 19(5): 1315-1322.

[16] WANG K R, ZHU L Z, QU D Y, et al. Design, implementation, and experimental results of bi-directional full-bridge DC-DC converter with unified soft-switching scheme and soft-starting capability[C]. IEEE 31st Annual Conference on Power Electronics, 2000: 1058-1063.

[17] SHARMA R, GAO H W. Low cost high efficiency DC-DC converter for fuel cell powered auxiliary power unit of a heavy

vehicle[J]. IEEE Transactions on Power Electronics, 2006, 21(3): 587-591.

[18] HURLEY W G, WOLFLE W H, BRESLIN J G. Optimized transformer design: Inclusive of high-frequency effects[J]. IEEE Transactions on Power Electronics, 1998, 13(4): 651-659.

[19] THAIH D, BARBAROUX J, CHAZAL H, et al. Implementation and analysis of large winding ratio transformers[C]. IEEE 4th Annual Conference and Exposition on Applied Power Electronics, 2009: 1039-1045.

[20] MIDDLEBROOK R D. Input filter consideration in design and application of switching regulators[C]. IEEE Industry Application Society Annual Meeting, 1976: 366-382.

[21] LEE F C, YU Y. Input-filter design for switching regulators[J]. IEEE Transactions on Aerospace and Electronic Systems, 1979, 15(5): 627-634.

[22] KRISHNAMURTHY H, AYYANAR R. Stability analysis of cascaded converters for bidirectional power flow applications[C]. Telecommunications Energy Conference, 2008: 1-8.

[23] FAMILIANT Y A, HUANG J, CORZINE K A, et al. New techniques for measuring impedance characteristics of three-phase AC power system[J]. IEEE Transactions on Power Electronics, 2009, 24(7): 1802-1810.

[24] RADWAN A A A, MOHAMED Y A R I. Assessment and mitigation of interaction dynamics in hybrid AC/DC distribution generation systems[J]. IEEE Transactions on Smart Grid, 2012, 3(3): 1382-1393.

[25] EMADI A, KHALIGH A, RIVETTA C H, et al. Constant power loads and negative impedance instability in automotive systems: Definition, modeling, stability, and control of power electronic converters and motor drives[J]. IEEE Transactions on Vehicular Technology, 2006, 55(4): 1112-1125.

[26] JALILI-MARANDI V, DINAVAHI V, STRUNZ K, et al. Interfacing techniques for transient stability and electromagnetic transient programs[J]. IEEE Transactions on Power Delivery, 2009, 24(4): 2385-2395.

[27] BING Z H, KARIMI K J, SUN J. Input impedance modeling and analysis of line-commutated rectifiers[J]. IEEE Transactions on Power Electronics, 2009, 24(10): 2338-2346.

[28] RAHIMI A M, EMADI A. Active damping in DC/DC power electronic converters: A novel method to overcome the problems of constant power loads[J]. IEEE Transactions on Industrial Electronics, 2009, 56(5): 1428-1439.

[29] KRISHNAMURTHY H, AYYANAR R. Stability analysis of cascaded converters for bidirectional power flow applications[C]. IEEE 30th International Conference on Telecommunications Energy, 2008: 1-8.

[30] CHO H Y, SANTI E. Modeling and stability analysis of cascaded multi-converter systems including feedforward and feedback control[C]. IEEE Industry Applications Society Annual Meeting, 2008: 1-8.

[31] ZHANG M T, JIANG Y M, LEE F C, et al. Single-phase three-level boost power factor correction converter[C]. Applied Power Electronics Conference and Exposition, 1995: 434-439.

[32] LIN B R, LU H H, HOU Y L. Single-phase power factor correction circuit with three-level boost converter[C]. IEEE International Symposium on Industrial Electronics, 1999: 445-450.

[33] LIN B R, LU H H. Single-phase three-level PWM rectifier[C]. IEEE International Conference on Power Electronics and Drive Systems, 1999: 63-68.

[34] YAO G, HU L, LIU Y, et al. Interleaved three-level boost converter with zero diode reverse-recovery loss[C]. IEEE 19th Annual Conference on Applied Power Electronics, 2004: 1090-1095.

[35] SHAHIN A, HINAJE M, MARTIN J P, et al. High voltage ratio DC-DC converter for fuel-cell applications[J]. IEEE

Transactions on Industrial Electronics, 2010, 57(12): 3944-3955.

[36] WU H Y, HE X N. Single phase three-level power factor correction circuit with passive lossless snubber[J]. IEEE Transactions on Power Electronics, 2002, 17(6): 946-953.

[37] HARRIS W S, NGO K D T. Operation and design of a switched-capacitor DC-DC converter with improved power rating[C]. Applied Power Electronics Conference and Exposition, 1994: 192-198.

[38] NGO K D T, WEBSTER R. Steady-state analysis and design of a switched-capacitor DC-DC converter[J]. IEEE Transactions on Aerospace and Electronic Systems, 1994, 30(1): 92-101.

[39] MAKOWSKI M S, MAKSIMOVIÇ D. Performance limits of switched-capacitor DC-DC converters[C]. IEEE 26th Annual Specialists Conference on Power Electronics, 1995: 1215-1221.

[40] ZHU G Y, IOINOVICI A. Switched-capacitor power supplies: DC voltage ratio, efficiency, ripple, regulation[C]. IEEE International Symposium on Circuits and Systems, 1996: 553-556.

[41] ZHU G Y, IOINOVICI A. DC-to-DC converter with no magnetic elements and enhanced regulation[J]. IEEE Transactions on Aerospace and Electronic Systems, 1997, 33(2): 499-506.

[42] CHUNG H S H. Design and analysis of quasi-switched-capacitor step-up DC/DC converters[C]. IEEE International Symposium on Circuits and Systems, 1998: 438-441.

[43] CHUNG H S H. Design and analysis of a switched-capacitor-based step-up DC/DC converter with continuous input current[J]. IEEE Transactions on Circuits and Systems I: Fundamental Theory and Applications, 1999, 46(6): 722-730.

[44] CHUNG H S H, IOINOVICI A, CHEUNG W L. Generalized structure of bi-directional switched-capacitor DC/DC converters[J]. IEEE Transactions on Circuits and Systems I: Fundamental Theory and Applications, 2003, 50(6): 743-753.

[45] SEEMAN M D, SANDERS S R. Analysis and optimization of switched-capacitor DC–DC converters[J]. IEEE Transactions on Power Electronics, 2008, 23(2): 841-851.

[46] GITAU M N, KALA-KONGA C L. Multilevel switched-capacitor DC-DC converter with reduced capacitor bank[C]. IEEE 36th Annual Conference on Industrial Electronics Society, 2010: 576-581.

[47] GITAU M N. High efficiency multilevel switched-capacitor DC-DC converters for interfacing DC-buses with separate ground[C]. IEEE 37th Annual Conference on Industrial Electronics Society, 2011: 4421-4426.

[48] CHEN W, HUANG A Q, LI C S, et al. Analysis and comparison of medium voltage high power DC/DC converters for offshore wind energy systems[J]. IEEE Transactions on Power Electronics, 2013, 28(4): 2014-2023.

[49] ZHAO Q, LEE F C. High-efficiency, high step-up DC-DC converters[J]. IEEE Transactions on Industrial Electronics, 2003, 18(1): 65-73.

[50] LI W H, HE X N. A family of interleaved DC-DC converters deduced from a basic cell with winding-cross-coupled inductors (WCCIs) for high step-up or step-down conversions[J]. IEEE Transactions on Power Electronics, 2008, 23(4): 1791-1801.

[51] LI W H, HE X H. An interleaved winding-coupled boost converter with passive lossless clamp circuits[J]. IEEE Transactions on Power Electronics, 2007, 22(4): 1499-1507.

[52] 李武华. 三绕组耦合电感实现高增益、高效率交错并联软开关 Boost 变流器[D]. 杭州：浙江大学, 2008.

[53] LEE P W, LEE Y S, CHENG D K W, et al. Steady-state analysis of an interleaved boost converter with coupled inductors[J]. IEEE Transactions on Industrial Electronics, 2000, 47(4): 787-795.

[54] WAI R J, DUAN R Y. High-efficiency power conversion for low power fuel cell generation system [J]. IEEE Transactions

on Power Electronics, 2005, 20(4): 847-856.

[55] GRANT D A, DARROMAN Y. Extending the tapped-inductor DC-to-DC converter family[J]. Electronics Letters, 2001, 37(3): 145-146.

[56] LI W H, WU J D, XIE R, et al. A non-isolated interleaved ZVT boost converter with high step-up conversion derived from its isolated counterpart[C]. European Conference on Power Electronics and Applications, 2007: 1-8.

[57] TSENG S Y, SHIANG J Z, SU Y H. A single-capacitor turn-off snubber for interleaved Boost converter with coupled inductor[C]. IEEE 7th International Conference on Power Electronics and Drive Systems, 2007: 202-208.

[58] GRANT D A, DARROMAN Y, SUTER J. Synthesis of Tapped-inductor switched-mode converters[J]. IEEE Transactions on Power Electronics, 2007, 22(5): 1964-1969.

[59] VAZQUEZ N, ESTRADA L, HERNANDEZ C, et al. The tapped-inductor boost converter[C]. IEEE International Symposium on Industrial Electronics, 2007: 538-543.

[60] CHENG H, SMEDLEY K M, ABRAMOVITZ A. A wide-input-wide-output (WIWO) DC-DC converter[J]. IEEE Transactions on Power Electronics, 2010, 25(2): 280-289.

[61] DWARI S, PARSA L. An efficient high-step-up interleaved DC-DC converter with a common active clamp[J]. IEEE Transactions on Power Electronics, 2011, 26(1): 66-78.

[62] DWARI S M, PARSA L. A novel high efficiency high power interleaved coupled-inductor boost DC-DC converter for hybrid and fuel cell electric vehicle[C]. IEEE Conference on Vehicle Power and Propulsion, 2007: 399-404.

[63] LI W H, HE X N. ZVT interleaved boost converters for high-efficiency, high step-up DC-DC conversion[J]. IET Electric Power Applications, 2007, 1(2): 284-290.

[64] COCKCROFT J D, WALTON E T S. Further developments on the method of obtaining high-velocity positive ions[J]. Proceedings of The Royal Society of London, 1932, 136(830): 619-630.

[65] DICKSON J F. On-chip high-voltage generation MNOS integrated circuits using an improved voltage multiplier technique[J]. IEEE Journal of Solid-State Circuits, 1976, 11(3): 374-378.

[66] WITTERS J S, GROESENEKEN G, MAES H E. Analysis and modeling of on-chip high-voltage generator circuits for use in EEPROM circuits[J]. IEEE Journal of Solid-State Circuits, 1989, 24(5): 1372-1380.

[67] DICATALDO G, PALUMBO G. Design of an nth order Dickson voltage multiplier[J]. IEEE Transactions on Circuits and Systems I: Fundamental Theory and Applications, 1996, 43(5): 414-418.

[68] LAMANTIA A, MARANESI P G, RADRIZZANI L. Small-signal model of the Cockcroft-Walton voltage multiplier[J]. IEEE Transactions on Power Electronics, 1994, 9(1): 18-25.

[69] LIN P M, CHUA L O. Topological generation and analysis of voltage multiplier circuits[J]. IEEE Transactions on Circuits and Systems, 1977, 24(10): 517-530.

[70] MALESANI L, PIOVAN R. Theoretical performance of capacitor-diode voltage multiplier fed by a current source[J]. IEEE Transactions on Power Electronics, 1993, 8(2): 147-155.

[71] BADDIPADIGA B P, FERDOWSI M. A high-voltage-gain DC-DC converter based on modified Dickson charge pump voltage multiplier[J]. IEEE Transactions on Power Electronics, 2017, 32(10): 7707 -7715.

[72] PRABHALA V A K, FAJRI P, GOURIBHATLA V S P, et al. A DC-DC converter with high voltage gain and two input boost stages[J]. IEEE Transactions on Power Electronics, 2016, 31(6): 4206-4215.

[73] LEE S, PYOSOO K, SEWAN C. High step-up soft-switched converters using voltage multiplier cells[J]. IEEE Transactions on Power Electronics, 2013, 28(7): 3379-3387.

[74] RAJAEI A H, KHAZAN R, MAHMOODIAN M, et al. A dual inductor high step-up DC/DC converter based on the Cockcroft- Walton multiplier[J]. IEEE Transactions on Power Electronics, 2018, 33(11): 9699-9709.

[75] MULLER L, KIMBALL J W. High gain DC-DC converter based on the Cockcroft-Walton multiplier[J]. IEEE Transactions on Power Electronics, 2016, 31(9): 6405 -6415.

[76] ZHOU L W, ZHU B X, LUO Q M, et al. Interleaved non-isolated high step-up DC/DC converter based on the diode-capacitor multiplie[J]. IET Power Electronics, 2014, 7(2): 390-397.

[77] ALZAHRANI A, SHAMSI P, FERDOWSI M. Boost converter with bipolar Dickson voltage multiplier cells[C]. IEEE 6th International Conference on Renewable Energy Research and Applications, 2017: 228-233.

[78] ZHU B X, REN L L, WU X. Kind of high step-up DC/DC converter using a novel voltage multiplier cell [J]. IET Power Electronics, 2017, 10(1): 129-133.

[79] BADDIPADIGA B P R, PRABHALA V A K, FERDOWSI M. A family of high-voltage-gain DC-DC converters based on a generalized structure[J]. IEEE Transactions on Power Electronics, 2018, 33(10): 8399-8411.

[80] JANG Y, JOVANOVIC M M. Interleaved boost converter with intrinsic voltage-doubler characteristic for universal-line PFC front end[J]. IEEE Transactions on Power Electronics, 2007, 22(4): 1394-1401.

[81] PAN C T, CHUANG F, CHU C C. A novel transformer-less adaptable voltage quadrupler DC converter with low switch voltage stress[J]. IEEE Transactions on Power Electronics, 2014, 29(9): 4787-4796.

[82] PRUDENTE M, PFITSCHER L L, EMMENDOERFER G, et al. A novel transforme voltage multiplier cells applied to non-isolated DC-DC converters[J]. IEEE Transactions on Power Electronics, 2008, 23(2): 871-887.

[83] WANG D, HE X N, ZHAO R X. ZVT interleaved boost converters with built-in voltage doubler and current auto-balance characteristic[J]. IEEE Transactions on Power Electronics, 2008, 23(6): 2847-2854.

[84] PAN C T, LAI C M. A high-efficiency high step-up converter with low switch voltage stress for fuel-cell system applications[J]. IEEE Transactions on Industrial Electronics, 2010, 57(6): 1998-2006.

[85] ARAUJO S V, TORRICO-BASCOPE R P, TORRICO-BASCPE G V. Highly efficient high step-up converter for fuel-cell power processing based on three-state commutation cell[J]. IEEE Transactions on Industrial Electronics, 2010, 57(6): 1987-1997.

[86] HENN G A L, SILVA R N A L, PRAÇA P P, et al. Interleaved-boost converter with high voltage gain[J]. IEEE Transactions on Power Electronics, 2010, 25(11): 2753-2761.

[87] LI W H, ZHAO Y, DENG Y, et al. Interleaved converter with voltage multiplier cell for high step-up and high-efficiency conversion[J]. IEEE Transactions on Power Electronics, 2010, 25(9): 2397-2408.

[88] KONG X, CHOI L T, KHAMBADKONE A M. Analysis and control of isolated current-fed full bridge converter in fuel cell system[C]. IEEE 30th Annual Conference on Industrial Electronics Society, 2004: 2825-2830.

[89] ZHAO Y, XIANG X, LI W H, et al. Advanced symmetrical voltage quadrupler rectifiers for high step-up and high output-voltage converters[J]. IEEE Transactions on Power Electronics, 2013, 28(4): 1622-1631.

[90] KWON J M, KWON B H. High step-up active-clamp converter with input-current doubler and output-voltage doubler for fuel cell power systems[J]. IEEE Transactions on Power Electronics, 2009, 24(1): 108-115.

[91] 郗玢鑫, 程杉, 谭超. ZVS 隔离型高增益 DC/DC 变换器[J]. 电力自动化设备, 2015, 35(5): 70-76.

[92] KIM H, YOON C, CHOI S. An improved current-fed ZVS isolated boost converter for fuel cell applications[J]. IEEE Transactions on Power Electronics, 2010, 25(9): 2357-2364.

[93] KONG X, KHAMBADKONE A M. Analysis and implementation of a high efficiency, interleaved current-fed full bridge converter for fuel cell system[J]. IEEE Transactions on Power Electronics, 2007, 22(2): 543-550.

[94] LI W H, LIU J, WU J D, et al. Design and analysis of isolated ZVT boost converters for high-efficiency and high-step-up applications[J]. IEEE Transactions on Power Electronics, 2007, 22(6): 2363-2374.

[95] ZHOU H H, KHAMBADKONE A M, KONG X. Passivity-based control for an interleaved current-fed full-bridge converter with a wide operating range using the Brayton-Moser form[J]. IEEE Transactions on Power Electronics, 2009, 24(9): 2047-2056.

[96] WEN J, JIN T, SMEDLEY K. A new interleaved isolated boost converter for high power applications[C].IEEE 21st Annual Conference and Exposition on Applied Power Electronics, 2006: 19-23.

[97] DU Y, LUKIC S, JACOBSON B, et al. Review of high power isolated bi-directional DC-DC converters for PHEV/EV DC charging infrastructure[C]. IEEE Energy Conversion Congress and Exposition, 2011: 553-560.

[98] AHMED O A, BLEIJS J. Optimized active-clamp circuit design for an isolated full-bridge current-fed DC-DC converter[C]. 4th International Conference on Power Electronics Systems and Applications, 2011: 1-7.

[99] GARCIA-CARAVEO A, SOTO A, GONZALEZ R, et al. Brief review on snubber circuits[C]. 20th International Conference on Electronics, Communications and Computer, 2010: 271-275.

[100] 梁永春. 隔离 Boost 变换器和反激逆变器的研究[D]. 南京: 南京航空航天大学, 2005.

[101] EVRAN, F, AYDEMIR, M T. Isolated high step-up DC-DC converter with low voltage stress[J]. IEEE Transactions on Power Electronics, 2014, 29(7): 3591-3603.

[102] ZHU B X, DING F, VILATHGAMUWA D M. Coat circuits for DC-DC converters to improve voltage conversion ratio[J]. IEEE Transactions on Power Electronics, 2019, Early Access.